液压与气动系统故障诊断及排除

主　编　王德洪　周　慎　何安琪

副主编　陈　庭　张鸿志　杨汉平

北京理工大学出版社
BEIJING INSTITUTE OF TECHNOLOGY PRESS

内 容 提 要

　　本书是一本介绍液压与气动系统故障诊断及排除方面的教材,主要讲述液压传动系统组成观察及液压油更换、液压元件故障诊断及排除、液压基本回路故障诊断及排除、液压传动系统故障诊断及排除、气动元件故障诊断及排除、气动系统常见故障诊断及排除等内容。

　　本书可作为高等院校、高职院校动车组检修技术、机电设备技术、液压与气动技术、机电一体化、机械制造与自动化、机械装备制造技术、数控技术、模具设计与制造等专业的教材,也可作为中职学校相关专业及职业培训用书。

版权专有　侵权必究

图书在版编目（CIP）数据

　　液压与气动系统故障诊断及排除 / 王德洪，周慎，何安琪主编.--北京：北京理工大学出版社，2021.9

　　ISBN 978-7-5763-0341-4

　　Ⅰ.①液…　Ⅱ.①王…②周…③何…　Ⅲ.①液压传动－故障诊断②液压传动－故障修复③气压传动－故障诊断④气压传动－故障修复　Ⅳ.①TH137②TH138

　　中国版本图书馆CIP数据核字（2021）第185546号

出版发行 / 北京理工大学出版社有限责任公司	
社　　址 / 北京市海淀区中关村南大街5号	
邮　　编 / 100081	
电　　话 / （010）68914775（总编室）	
（010）82562903（教材售后服务热线）	
（010）68944723（其他图书服务热线）	
网　　址 / http://www.bitpress.com.cn	
经　　销 / 全国各地新华书店	
印　　刷 / 河北鑫彩博图印刷有限公司	
开　　本 / 787毫米 × 1092毫米　1/16	责任编辑 / 孟雯雯
印　　张 / 17.5	文案编辑 / 赵　岩
字　　数 / 395千字	责任校对 / 周瑞红
版　　次 / 2021年9月第1版　2021年9月第1次印刷	责任印制 / 李志强
定　　价 / 74.00元	

图书出现印装质量问题，请拨打售后服务热线，本社负责调换

前　言

本书包含6个项目。项目1包含液压传动系统组成观察、液压油更换两个任务，主要介绍液压传动系统的基本概念、组成、工作原理；液压油性质及更换方法。

项目2包括齿轮泵故障诊断及排除、叶片泵故障诊断及排除和柱塞泵故障诊断及排除、液压缸故障诊断及排除、液压马达故障诊断及排除、压力阀故障诊断及排除、方向阀故障诊断及排除、流量阀故障诊断及排除、液压辅助元件故障诊断及排除和新型液压阀简介等任务，主要介绍液压元件的作用、类型、结构、工作原理、常见故障诊断及排除等内容，为液压系统故障诊断及排除提供必要的知识和技能准备。

项目3包含压力回路故障诊断及排除、方向回路故障诊断及排除、速度回路故障诊断及排除、顺序动作回路故障诊断及排除和同步回路故障诊断及排除等任务，主要介绍压力回路、方向回路、速度回路、顺序动作回路和同步回路等基本液压回路常见故障原因和排除方法。

项目4包含液压传动系统常见故障诊断及排除，液压传动系统安装、调试、使用及维护，YB32-200型液压机液压传动系统故障诊断及排除，其他设备液压传动系统简介等任务，主要介绍液压传动系统安装、调试、维护、常见故障诊断及排除方法。

项目5包括气源装置故障诊断及排除、执行元件故障诊断及排除、压力阀故障诊断及排除、方向阀故障诊断及排除、流量阀故障诊断及排除、气动辅助元件故障诊断及排除等任务，主要介绍气动元件的作用、类型、结构、工作原理、常见故障诊断及排除等内容，为气动系统故障诊断及排除提供必要的知识和技能准备。

项目6包含气动系统常见故障诊断及排除，气动系统使用、安装、调试及维护，EQ1092型汽车气压制动系统故障诊断及排除，其他设备气动系统简介等任务，主要介绍气动系统安装、调试、维护、常见故障诊断及排除方法。

本书在编写过程中，以必需、够用为原则，力求少而精，图文并茂，突出应用能力培养，同时还编入课程思政案例（附表），破解专业教学与思政教学分离的难题。

本书由武汉铁路职业技术学院王德洪、周慎、何安琪任主编，湖北交通职业技术学校陈庭、中国武汉铁路局集团有限公司张鸿志、杨汉平任副主编。王德洪编写项目1至项目2，并统稿，周慎编写项目6，何安琪编写项目5，陈庭编写项目3，张鸿志编写项目4，杨汉平编写附录。

本书在编写过程中，得许多专家的指点和帮助，由于编者水平有限，书中难免存在不足之处，敬请广大读者批评指正。

编　者

附表　课程思政案例

序号	案例名称	课程思政内容	所在位置	页码（页）
1	热爱我的祖国：我国第一台万吨水压机	爱国主义教育	任务1.1　液压系统组成观察	2
2	恪守工程伦理：废液压油处理	工程伦理教育	任务1.2　液压油更换	13
3	培养工匠精神：细节决定成败	工匠精神教育	任务2.1　齿轮泵故障诊断及排除	20
4	严守职业规范：泵的进、出油口位置不能弄错	职业规范教育	任务2.2　叶片泵故障诊断及排除	27
5	守住道德底线：额定压力的概念	理想信念教育	任务2.3　柱塞泵故障诊断及排除	34
6	遵守法律法规：液压缸的图形符号	宪法法治教育	任务2.4　液压缸常见故障及排除	44
7	实施绿色维修：油液污染处理	工程伦理教育	任务2.5　液压马达故障诊断诊断及排除	53
8	保持心理健康：压力阀的作用	心理健康教育	任务2.6　压力阀故障诊断及排除	55
9	坚持正确方向：方向阀的作用	理想信念教育	任务2.7　方向阀故障诊断及排除	73
10	严守职业规范：配合间隙大引起故障	职业规范教育	任务2.8　流量阀故障诊断及排除	93
11	坚持终身学习：数字阀简介	职业理想教育	任务2.10　新型液压阀简介	117
12	恪守工程伦理：溢流阀设计位置缺陷引起故障	工程伦理教育	任务3.1　压力回路故障诊断及排除	123
13	培养科学精神：实践是检验真理的唯一标准	科学精神教育	任务3.2　方向回路故障诊断及排除	130
14	恪守工程伦理：因设计不当引起的温度异常升高	工程伦理教育	任务4.1　液压系统常见故障诊断及排除	159

序号	案例名称	课程思政内容	所在位置	页码（页）
15	严守职业规范：同轴度不超过 $\phi0.1\ mm$	职业规范教育	任务 4.2　液压传动系统安装、调试、使用及维护	164
16	恪守工程伦理：气压传动对环境无污染	工程伦理教育	任务 5.1　气源装置故障诊断及排除	187
17	养成劳动习惯：气缸的拆卸及装配	劳动教育	任务 5.2　执行元件故障诊断及排除	199
18	学会心理减压：减压阀的作用	心理健康教育	任务 5.3　压力阀故障诊断及排除	204
19	恪守工程伦理：消声器的作用	工程伦理教育	任务 5.6　气动辅助元件故障诊断及排除	225
20	培养工匠精神：气动系统的维护	工匠精神教育	任务 6.2　气动系统使用、安装、调试及维护	244

目　录

项目1 液压传动系统组成观察及液压油更换

任务 1.1 液压传动系统组成观察

液压传动是利用密闭系统中的受压液体来传递运动和动力的一种传动方式。液压系统是以受压液体为工作介质，来传递力、运动和动力，并对其进行调节和控制的系统。液压系统可分为液压传动系统、液压控制系统和液力传动系统。液压传动系统是利用受压液体的压力能为主来实现传动功能的液压系统；液压控制系统是利用受压液体的压力能为主来实现传动功能并使液压装置跟随控制信号的规律来工作的液压系统；液力传动系统是利用受压液体的动能为主来实现传动功能的液压系统。

学习要求

1. 了解液压传动系统的应用。
2. 弄清楚液压传动系统的工作原理。
3. 了解液压传动系统与液力传动系统的区别。
4. 了解液压传动系统与液压控制系统的区别。
5. 在现场或通过视频观察液压传动系统组成。
6. 通过介绍我国第一台万吨水压机研制成功案例，对学生们进行爱国和创新教育。

知识准备

1. 液压传动系统的应用

液压传动系统是机械与电子控制装置之间的纽带，它与传感技术、自动控制技术有机结合，成为自动化技术不可缺少的重要手段，广泛用于铁路运输、汽车工业、轻工机械、工程机械、机床工业、军事工业、农业机械等行业，见表1-1。

表1-1 液压传动系统在各行业的应用

行业	应用举例
铁路运输	液压捣固车、液压起复机、校装液压机等

行业	应用举例
汽车工业	液压助力转向器、液压制动系统、防抱死制动系统（ABS）等
轻工机械	注塑机、液压打包机等
工程机械	液压盾构机、推土机、挖掘机、装载机、液压汽车起重机、液压叉车等
机床工业	液压磨床、组合机床、数控加工中心等
军事工业	舰艇炮塔液压转向器、导弹发射架等
农业机械	联合收割机、拖拉机的液压悬挂系统等

2．液压传动技术的发展

从 17 世纪中叶帕斯卡提出静压传动原理、1795 年英国制成第一台水压机算起，液压传动技术已有 200 多年的历史。第二次世界大战前后，西方发达国家成功地将液压传动装置用于舰艇炮塔转向器，其后出现了液压六角车床和磨床，一些通用机床到 20 世纪 30 年代才用上液压传动技术。近 30 年来，控制技术、微电子技术等学科的发展，再次将液压传动技术推向前进，使它发展成为包括传动、控制、检测在内的一门完整的自动化技术。液压传动的技术应用程度已经成为衡量一个国家现代工业化水平的重要标志之一。目前，液压传动技术正向高压、高速、大功率、低噪声、低能耗、数字化、高集成化等方向发展。在液压元件和液压传动系统的计算机辅助设计与制造、机电液一体化开发上也取得了许多新成绩。

我国自 20 世纪 50 年代，开始将液压传动技术用于机床和锻压设备，1962 年我国自行设计制造的 1.2 万吨水压机，是当时我国第一台国产大机器。2013 年中国二重集团成功研发了世界上最大的 8 万吨模锻液压机，打破了俄罗斯 7.5 万吨模锻液压机保持了 51 年的世界纪录。随着改革开放和加入世界贸易组织，我国开始瞄准世界上先进的液压技术，有计划地引进、消化、吸收，大力开展液压元件的国产化工作，我国生产的液压元件已形成系列，并在各种机电设备上得到了广泛的应用。

素养提升案例

热爱我的祖国：我国第一台万吨水压机

解析：1962 年我国上海江南造船厂自行设计制造了的 1.2 万吨水压机，万吨水压机成功运行了两年以后，1964 年 9 月 7 日《人民日报》头版刊登了题为"自力更生发展现代工业的重大成果——我国制成一万二千吨压力巨型水压机"的文章。万吨水压机蜚声中外，全国各地各行业代表纷纷前来参观学习，外国友人也络绎不绝。仅 20 世纪 60 年代，就有 40 余个国家的宾客前来一睹万吨水压机的风采。美国记者埃德加·斯诺参观时，将锻压钢锭的场面拍成了电影。

万吨水压机作为第一台国产大机器，它不但标志着中国重型机器制造业步入新的水平，而且体现了中国工人和技术人员自力更生、发愤图强、开拓创新的精神，增强了中国人的民族自信心，也提升了中国的国际形象。斗转星移，半个多世纪过去了，万吨水压机仍然是中国人心中抹不去的记忆。

启示： 1962 年万吨水压机是新中国第一台国产大机器，2013 年中国二重集团成功研发了世界上最大的 8 万吨模锻液压机，打破了俄罗斯 7.5 万吨模锻液压机保持了 51 年的世界纪录。现在我国还出现了"神舟"飞天、"蛟龙"入海、"天眼"探空、"墨子"传信、"天宫"合体等国之重器，说明在中国共产党的正确领导下，中国人民敢于创新、善于创新，研制成功一个又一个国之重器，作为新时代的青年，我们要热爱祖国，脚踏实地，为中华民族复兴担当重任。

3. 液压传动的优点及缺点

液压传动与机械传动、电气传动和气压传动三种方式相比，有以下优点及缺点：

（1）优点。

①能获得更大的输出力和输出力矩。液压传动是利用密闭系统中的受压液体的压力能来传递力或力矩的，随着液压泵的压力的提高，可使液压缸（或液压马达）获得很大的力（或力矩），所以，在重型机械上一般优先选用液压传动系统。

②可以实现无级调速、且调速范围大。液压传动通过改变输入执行元件的流量便可方便地实现无级调速，调速范围可达 2 000∶1，这是其他方式调速难以达到的。

③单位质量的功率和单位体积的功率大。例如，输出 1 kW 的功率，液压传动系统的质量是 0.2 kg，而电气传动装置的质量是 1.5 ～ 2 kg，所以，在要求传递大功率而又要质量轻、体积小的情况下采用液压传动为最好。

④工作平稳，可实现无冲击的换向。这是由于液压机构的功率质量比大、惯性小，因此反应速度就快。如液压马达的旋转惯量不超过同功率电动机的 10%，启动中等功率电动机要 1 ～ 2 s，而同功率的液压传动机械的启动时间不超过 0.1 s，所以，在高速且换向频繁的机械采用液压传动可使换向冲击大大减少。

⑤液压传动系统的控制、调节简单，操作方便、省力，易于实现"机、电、液、光"一体化。

⑥易于实现过载保护。在液压传动系统中可设置溢流阀来调节系统压力大小、限制最高工作压力、防止过载和避免事故发生。

⑦液压元件易实现系列化、标准化和通用化，便于主机的设计、制造、使用和排除，而且大大提高生产效率，降低液压元件的生产成本和提高产品质量。

（2）缺点。

①存在泄漏、污染环境、能源损耗的问题。液压传动系统因有相对运动表面，加之液压传动系统使用的压力往往较高，如果密封失效，必然产生内漏和外漏。内漏导

致容积效率下降，能量损失产生系统发热和温升。

②在高温和低温下采用液压有一定的困难，必须设法解决。

③传动效率低、不适宜远程传动。

④制造精度高，查找故障困难。

4. 帕斯卡原理

帕斯卡原理指出："在密闭容器内，施加于静止液体上的压强将以等值同时传到各点。"

图1-1所示为液压千斤顶的实物图和工作原理。液压千斤顶由手动液压泵和举升液压缸两部分组成。手动液压泵由杠杆手柄1、小油缸2、小活塞3、单向阀4和7组成；而举升液压缸由大油缸9和大活塞8组成。小活塞3的横截面面积为A_1，大活塞8的横截面面积为A_2。如果不计活塞运动过程的摩擦力，要将重物顶起，在小活塞3上就必须施加力F_1，小活塞3受到的压强$p_1 = \dfrac{F_1}{A_1}$；大活塞8受到的负载为G，大活塞8受到的压强$p_2 = \dfrac{G}{A_2}$。根据帕斯卡原理，$p_1 = p_2$，即

$$\frac{F_1}{A_1} = \frac{G}{A_2} \tag{1-1}$$

式（1-1）也说明：液压传动系统中压力取决于负载G的大小，即压力取决于外负载。

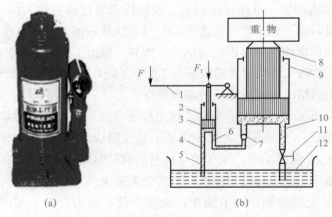

图1-1 液压千斤顶的实物图和工作原理

(a) 液压千斤顶实物；(b) 液压千斤顶的工作原理

1—杠杆手柄；2—小油缸；3—小活塞；4、7—单向阀；5—吸油管；

6、10—管道；8—大活塞；9—大油缸；11—截止阀；12—油箱

5. 液压传动的工作原理

液压传动是帕斯卡原理的应用。如提起手柄使小活塞向上移动，小活塞下端油腔容积增大，形成局部真空，这时单向阀4打开，通过吸油管5从油箱12中吸油；用力

压下手柄，小活塞下移，小活塞下腔压力升高，单向阀 4 关闭，单向阀 7 打开，小活塞下腔的油液经管道 6 输入举升油缸 9 的下腔，迫使大活塞 8 向上移动，顶起重物。再次提起手柄吸油时，单向阀 7 自动关闭，使油液不能倒流，从而保证了重物不会自行下落。不断地往复扳动手柄，就能不断地把油液压入举升缸下腔，使重物逐渐地升起。如果打开截止阀 11，举升缸下腔的油液通过管道 10、截止阀 11 流回油箱，重物就向下移动。

液压传动就是利用受压油液作为传递动力的工作介质，压下杠杆时，小油缸 2 输出压力油，将机械能转换成油液的压力能，压力油经过管道 6 及单向阀 7，推动大活塞 8 举起重物，将油液的压力能又转换成机械能。大活塞 8 举升的速度取决于单位时间内流入大油缸 9 中油液容积的多少。因此，液压传动的基本工作原理如下：

（1）采用液体做传动介质（工作介质）。

（2）必须在封闭容腔内进行，工作原理是帕斯卡原理。

（3）代表液压传动性能的主要参数是压力和流量。根据帕斯卡原理产生的液体压力大小取决于外负载，速度取决于流量大小。

（4）从能量转换角度来讲：液压传动是将机械能转换成油液的压力能，再将油液的压力能转换成机械能。

6. 液压传动系统的组成

图 1-2 所示为磨床工作台液压传动系统组成。液压泵 4 在电动机（图中未画出）的带动下旋转，油液由油箱 1 经过滤器 2 被吸入液压泵，由液压泵输入的压力油通过换向手柄 11、节流阀 13、换向阀 15 进入液压缸 18 的左腔，推动活塞 17 和工作台 19 向右移动，液压缸 18 右腔的油液经换向阀 15 排回油箱。如果将换向阀 15 转换成如图 1-2（b）所示的状态，则压力油进入液压缸 18 的右腔，推动活塞 17 和工作台 19 向左移动，液压缸 18 左腔的油液经换向阀 15 排回油箱。工作台 19 的移动速度由节流阀 13 来调节。当节流阀开大时，进入液压缸 18 的油液增多，工作台的移动速度增大；当节流阀关小时，工作台的移动速度减小。液压泵 4 输出的压力油除进入节流阀 13 外，其余的油打开溢流阀 7 流回油箱。如果将手动换向阀 9 转换成如图 1-2（c）所示的状态，液压泵输出的油液经手动换向阀 9 流回油箱，这时工作台停止运动，液压传动系统处于卸荷状态。

从图 1-1 和图 1-2 可以看出，一个完整的液压传动系统由工作介质、动力元件、执行元件、控制元件和辅助元件组成。

（1）工作介质的作用是实现运动和动力的传递，液压油是主要的工作介质。

（2）动力元件（液压泵）的作用是将原动机所输出的机械能转换成液体的压力能，向液压传动系统提供压力油，是液压传动系统的心脏部分。液压泵可分为齿轮泵、叶片泵和柱塞泵等。

（3）执行元件的作用是将液体的压力能转换成机械能以驱动工作机构进行工作。其可分为液压缸和液压马达。

（4）控制元件的作用是对系统中工作介质的压力、流量、方向进行控制和调节，以保证执行元件达到所要求的输出力、运动速度和运动方向。其可分为压力控制阀、方向控制阀和流量控制阀。

（5）辅助元件的作用是提供必要的条件使系统得以正常工作，是系统不可缺少的组成部分。其包括密封装置、滤油器、油箱、管件、蓄能器等。

7. 液压传动系统与液力传动系统的区别

液压传动系统与液力传动系统都是利用受压液体压力进行工作的。但液压传动系统利用受压液体的压力能为主来实现传动功能，工作介质的流速（动能）、势能相对较低，可以不考虑，又叫作静液压传动系统；其主要由工作介质、动力元件、执行元件、控制元件和辅助元件组成。液力传动系统利用受压液体的动能为主来实现传动功能，工作介质的压力能，势能相对较低，可以不考虑；该系统主要包括液力偶合器和液力变矩器等元件。液力偶合器又称液力联轴器，是一种利用受压液体动能来传递功率的传动元件；液力变矩器具有无级变速和改变转矩的作用，对外负载有良好的自动调节和适应能力，在外负载增大时，液力变矩器的蜗轮力矩自动增加，转速则自动降低，反之当外负载减小时，蜗轮力矩自动减小，转速自动增高。由于液力变矩器的这种特性，已广泛用于工程机械、汽车、液力传动的内燃机车等，可简化操纵，易实现自动控制，并可使车辆起步平稳，加速迅速而均匀，增加了乘坐驾驶的舒适性；并能带荷载启动和反转制动，且具有限矩过载保护功能；传动效率

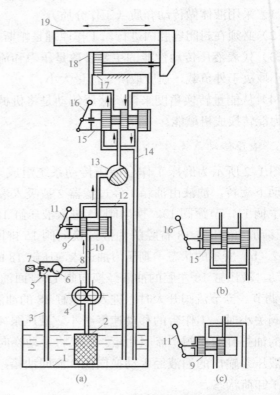

图1-2　磨床工作台液压传动系统组成

（a）磨床工作台液压传动系统组成图；（b）换向阀15处于左外状态；
（c）换向阀9处于左位状态

1—油箱；2—过滤器；3、12、14—回油管；4—液压泵；
5—弹簧；6—钢球；7—溢流阀；8、10—压力油管；
9—手动换向阀；11、16—换向手柄；13—节流阀；
15—换向阀；17—活塞；18—液压缸；19—工作台

高，最高为 85% ～ 90%。

8. 液压传动系统与液压控制系统的区别

液压传动系统与液压控制系统都是利用受压液体的压力能为主进行工作；也都通过油液传递功率；也都包括工作介质、动力元件、执行元件、控制元件和辅助元件。但液压控制系统是利用受压液体的压力能为主来实现传动功能并使液压装置跟随控制信号的规律来工作的系统。两者不同之处是液压控制系统具有反馈装置，通过反馈装置将执行元件的输出量（位移、速度和力等机械量）反馈回去与输入量进行比较，用比较后的偏差来控制系统，使执行元件的输出跟随输入量的变化而变化或保持恒定，这种系统集"机、电、液"一体，成为工业自动化的一个重要组成部分，应用非常广泛。例如，军工方面的雷达、火炮、舰艇、飞机等；工业方面的机床（数控机床）、船舶（舵机操纵、消摆系统）、汽车（液压转向装置、道路模拟试验台）等均有应用。

观察或实践

现场观察或通过视频观看液压传动系统组成和工作原理。

练习题

1. 解释液压传动和液压传动系统。
2. 简述液压传动系统的组成。
3. 简述液压传动的工作原理。
4. 简述液压传动的优点及缺点。
5. 解释液力传动系统和液压控制系统。

学习评价

评价形式	比例	评价内容	评价标准	得分
自我评价	30%	（1）出勤情况； （2）学习态度； （3）任务完成情况	（1）好（30分）； （2）较好（24分）； （3）一般（18分）	
小组评价	10%	（1）团队合作情况； （2）责任学习态度； （3）交流沟通能力	（1）好（10分）； （2）较好（8分）； （3）一般（6分）	
教师评价	60%	（1）学习态度； （2）交流沟通能力； （3）任务完成情况	（1）好（60分）； （2）较好（48分）； （3）一般（36分）	
汇总				

任务 1.2 液压油更换

液压油是液压传动系统的工作介质，符合标准的液压油是液压传动系统正常运转的前提，据统计70%～80%的液压系统故障是由于液压油污染而引起的，因此当液压油失效时，应该及时正确更换液压油。

 学习要求

1. 了解液压油的分类和性质。
2. 弄清楚液压油的选用原则。
3. 掌握液压油的更换步骤和方法。
4. 通过废液压油处理，养成恪守工程伦理的习惯。

 知识准备

1. 液压油的分类

液压油主要有矿油型、合成型、乳化型三大类，见表1-2。

表 1-2　液压油的主要品种及特性和用途

类型	名称	代号	特性和用途
矿油型	通用液压油	L-HL	由精制矿物油加抗氧、防锈和抗泡添加剂制成，提高抗氧化和防锈性能，适用于机床等设备的低压润滑系统
	抗磨型液压油	L-HM	由通用液压油加添加剂，改善抗磨性能制成，适用于中、高压液压传动系统
	液压导轨油	L-HG	由抗磨型液压油加抗黏滑添加剂制成，适用于液压和导轨润滑为一个油路系统的精密机床，可使机床在低速下将振动或间断滑动减为最小
	低温液压油	L-HV	由抗磨型液压油加添加剂，改善黏温特性制成，适用于环境温度为 $-40\,℃\sim -20\,℃$ 的作业温度变化较大的室外中、高压液压传动系统
合成型	水-乙二醇液	L-HFC	其含乙二醇为20%～30%，含水量为35%～50%，另加各种添加剂。其特点是难燃，黏温特性和抗蚀性好，能在 $-30\,℃\sim 60\,℃$ 温度范围内使用，适用于有抗燃要求的中、低压系统
	磷酸酯液	L-HFDR	其特点是难燃，润滑抗磨性和抗氧化性能良好，能在 $-15\,℃\sim 135\,℃$ 温度范围内使用，但有毒，适用有抗燃要求的高压精密系统

类型	名称	代号	特性和用途
乳化型	水包油乳化液	L-HFAE	其含油为 5%～10%，含水量为 90%～95%，另加各种添加剂。其特点是难燃，黏温特性好，有一定的防锈能力，但润滑性差，易泄漏
	油包水乳化液	L-HFB	其含油为 60%，含水量为 40%，另加各种添加剂。其特点是有较好的润滑性、防锈性、抗燃性，但使用温度不能高于 65 ℃

2. 液压油的性质

（1）液压油的黏性。液压油的黏性是流体在外力作用下流动时分子间的内聚力要阻止分子间的相对运动而产生的一种内摩擦力。

图 1-3 所示为液体的黏性示意。设上平板以速度 u_0 向右运动，下平板固定不动，紧贴于上平板上的流体黏附于上平板上，其速度与上平板相同。紧贴于下平板上的流体黏附于下平板上，其速度为零。中间流体的速度按线性分布。将这种流动看成许多无限薄的流体层在运动，当运动较快的流体层在运动较慢的流体层上滑过时，两层间由于黏性就产生内摩擦力。根据实际测定的数据所知，流体层间的内摩擦力 F 与流体层的接触面积 A 及流体层的相对流速 $\mathrm{d}u$ 成正比，而与此二流体层间的距离 $\mathrm{d}y$ 成反比，即

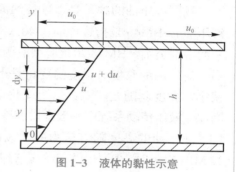

图 1-3　液体的黏性示意

$$F=\mu A\frac{\mathrm{d}u}{\mathrm{d}y} \tag{1-2}$$

式中，u 为黏性系数或动力黏度，$\dfrac{\mathrm{d}u}{\mathrm{d}y}$ 为速度梯度。

如果用单位接触面积上的内摩擦力 τ（剪切应力）来表示，则式（1-2）可改写成

$$\tau=\frac{F}{A}=\mu\frac{\mathrm{d}u}{\mathrm{d}y} \tag{1-3}$$

这就是牛顿内摩擦定律。

黏性是液体最重要的物理特征之一，是选择液压油的主要依据。其常用绝对黏度（动力黏度）、运动黏度和相对黏度来表示，见表 1-3。

表 1-3　黏性的表示

项目黏度种类	公式	概念及测定	单位
绝对黏度 μ	$\mu=\dfrac{\tau}{\dfrac{\mathrm{d}u}{\mathrm{d}y}}$	绝对黏度又称动力黏度，是液体在单位速度梯度下流动时，接触液层间内摩擦剪切应力	Pa·s
运动黏度 ν	$\nu=\dfrac{\mu}{\rho}$	运动黏度是液体绝对黏度与其密度的比值	St（斯）、cSt（厘斯）

项目黏度种类	公式	概念及测定	单位
相对黏度	$°E=\dfrac{t_1}{t_2}$ $\nu=8°E-\dfrac{8.64}{°E}$ $(1.35<°E\leqslant 3.2)$ $\nu=7.6°E-\dfrac{4}{°E}$ $(°E>3.2)$	相对黏度又称条件黏度，由于条件不同，各国相对黏度的含义也不同，如美国采用赛氏黏度（SSU）、英国采用雷氏黏度（R），而我国、德国、俄罗斯则采用恩氏黏度（°E）。 恩氏黏度用恩氏黏度计测定，即将 200 cm³ 被测液体装入黏度计的容器内，容器周围充水，电热器通过水使液体均匀升温到 T ℃，液体由容器的底部 $\phi 2.8$ mm 的小孔流尽所需的时间 t_1 与同体积的蒸馏水在 20 ℃时流过同一小孔所需的时间 t_2（t_2=51 s）比值，称为被测液体在这一温度 T 下的恩氏黏度	无

我国液压油的牌号是以这种油液 40 ℃时的运动黏度 ν 的平均值来标定的，例如，液压油 L-HM46 是指这种油在 40 ℃时的运动黏度 ν 的平均值为 46 cSt（mm²/s），L 表示润滑剂类别，HM 表示抗磨型液压油。

液压油的黏度对温度的变化是十分敏感的，当温度升高时，其分子之间的内聚力减小，黏度就随之降低。这个变化率的大小直接影响液压传动系统工作介质的使用，因此，液压传动系统中一般都设有冷却装置，来保证液压油维持正常的温度。

液压油的黏度随着压力的增大而增大，但对于一般的液压传动系统，当压力在 32 MPa 以下时，压力对黏度的影响很小，可以忽略不计。

（2）液压油的可压缩性。液压油的可压缩性是液压油受压力的作用而使其体积发生变化的性质，可用体积压缩系数 k 表示。其是液压油在单位压力变化时的体积相时变化量。即

$$k=-\frac{1}{\Delta p}\cdot\frac{\Delta V}{V} \tag{1-4}$$

体积压缩系数 k 的倒数称为液压油的体积弹性模量，用大写的 K 表示。即

$$K=\frac{1}{k}=-\Delta p\cdot\frac{V}{\Delta V} \tag{1-5}$$

K 表示产生单位体积相对变化量所需的压力增量，表示液体抵抗压缩能力的大小。在常温下，纯净油液的体积模量为（1.4 ～ 2）×10³ MPa，数值很大，故在中、低压系统中一般可认为油液是不可压缩的。但液压油如果混入空气或是高压系统，则其压缩性显著增加，并严重影响液压传动系统的工作性能，故应尽量减少油液中的空气含量。

液压油还有其他一些性质，如稳定性、抗泡沫性、抗乳化性、防锈性、润滑性及相容性等。

3. 液压油的选用

选用液压油必须根据液压传动系统的工作环境、工作压力、工作速度、液压泵的类型及经济性等因素全面考虑，见表 1-4。

表 1-4　选择液压油时应考虑的因素

考虑因素	内容
工作环境	在高温热源或明火附近一般选用抗燃液压油；在寒冷地区要求选用黏度较大、低温流动性好、凝固点低的液压油；露天等水分多的环境里，要考虑选用抗乳化性好的液压油，见表 1-5
工作压力	对于工作压力较高的液压传动系统，应选用黏度较大的液压油；反之选用黏度较小的液压油，见表 1-6 和表 1-7
工作速度	对于工作速度较高的液压传动系统，应选用黏度较小的液压油；反之选用黏度较大的液压油
液压泵的类型	见表 1-8
经济性	要考虑液压油的价格、使用寿命、货源情况等

表 1-5　根据工作环境应选择的液压油种类

工作环境	压力 7 MPa 以下 温度 50 ℃以下	压力 7～14 MPa 温度 50 ℃以下	压力 7～14 MPa 温度 50 ℃～80 ℃	压力 7 MPa 以上 温度 80 ℃～100 ℃
室内固定液压设备	HL	HL 或 HM	HM	HM
寒冷或严寒地区	HR	HV 或 HS	HV 或 HS	HV 或 HS
地下地上	HL	HL 或 HM	HM	HM
高温热源 明火附近	HFAE HFAS	HFB HFC	HFDR	HFDR

表 1-6　根据工作压力应选择的液压油种类

压力 /MPa	<8	8～16	>16
液压油的种类	HH、HL	HL、HM、HV	HM、HV

表 1-7　根据工作压力应选择的液压油的黏度

压力 /MPa	<2.5	2.5～8	8～16	16～32
运动黏度 V_{50}/（$mm^2 \cdot s^{-1}$）	10～30	20～40	30～50	40～60

注：V_{50} 是指 50 ℃时的运动黏度。

表 1-8　根据液压泵应选用的液压油的黏度

要求 泵的种类	运动黏度（40 ℃）/（$mm^2 \cdot s^{-1}$）		适用液压油的种类和黏度牌号
	5 ℃～40 ℃	40 ℃～80 ℃	
齿轮泵	30～70	65～165	L-HL32、L-HL46、L-HL68、L-HL100、L-HM46、L-HM46、L-HM68、L-HM100

泵的种类	要求	运动黏度（40 ℃）/（mm²·s⁻¹）		适用液压油的种类和黏度牌号
		5 ℃～40 ℃	40 ℃～80 ℃	
叶片泵	<7 MPa	30～50	40～75	L–HM32、L–HM46、L–HM68
	≥7 MPa	50～70	55～90	L–HM 46、L–HM68、L–HM100
径向柱塞泵		30～80	65～240	L–HL32、L–HL46、L–HL68、L–HL100、L–HL150、L–HM46、L–HM46、L–HM68、L–HM100、L–HM150
轴向柱塞泵		40	70～150	

4. 换油周期的确定

液压油在高温、高压下使用一定的时间后，会逐渐老化变质，并出现下列状况。

（1）液压油的颜色、气味和外观变化等油品老化现象。表现出发臭、颜色慢慢变深变黑、浑浊或有沉淀等。

（2）闪点降低。

（3）酸值显著变化。

（4）机械杂质增加。

（5）抗乳化性和抗泡性变差。

（6）稳定性变坏。

变质的液压油不能满足液压传动系统的要求，必须更换。目前，换油的周期有经验法、固定周期法和油质换油法三种。

①经验法是凭借操作者和现场技术人员的经验，通过"看、嗅、摸、摇"等简易方法，规定当液压油变黑、变脏、变浑浊到某一程度就必须换油。现场鉴定液压油变质项目见表1–9。

表1–9　现场鉴定液压油变质项目

试验项目	检查项目	鉴定内容
外观	颜色、雾状、透明度、杂质	气泡、水分、其他油脂、尘埃、油变质老化
气味	与新油比较气味	油变质、有恶臭、焦臭
酸性度	pH试纸或硝酸侵蚀试验用指示剂	油变质程序
硝酸侵蚀试验	滴油一滴于滤纸上，放置0.2～2 h，观察油浸润的情况	油浸润的中心部分，若出现透明的浓圆点即是灰尘或磨损颗粒，证明液压油已变质，必须更换
裂化试验	在热钢板上滴油是否有爆裂声音	声音大、响声长证明水分多

②固定周期法是根据不同的设备和油品，规定半年、一年或运转1 000～2 000 h后换油。

上述两种应用较广泛，都不太科学，不太经济。

③油质换油法是通过定期取油样进行化验，测定必要的项目，以便连续监测油液变质情况，根据液压油的物理化学性质指标变化的实际情况确定何时换油，这种方法较科学，但需要一套理化检验仪器。

5. 换油指标的确定

液压油的更换指标，各国各公司虽不尽相同，但控制项目大同小异，我国制定的 L–HL 型液压油和 L–HM 型液压油的指标见表 1–10。

表 1–10　现场鉴定液压油变质项目

检查项目	L–HL 型液压油	L–HM 型液压油
外观	目测：不透明或浑浊	
色度	不透明或浑浊比新油的变化大于 3 号色度板	不透明或浑浊比新油的变化大于 2 号色度板
40 ℃运动黏度变化率	超过 ±10%	
酸值 KOH 增加量	>0.3 mg/g	>0.4 mg/g
水分含量	>0.1%	>0.1%
铜板腐蚀	铜板颜色发暗，有黄褐色斑点	
机械杂质质量	>0.1%	
正戊烷不溶物	—	>0.1%

6. 液压油的更换

（1）将液压传动系统中剩余的液压油放净，并收集起来，按环保要求处理。

素养提升案例

恪守工程伦理：废液压油处理

解析：液压油会污染环境，液压传动系统中废液压油不能直接排入下水道，应恪守工程伦理，把废液压油集中收集起来，按环保要求处理，处理好人与自然之间的关系，不破坏环境。

启示：工程伦理问题是一个关乎工程本身、社会、人类和自然的复杂问题，在工程活动中应恪守工程伦理，处理好人与人之间的关系、人与社会之间的关系及人与自然之间的关系。

（2）认清液压油的种类和牌号，确认种类和牌号与要求一致。存放过久的液压油还必须进行化验，确认它是否可以使用。

（3）从取油到注油的全过程都应保持桶口、罐口、漏斗等器皿的清洁。

（4）注油时应当进行过滤。

（5）加油时应采用专门的加油小推车，通过带加油滤油器的加油口加至规定高度。

（6）加油完毕后盖好密封盖。

现场或通过视频观察液压油的更换过程；有条件时，可现场实践。

 练习题

1. 液压油有哪几种？
2. 解释 L-HM46 牌号的意义。
3. 简述液压油与温度和压力的关系。
4. 简述更换液压油的步骤和方法。
5. 简述液压油的选用原则。

 学习评价

评价形式	比例	评价内容	评价标准	得分
自我评价	30%	（1）出勤情况； （2）学习态度； （3）任务完成情况	（1）好（30分）； （2）较好（24分）； （3）一般（18分）	
小组评价	10%	（1）团队合作情况； （2）责任学习态度； （3）交流沟通能力	（1）好（10分）； （2）较好（8分）； （3）一般（6分）	
教师评价	60%	（1）学习态度； （2）交流沟通能力； （3）任务完成情况	（1）好（60分）； （2）较好（48分）； （3）一般（36分）	
汇总				

项目 2　液压元件故障诊断及排除

液压元件包括动力元件（包括齿轮泵、叶片泵和柱塞泵等）、执行元件（包括液压缸和液压马达）、控制元件（包括压力控制阀、方向控制阀、流量控制阀）和辅助元件（包括密封装置、滤油器、油箱、管件、蓄能器等）。液压元件是构成液压系统不可或缺的部分，如果液压元件出现了故障，液压系统就无法正常工作，所以要及时诊断和排除液压元件故障。

任务 2.1　齿轮泵故障诊断及排除

齿轮泵是液压传动系统中广泛采用的一种液压泵。其主要特点是结构简单，制造方便，价格低，体积小，质量轻，自吸性好，对油液污染不敏感，工作可靠；其主要缺点是流量和压力脉动大，噪声大，排量不可调。齿轮泵按照其啮合形式的不同，有外啮合和内啮合两种。其中，外啮合齿轮泵应用较广；而内啮合齿轮泵多为辅助泵。

在液压元件故障中，液压泵的故障率最高，约占液压元件故障率的 30%，所以要引起足够的重视。齿轮泵常见故障有"吸不上油，无油液输出""泵虽上油，但输出油量不足，压力也升不到标定值""发出'咯咯咯……'或'喳喳喳……'的噪声"等。

学习目标

1. 掌握外啮合式齿轮泵的结构和工作原理。
2. 弄清内啮合式齿轮泵的结构和工作原理。
3. 学会齿轮泵拆卸和装配方法。
4. 弄清齿轮泵常见故障诊断及排除方法。
5. 养成精益求精，注重细节的习惯。

知识准备

1. 外啮合式齿轮泵的结构和工作原理

图 2-1 所示为外啮合式齿轮泵外观和立体分解图。其由螺钉 1、前盖 2、定位销 3、

心形密封圈 4、5、O 形密封圈 6、轴套 7、泵体 8、主动齿轮轴 9、从动齿轮轴 10、半圆键 11、后盖 12、油封 13、弹性卡簧 14 等零件组成。

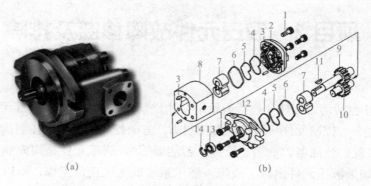

图 2-1　外啮合式齿轮泵外观和立体分解图

（a）外观；（b）立体分解图

1—螺钉；2—前盖；3—定位销；4、5—心形密封圈；6—O 形密封圈；7—轴套；8—泵体；

9—主动齿轮轴；10—从动齿轮轴；11—半圆键；12—后盖；13—油封；14—弹性卡簧

为了保证齿轮能灵活地转动，同时又要保证泄漏最小，在齿轮端面和泵盖之间应有适当轴向间隙，对小流量泵轴向间隙为 0.025 ～ 0.04 mm，大流量泵为 0.04 ～ 0.06 mm。齿顶和泵体内表面的径向间隙，由于密封带长，同时齿顶线速度形成的剪切流动又与油液泄漏方向相反，故对泄漏的影响较小，这里要考虑的问题：当齿轮受到不平衡的径向力后，应避免齿顶和泵体内壁相碰，所以径向间隙就可稍大，一般取 0.13 ～ 0.16 mm。

为了防止压力油从泵体和泵盖间泄漏到泵外，并减小对压紧螺钉的拉力，在泵体两侧的端面上开有卸油槽，使渗入泵体和泵盖间的压力油引入吸油腔。在泵盖和从动轴上的小孔，其作用是将泄漏到轴承端部的压力油也引到泵的吸油腔，防止油液外溢，同时也润滑了滚针轴承。

但外啮合齿轮泵在结构上也存在困油现象、径向力不平衡和泄漏大等问题。

（1）困油现象。齿轮泵要能连续地供油，就要求齿轮啮合的重叠系数大于 1，也就是当一对齿轮尚未脱开啮合时，另一对齿轮已进入啮合，这样就出现同时有两对齿轮啮合的瞬间，在两对齿轮的齿向啮合线之间形成了一个封闭容积，一部分油液也就被困在这一封闭容积中，如图 2-2（a）所示。齿轮连续旋转时，这一封闭容积

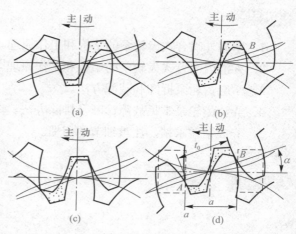

图 2-2　外啮合齿轮泵的困油现象及消除措施

便逐渐减小，到两啮合点处于节点两侧的对称位置时，如图 2-2（b）所示，封闭容积为最小，齿轮再继续转动时，封闭容积又逐渐增大，直到如图 2-2（c）所示的位置时，容积又变为最大。当封闭容积减小时，被困油液受到挤压，压力急剧上升，使轴承上突然受到很大的冲击荷载，使泵剧烈振动，这时高压油从一切可能泄漏的缝隙中挤出，造成功率损失，使油液发热等；当封闭容积增大时，由于没有油液补充，因此形成局部真空，使原来溶解于油液中的空气分离出来，形成了气泡，就会引起噪声、振动、气蚀等一系列不良现象。这就是齿轮泵的困油现象。

齿轮泵的困油现象

消除困油的方法通常是在两端盖板上开卸油槽，如图 2-2（d）中的虚线方框所示。当封闭容积减小时，通过右边的卸油槽与压油腔相通；而封闭容积增大时，通过左边的卸油槽与吸油腔通，两卸油槽的间距必须确保在任何时候都不使吸、排油相通。在很多齿轮泵中，两槽并不对称于齿轮中心线分布，而是整个向吸油腔侧平移一段距离，这样能取得更好的卸荷效果。

（2）径向力不平衡（图 2-3）。在齿轮泵中，油液作用在齿轮外缘的压力是不均匀的，从吸油腔到压油腔，压力沿齿轮旋转的方向逐齿递增，因此，齿轮和传动轴受到径向不平衡力的作用，工作压力越高，径向不平衡力越大，径向不平衡力很大时，能使泵轴弯曲，导致齿顶压向定子的低压端，使定子偏磨，同时，也加速轴承的磨损，降低轴承使用寿命。

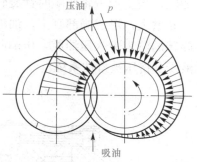

图 2-3　齿轮泵的径向不平衡力

为了减小径向不平衡力的影响，常采取缩小压油口的办法，使压油腔的压力仅作用在一个齿到两个齿的范围内，同时，适当增大径向间隙，使齿顶不与定子内表面产生金属接触，并在支撑上多采用滚针轴承或滑动轴承。

齿轮泵径向力不平衡

（3）泄漏大。在液压泵中，运动件间的密封是靠微小间隙密封的，这些微小间隙从运动学上形成摩擦副，同时，高压腔的油液通过间隙向低压腔的泄漏是不可避免的；齿轮泵压油腔的压力油可通过三条途经泄漏到吸油腔：一是通过齿轮啮合线处的间隙——齿侧间隙；二是通过泵体定子环内孔和齿顶间的径向间隙——齿顶间隙；三是通过齿轮两端面和侧板间的间隙——端面间隙。在这三类间隙中，端面间隙的泄漏量最大，压力越高，由间隙泄漏的液压油就越多。因此，为了提高齿轮泵的压力和容积效率，实现齿轮泵的高压化，需要从结构上采取措施，对端面间隙进行自动补偿。

通常采用的自动补偿端面间隙装置有浮动轴套式［图 2-4（a）］、弹性侧板式［图 2-4（b）］和挠性侧板式［图 2-4（c）］。其原理都是引入压力油使轴套或侧板紧贴在齿轮端面上，压力越高，间隙越小，可自动补偿端面磨损和减小间隙。齿轮泵的浮动轴套是浮动安装的，轴套外侧的空腔与泵的压油腔相通，当泵工作时，浮动轴套受油压的作用而压向齿轮端面，将齿轮两侧面压紧，从而补偿了端面间隙。

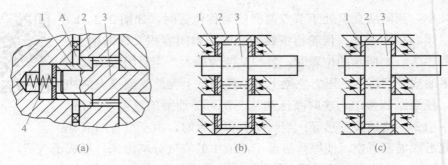

图 2-4　自动补偿端面间隙装置示意

（a）浮动轴套式；（b）弹性侧板式；（c）挠性侧板式

1—浮动轴套；2—泵体；3—齿轮轴；4—弹簧；A—A 腔

外啮合式齿轮泵工作原理如图 2-5 所示。泵体内相互啮合的主、从动齿轮与前、后盖及泵体一起构成密封工作容积，齿轮的啮合线将左、右两腔隔开，形成了吸、压油腔，当主动齿轮按顺时针旋转时，左侧吸油腔内的轮齿脱离啮合，密封工作腔容积不断增大，形成局部真空，油液在大气压力作用下从油箱经吸油管进入吸油腔，并被旋转的轮齿带入压油腔。压油腔内的轮齿不断进入啮合，使密封工作腔容积减小，油液受到挤压被排往系统。

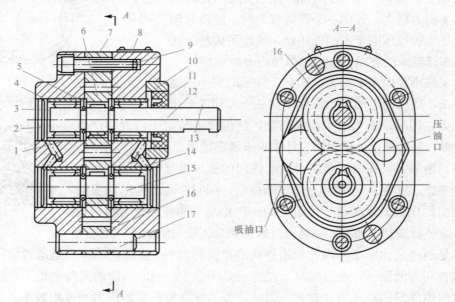

图 2-5　外啮合式齿轮泵工作原理

1—轴承外环；2—堵头；3—滚子；4—后泵盖；5—键；6—齿轮；7—泵体；8—前泵盖；9—螺钉；10—压环；11—密封环；12—主动轴；13—键；14—卸油孔；15—从动轴；16—卸油槽；17—定位销

2．内啮合式齿轮泵的结构和工作原理

内啮合式齿轮泵有隔板式内啮合式齿轮泵［图 2-6（a）］和摆动式内啮合齿轮泵

[图 2-6（b）] 两种。它们共同的特点：都由内齿轮、外齿轮、泵体、泵盖等组成。内外齿轮转向相同，齿面间相对速度小，运转时噪声小，齿数相异，绝对不会发生困油现象；因为外齿轮的齿端必须始终与内齿轮的齿面紧贴，以防内漏，所以内啮合齿轮泵不适用较高的压力的场合。

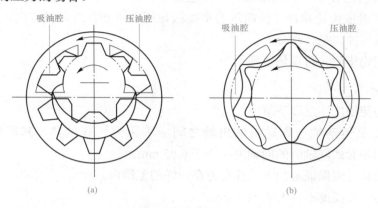

图 2-6　内啮合齿轮泵的结构和工作原理图

（a）隔板式内啮合齿轮泵；（b）摆动式内啮合齿轮泵

内啮合齿轮泵的优点是结构紧凑，体积小，零件少，转速可高达 10 000 r/mim，运动平稳，噪声低，容积效率较高等；缺点是齿形复杂，加工困难，制造成本高等。

内啮合齿轮泵的泵体内相互啮合的主、从动齿轮与前、后盖一起构成密封工作容积，形成了吸、压油腔。当内齿轮逆时针旋转时，同时带动外齿轮也逆时针旋转，左侧吸油腔内的轮齿脱离啮合，密封工作腔容积不断增大，形成局部真空，油液在大气压力作用下从油箱经吸油管进入吸油腔，并被旋转的轮齿带入压油腔。压油腔内的轮齿不断进入啮合，使密封工作腔容积减小，油液受到挤压被排往系统。

3．齿轮泵拆卸和装配的步骤及方法

图 2-1 所示为外啮合式齿轮泵外观和立体分解图。其拆卸和装配步骤及方法如下：

（1）准备好内六角扳手一套、耐油橡胶板一块、油盘一个等其他器具。

（2）松开泵体与泵盖的连接螺钉 1。

齿轮泵拆装

（3）取出定位销 3。

（4）将前盖 2、后盖 12 和泵体 8 分离开。

（5）取出密封圈 4、5、6。

（6）从泵体 8 中依次取出轴套 7、主动齿轮轴 9、从动齿轮轴 10 等。如果配合面发卡，可用铜棒轻轻敲击出来，禁止猛力敲打，损坏零件。拆卸后，观察轴套的构造，并记住安装方向。

（7）观察主要零件的作用和结构。

①观察泵体两端面上泄油槽的形状、位置，并分析其作用。

②观察前后端盖上的两矩形卸荷槽的形状、位置，并分析其作用。

③观察进、出油口的形状、位置。

（8）按拆卸的反向顺序装配齿轮泵。装配前清洗各零部件，将轴与泵盖之间、齿轮与泵体之间的配合表面涂润滑液，并注意各处密封的装配，安装浮动轴套时应将有卸荷槽的端面对准齿轮端面，径向压力平衡槽与压油口处在对角线方向，检查泵轴的旋向与泵的吸压油口是否吻合。

（9）装配完毕后，将现场整理干净。

4．齿轮泵的使用

齿轮泵的使用应注意以下事项：

（1）齿轮泵传动轴与原动机输出轴之间应采用弹性联轴器，其同轴度应小于0.1 mm。采用轴套式联轴器的同轴度应小于0.05 mm。

（2）传动装置应保证泵的主动轴受力在允许的范围内。

（3）泵的吸油高度不得大于500 mm。

（4）在泵的吸油口常安装有网式过滤器，其过滤精度应小于40 μm。

（5）工作油液的工作温度应控制在 -20 ℃～ 80 ℃。

（6）泵的进、出油口位置不能弄错，泵的旋转方向一定不能弄反。

（7）要拧紧泵的进、出油口管接头螺钉或螺母，密封装置要可靠。

（8）启动前，必须检查溢流阀是否在许可范围，应避免带负载启动或停车。

（9）对新泵或检修后的泵，工作前应进行空载运行和短时间超负载运行，并检查泵的工作情况，不允许有渗漏、冲击声、过渡发热和噪声等现象。

（10）泵如果长时间不使用，应将泵与原动机分离。再使用时，不得立即最大负载，应有不小于 10 min 的空载运转。

5．齿轮泵常见故障诊断及排除

（1）"吸不上油，无油液输出"故障诊断及排除。

故障原因：

①电动机轴或泵轴上漏装了传动键。

素养提升案例

培养工匠精神：细节决定成败

解析：这个故障原因说明"细节决定成败"，由于安装或拆修后没有注意细节，电动机轴或泵轴上漏装了传动键，致使齿轮泵不转动，齿轮泵出现"吸不上油，无油液输出"故障。

启示：我们在做事时一定要有工匠精神，精益求精，注重细节，追求完美和极致，因为一个微不足道的细节，恰恰决定了你的成败。

②齿轮与泵轴之间漏装了连接键。

③电动机转向不对。

④进油管路密封圈漏装或破损。

⑤进油滤油器或吸油管因油箱油液不够而裸露在油面之上，吸不上油。

⑥装配时轴向间隙过大。

⑦泵的转速过高或过低。

排除方法：

①补装传动键。

②补装连接键。

③将电动机电源进线某两相交换。

④补装密封圈。

⑤应往油箱中加油至规定高度。

⑥调整间隙。

⑦泵的转速应调整至允许范围。

（2）"泵虽上油，但输出油量不足，压力也升不到标定值"故障诊断及排除。

故障原因：

①电动机转速不够。

②选用的液压油黏度过高或过低。

③进油滤油器堵塞。

④前后盖板或侧盖板端面严重拉伤产生的内泄漏太大。

⑤对于采用浮动轴套或浮动侧板式齿轮泵，浮动轴套或浮动侧板端面拉伤或磨损。

⑥油温太高，液压油黏度降低，内泄增大使输出油量减少。

排除方法：

①电动机转速应达标。

②合理选用液压油。

③清洗滤油器。

④用平磨磨平前后盖板或侧盖板端面。

⑤修磨浮动轴套或浮动侧板端面。

⑥查明原因，采取相应措施，对中高速泵，应检查密封圈。

（3）"发出'咯咯咯……'或'喳喳喳……'的噪声"故障诊断及排除。

故障原因：

①泵内进了空气。

②联轴器的橡胶件破损或漏装。

③联轴器的键或花键磨损造成回转件的径向跳动产生机械噪声。

④齿轮泵与驱动电动机安装不同心。

排除方法：

①排净空气。

②更换联轴器的橡胶件。

③修理联轴器的键或花键，必要时更换。

④泵与电动机安装的同心度应满足要求。

 观察或实践

1. 现场观察或通过视频观察齿轮泵的拆卸和装配步骤及方法；有条件时，可现场实践。

2. 现场观察或通过视频观察齿轮泵常见故障诊断与排除方法；有条件时，可现场实践。

 练习题

1. 简述齿轮泵特点和分类。

2. 简述外啮合式齿轮泵的结构和工作原理。

3. 简述内啮合式齿轮泵的结构和工作原理。

4. 简述外啮合式齿轮泵拆装步骤和方法。

 学习评价

评价形式	比例	评价内容	评价标准	得分
自我评价	30%	（1）出勤情况； （2）学习态度； （3）任务完成情况	（1）好（30分）； （2）较好（24分）； （3）一般（18分）	
小组评价	10%	（1）团队合作情况； （2）责任学习态度； （3）交流沟通能力	（1）好（10分）； （2）较好（8分）； （3）一般（6分）	
教师评价	60%	（1）学习态度； （2）交流沟通能力； （3）任务完成情况	（1）好（60分）； （2）较好（48分）； （3）一般（36分）	
汇总				

任务 2.2　叶片泵故障诊断及排除

叶片泵广泛应用于各类中低压液压系统。它具有输出流量均匀，脉动小，噪声小，但结构较复杂，对油液的污染比较敏感等特点。叶片泵根据排量是否可变可分为定量叶片泵和变量叶片泵两类；根据各密封工作容积在转子旋转一周吸、排油液次数的不同，它又可分为双作用叶片泵和单作用叶片泵。当转子每转一周，双作用式叶片泵完成两次吸油和压油；单作用式叶片泵完成一次吸油和压油。双作用叶片泵均为定量泵，单作用叶片泵有定量和变量之分。

叶片泵常见故障有"泵不出油或泵输出的油，但出油量不够""泵的噪声大，振动也大""泵异常发热，油温过高""外泄漏"等。

 学习要求

1. 掌握叶片泵的结构和工作原理。
2. 学会叶片泵拆卸和装配方法。
3. 弄清叶片泵常见故障诊断及排除方法。
4. 在故障排除过程要严守职业规范。

 知识准备

1. 双作用式叶片泵的结构和工作原理

图2-7所示为YB1叶片泵外观和立体分解图。它由卡簧1、6，油封2，泵轴3，键4，轴承5，泵盖7，O形密封圈8、9、10、21，弹簧垫圈11，安装螺钉12，左配油盘13，转子14，叶片15，定子16，定位销17，右配油盘18，螺钉19、23，自润滑轴承20，泵体22等组成。其结构具有以下特点：

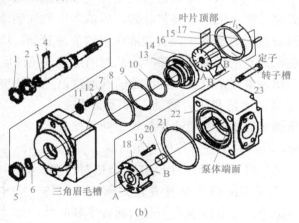

(a)   (b)

图2-7 YB1叶片泵外观和立体分解图

（a）外观；（b）立体分解图

1、6—卡簧；2—油封；3—泵轴；4—键；5—轴承；7—泵盖；8、9、10、21—O形密封圈；

11—弹簧垫圈；12—安装螺钉；13—左配油盘；14—转子；15—叶片；16—定子；

17—定位销；18—右配油盘；19、23—螺钉；20—自润滑轴承；22—泵体

（1）采用组合装配。为了便于安装，左配油盘 13、右配油盘 18、定子 16、转子 14 和叶片 15 预先组装成一个组件，两个长螺钉 19 是组件的紧固螺钉，它的头部作为定位销插入后泵体 22 的定位孔内，并保证配油盘上吸、压油窗的位置能与定子内表面的过渡曲线相对应。当泵运转建立压力后，配油盘 13 在压力油的作用下，产生微量弹性变形，紧贴在定子上以补偿轴向间隙，减少内泄漏，有效提高叶片泵的容积效率。

（2）定子过渡曲线。定子内表面的曲线由四段圆弧和四段过渡曲线组成，理想的过渡曲线不仅应使叶片在槽中滑动时的径向速度变化均匀，而且应使叶片转到过渡曲线和圆弧段交接点处的加速度突变不大，以减小冲击和噪声，同时，还应使泵的瞬时流量的脉动最小。在较为新式的泵中均采用"等加速等减速"曲线作为过渡曲线。

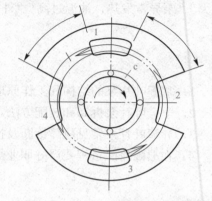

图 2-8　双作用式叶片泵的配油盘

1、3—压油窗口；2、4—吸油窗口；c—环形槽

（3）叶片的倾角。为了减小叶片对转子槽侧面的压紧力和磨损，YB1 型叶片泵的叶片相对于转子放置方向前倾 13°。

（4）配油盘。双作用式叶片泵的配油盘如图 2-8 所示。在盘上有两个吸油窗口 2、4 和两个压油窗口 1、3，窗口之间为封油区，通常应使封油区对应的中心角稍大于或等于两个叶片之间的夹角，否则会使吸油腔和压油腔连通，造成泄漏，当两个叶片间密封油液从吸油区过渡到封油区时，其压力基本上与吸油压力相同，但当转子继续旋转一个微小角度时，使该密封腔突然与压油腔相通，使其中油液压力突然升高，油液的体积突然收缩，压油腔中的油倒流进该腔，使液压泵的瞬时流量突然减小，引起液压泵的流量脉动、压力脉动和噪声，为此在配油盘的压油窗口靠叶片从封油区进入压油区的一边开有三角槽，使两叶片之间的封闭油液在未进入压油区之前就通过该三角槽与压力油相连，其压力逐渐上升，因而缓减了流量和压力脉动，并降低了噪声。环形槽 c 与压油腔相通并与转子叶片槽底部相通，使叶片的底部作用有压力油。

双作用式叶片泵工作原理

（5）吸油口和压油口有四个相对位置。前、后泵体由四个布置成正方形的螺钉连接，定子、左右配油盘不动，而转子和叶片转动，前泵体的压油口可变换四个相对的位置装配，方便作业。

双作用式叶片泵的工作原理如图 2-9 所示。该泵主要由定子 1、转子 2、叶片 3、配油盘（图中未画出）和泵体等组成。定子内

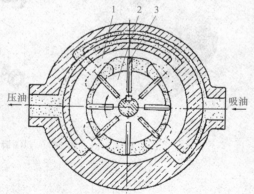

图 2-9　双作用式叶片泵的工作原理

1—定子；2—转子；3—叶片

表面近似为椭圆柱形，且定子和转子中心重合。在转子上沿圆周均匀分布的若干个槽内分别安放有叶片，当转子转动时，叶片在离心力和根部压力油的作用下，在转子槽内做径向移动而压向定子内表面，由两两叶片、定子的内表面、转子的外表面和两侧配油盘间形成若干个密封空间。当转子按图示方向顺时针旋转时，密封空间的容积在左上角和右下角处逐渐增大，形成局部真空而吸油。密封空间的容积在右上角和左下角处逐渐减小而压油。

单作用式叶片泵工作原理

2. 单作用式叶片泵的结构和工作原理

单作用式叶片泵的工作原理如图 2-10 所示。该泵由转子 1、定子 2、叶片 3、前、后配油盘和端盖（图中未画出）等组成。定子的内表面为圆柱形，定子和转子间有偏心距 e，叶片安装在转子的叶片槽中，并可在槽内滑动，当转子旋转时，由于离心力的作用，叶片紧靠在定子内壁，这样，在两两叶片、定子内壁、转子外壁和两侧配油盘间就形成了若干个密封的工作空间，当转子按图示逆时针方向旋转时，在图 2-10 所示的右部，叶片逐渐伸出，叶片间的空间逐渐增大，产生局部真空，从吸油口吸油；在图 2-10 所示的左部，叶片被定子内壁逐渐压进槽内，工作空间逐渐缩小，将油液从压油口压出。

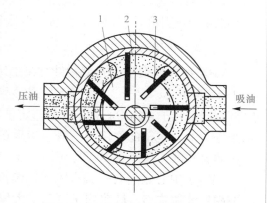

图 2-10　单作用式叶片泵的工作原理
1—转子；2—定子；3—叶片

3. 外反馈限压式变量叶片泵的工作原理

外反馈限压式变量叶片泵的工作原理如图 2-11 所示。该泵由转子 1、定子 2、叶片、前、后配油盘（图中未画出）、变量活塞 4、调压弹簧 9、调压螺钉 10 和流量调节螺钉 5 等组成。泵的出油口经通道 7 与活塞腔 6 相通，在泵未运转时，定子 2 在调压弹簧 9 的作用下，紧靠活塞 4，并使活塞 4 靠在螺钉 5 上。这时定子和转子有一偏心量 e_0，调节螺钉 5 的位置，便可改变 e_0。

图 2-12 所示为限压式变量叶片泵的特性曲线。在图中 AB 段时，泵的工作压力 p 小于限定压力 p_B 时，$p_A < kx_0$，这时，限压

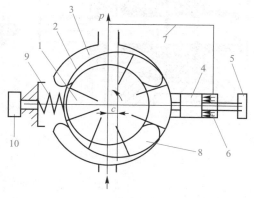

图 2-11　外反馈限压式变量叶片泵的工作原理
1—转子；2—定子；3—吸油窗口；4—变量活塞；
5—螺钉；6—活塞腔；7—通道；8—压油窗口；
9—调压弹簧；10—调压螺钉

弹簧的预压缩量不变，定子不移动，最大偏心量 e_0 保持不变，泵的输出流量为最大，而且基本不变，只是因泄漏随工作压力增加而增大，使实际输出流量减小。B 点为拐点，p_B 表示泵输出最大流量时可达到的最高工作压力，其大小由调压弹簧 9 来调节。

在图中 BC 段时，泵的工作压力 p 进一步升高，大于限定压力 p_B 时，$p_A \geqslant kx_0$，这时液压力就会克服弹簧的张力，推动定子向左移动，偏心量减小，泵的输出流量也减小。当泵的工作压力再升高，达到截止压力 p_C 时，定子移动到最左端位置，偏心量减至零，泵的输出流量为零，这时，无论外负载如何加大，泵的输出压力也不会再升高，所以这种泵被称为限压式变量叶片泵。

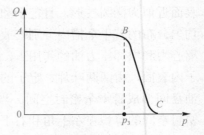

图 2-12　限压式变量叶片泵的特性曲线

4. 外反馈限压式变量叶片泵的结构

YBX 型外反馈限压式变量叶片泵的结构如图 2-13 所示。这种泵主要由传动轴 7、转子 4、叶片 5、定子 3、配油盘、泵体等组成。传动轴 7 支承在两个滚针轴承 1 上逆时针旋转，转子 4 的中心是不变的，定子 3 可以上下移动。滑块 2 用来支承定子 3，并承受压力油对定子的作用力。滑块支承在滚针轴承上，以便提高定子对油压变化时的反应的灵敏度。在弹簧 10 的作用下，通过弹簧座使定子紧靠在控制活塞 6 上，使定子中心和转子中心之间有一偏心距 e_0，偏心距的大小可用流量调节螺钉 8 来调节。流量调节螺钉 8 调定后，即确定了泵的最大偏心距，则泵输出的流量最大。通过压力调节螺钉 11 可调节限压弹簧 10 对定子的作用力，从而改变泵的限定工作压力。

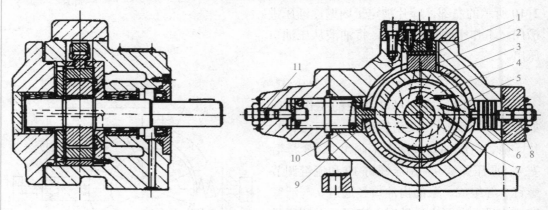

图 2-13　YBX 型外反馈限压式变量叶片泵的结构

1—滚针轴承；2—滑块；3—定子；4—转子；5—叶片；6—控制活塞；7—传动轴

8—流量调节螺钉；9—弹簧座；10—弹簧；11—压力调节螺钉

5. 叶片泵的拆卸和装配步骤及方法

图 2-7 所示为 YB1 叶片泵外观和立体分解图。其拆卸和装配步骤和方法如下：
（1）准备好内六角扳手一套、耐油橡胶板一块、油盘一个等其他器具。

（2）拧下四个螺钉 23，卸下泵盖 7。

（3）卸下泵轴 3。

（4）卸下由左配油盘 13、右配油盘 18、定子 16、转子 14 等组成的组件，使它们与泵体 22 上脱离。

双作用式叶片泵拆装

（5）卸下密封圈 8、9、10、21 等。

（6）将左右配油盘、定子、转子等组件拆开。

①拧下螺钉 19。

②卸下左配油盘 13、右配油盘 18、定位销 17。

③卸下定子 16、转子的叶片 15。

（7）观察叶片泵主要零件的作用和结构。

①观察定子内表面的四段圆弧和四段过渡曲线组成情况。

②观察转子叶片上叶片槽的倾斜角度和斜倾方向。

③观察配油盘的结构。

④观察吸油口、压油口、三角槽、环形槽及槽底孔，并分析其作用。

⑤观察泵中所用密封圈的位置和形式。

（8）按拆卸时的反向顺序进行装配叶片泵。装配前清洗各零部件，将各配合表面涂润滑液，并注意各处密封的装配，检查泵轴的旋向与泵的吸压油口是否吻合。

（9）装配完毕后，将现场整理干净。

6. 叶片泵的使用

（1）在安装叶片泵时，要避免使用皮带、链条、齿轮直接驱动叶片泵；推荐同轴电动机直接驱动，并采用挠性连接或花键连接。泵轴与电动机轴同轴度小于 0.05 mm。

（2）泵的吸油高度应不超过使用说明书的规定（一般为 500 mm），安装时尽量靠近油箱油面。

（3）泵的进、出油口位置不能弄错，泵的旋转方向一定不能弄反。

素养提升案例

严守职业规范：泵的进、出油口位置不能弄错

解析："泵的进、出油口位置不能弄错，泵的旋转方向一定不能弄反。"这是液压泵安装的要求，如果不遵守这个规定，泵就无法正常工作。

启示：我们在做工作时一定遵守液压泵安装要求，严守职业规范。

（4）对新泵或检修后的泵，要清除滞留在系统的空气，可松开泵的出油口管接头排气，或利用排气阀排气。对于自吸性差的小流量叶片泵，启动泵之前要通过泄油管或进油管灌满油后再启动。短时间内，急速的开、停叶片泵也能使泵快速充油排气，启动时溢流阀要全开，即系统在无压力状态下启动，并检查电动机旋转方向。

（5）油液要采用全流量过滤使油液清洁度符合 ISO 4406 标准的 19/15 级或更清洁的液压油，吸油管推荐用 150 目的吸油滤油器，回油管用过滤精度为 10 ～ 25 μm 的过滤器。

（6）一般叶片泵采用 25 ～ 68 cSt 抗磨液压油，泵体与油温之差控制在 20 ℃以内，油液的工作温度应控制在 60 ℃以内。

（7）泵的转速应符合说明书规定，一般叶片泵的转速为 600 ～ 1 800 r/min。

（8）随液压油品种不同，最高使用压力不同。一般按"抗磨液压油—矿物油—磷酸酯液—水乙二醇液—油包水乳化液"的顺序逐次降低。对于抗磨液压油和水乙二醇，泵的进口压力不得超过 0.2 bar 真空度；对于合成液压油和油包水乳化液，泵的进口压力不得超过 0.1 bar 真空度。最高使用压力使用时间必须控制在整个运转时间的 10% 以内，且每次持续时间应小于 6 s。

7. 叶片泵常见故障诊断与排除

（1）"泵不出油或泵输出的油，但出油量不够"故障诊断及排除。

故障原因：

①泵的旋转方向不对。

②泵的转速不够。

③吸油管路或滤油器堵塞。

④油箱液面过低。

⑤液压油黏度过大。

⑥配油盘端面过度磨损。

⑦叶片与定子内表面接触不良。

⑧叶片卡死。

⑨连接螺钉松动。

⑩溢流阀失灵。

排除方法：

①改变电动机转向。

②提高泵的转速。

③疏通管路，清洗滤油器。

④补油至油标线。

⑤更换合适的油。

⑥修磨或更换配油盘。

⑦修磨或更换叶片。

⑧修磨或更换叶片。

⑨按规定拧紧连接螺钉。

⑩调整或拆检溢流阀。

（2）"泵的噪声大，振动也大"故障诊断及排除。

故障原因：

①吸油高度太大，油箱液面低。

②泵与联轴器不同轴或松动。

③吸油管路或滤油器堵塞。

④吸油管连接处密封不严。

⑤液压油黏度过大。

⑥个别叶片运动不灵活或装反。

⑦定子吸油区内表面磨损。

排除方法：

①降低吸油高度，补充液压油。

②重装联轴器。

③疏通管路，清洗滤油器。

④紧固连接件。

⑤更换合适的油。

⑥研磨或重装叶片。

⑦抛光定子内表面。

（3）"泵异常发热，油温过高"故障诊断及排除。

故障原因：

①环境温度过高。

②液压油黏度过大。

③油箱散热差。

④电动机与泵轴不同轴。

⑤油箱容积不够。

⑥配油盘端面过度磨损。

⑦叶片与定子内表面过度磨损。

排除方法：

①加强散热。

②更换合适的油。

③改进散热条件。

④重装电动机与泵轴。

⑤更换合适的油箱。

⑥修磨或更换配油盘。

⑦修磨或更换配油盘和定子。

（4）"外泄漏"故障诊断及排除。

故障原因：

①油封不合格或未装好。

②密封圈损坏。

③泵内零件间磨损，间隙过大。

④组装螺钉过松。

排除方法：

①更换或重装密封圈。

②更换密封圈。

③更换或重新研配零件。

④拧紧螺钉。

 观察或实践

1．现场观察或通过视频观察叶片泵的拆卸和装配步骤及方法；有条件时，可现场实践。

2．现场观察或通过视频观察叶片泵常见故障诊断与排除方法；有条件时，可现场实践。

 练习题

1．简述双作用式叶片泵的工作原理。

2．简述双作用式叶片泵的结构特点。

3．简述单作用式叶片泵的结构和工作原理。

4．简述斜盘式轴向柱塞泵的工作原理。

5．简述 YB1 型叶片泵拆装步骤和方法。

6．叶片泵常见故障有哪些？

 学习评价

评价形式	比例	评价内容	评价标准	得分
自我评价	30%	（1）出勤情况； （2）学习态度； （3）任务完成情况	（1）好（30分）； （2）较好（24分）； （3）一般（18分）	
小组评价	10%	（1）团队合作情况； （2）责任学习态度； （3）交流沟通能力	（1）好（10分）； （2）较好（8分）； （3）一般（6分）	
教师评价	60%	（1）学习态度； （2）交流沟通能力； （3）任务完成情况	（1）好（60分）； （2）较好（48分）； （3）一般（36分）	
汇总				

 任务 2.3 柱塞泵故障诊断及排除

柱塞泵是通过柱塞在柱塞孔内往复运动时密封工作腔容积的变化来实现吸油和排油的。柱塞泵具有压力高、结构紧凑、效率高、流量调节方便等优点，广泛用于需要高压、大流量、大功率的液压传动系统和流量需要调节的场合，如在工程机械、液压机等设备上得到了广泛的应用。

柱塞泵按柱塞的排列和运动方向不同，可分为径向柱塞泵和轴向柱塞泵两大类。

柱塞泵常见故障有"泵输出的油量不够或完全不出油""泵的输出油压低或没有油压""泵异常发热，油温过高""外泄漏"等。

学习要求

1．弄清柱塞泵的结构和工作原理。
2．学会柱塞泵等动力元件的拆卸和装配方法。
3．掌握柱塞泵故障诊断及排除方法。
4．养成坚持理想信念的好习惯。

知识准备

1．径向柱塞泵的结构和工作原理

径向柱塞泵的工作原理如图 2-14 所示。这种泵由柱塞 1、缸体 2、衬套 3、定子 4、配油轴 5 等组成。衬套 3 压紧在缸体 2 的内孔中，并与缸体 2 一起回转，而配油轴 5 是不动的。柱塞 1 径向排列安装在缸体 2 中，缸体由原动机带动连同柱塞 1 一起旋转，所以，缸体 2 也称为转子，柱塞 1 在离心力或在低压油的作用下抵紧定子 4 的内壁。

当转子按图示顺时针方向旋转时，由于定子和转子之间有偏心距 e，柱塞转到上半周时向外伸出，柱塞底部的容积逐渐增大，形成局部真空，经衬套 3 上的油孔从配油轴 5 上吸油口 b 吸油；当柱塞转到下半周时，定子内壁将柱塞向里推，柱塞底部的容积逐渐减小，向配油轴 5 上的压油口 c 压油，当转子回转一周时，每个柱塞底部的密封容积完成一次吸压油，转子连续运转，即完成吸油和压油工作。

径向柱塞泵的优点是制造工艺性好，变量容易，工作压力较高，轴向尺寸小，便于做成多排柱塞的形式；缺点是结构较复杂，径向尺寸大，自吸能力差，且配油轴受到径向不平衡液压力的作用，易于磨损，这些都限制了径向柱塞泵转速和输出压力的提高。

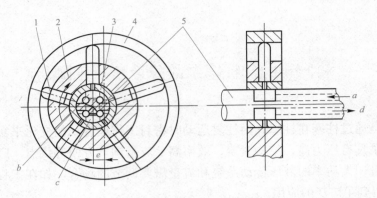

图 2-14　径向柱塞泵的工作原理

1—柱塞；2—缸体；3—衬套；4—定子；5—配油轴

2. 轴向柱塞泵的结构和工作原理

轴向柱塞泵可分为斜盘式和斜轴式两大类。图 2-15 所示为斜盘式轴向柱塞泵的工作原理。这种泵由缸体 1、配油盘 2、柱塞 3、斜盘 4、传动轴 5、弹簧 6 等主要零件组成。斜盘 4 和配油盘 2 是不动的，传动轴 5 带动缸体 1 和柱塞 3 一起转动，柱塞 3 靠机械装置或在低压油作用下压紧在斜盘上。

轴向柱塞泵工作原理

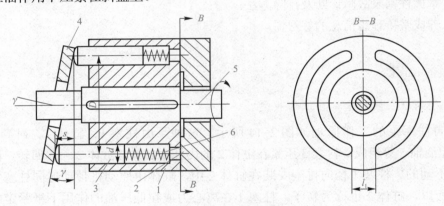

图 2-15　斜盘式轴向柱塞泵的工作原理

1—缸体；2—配油盘；3—柱塞；4—斜盘；5—传动轴；6—弹簧

当传动轴按图示方向旋转时，柱塞 3 在其沿斜盘自上而下回转的半周内逐渐向缸体外伸出，使缸体孔内密封工作腔容积不断增加，产生局部真空，从而将油液经位于配油盘右部的吸油窗口吸入；柱塞在其自下而上回转的半周内又逐渐向里推入，使密封工作腔容积不断减小，将油液从位于配油盘左部的压油窗口向外排出，缸体每转一转，每个柱塞往复运动一次，完成一次吸油动作。改变斜盘的倾角 γ 大小，就可以改变柱塞的有效行程，实现泵的排量的变化。改变斜盘倾角方向，就能改变吸油和压油的方向，即成为双向变量泵。

轴向柱塞泵的优点是结构紧凑、径向尺寸小、惯性小、容积效率高，目前最高压力可达 40.0 MPa，甚至更高，多用于工程机械、压力机等高压系统；但其轴向尺寸较大，轴向作用力也较大，结构比较复杂。

斜盘式轴向柱塞泵的结构如图 2-16 所示。这种泵由主体部分和变量机构两部分组成。主体部分由滑履 4、柱塞 5、缸体 6、配油盘 7 和缸体端面间隙补偿装置等组成；变量机构由转动手轮、丝杆、活塞、轴销等组成。

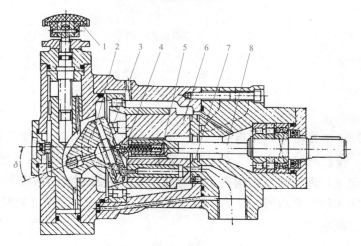

图 2-16　斜盘式轴向柱塞泵结构

1—转动手轮；2—斜盘；3—回程盘；4—滑履；5—柱塞；6—缸体；7—配油盘；8—传动轴

柱塞的球状头部安装在滑履 4 内，以缸体作为支撑的弹簧通过钢球推压回程盘 3，回程盘和柱塞、滑履一同转动。在排油过程中，借助斜盘 2 推动柱塞做轴向运动；在吸油时依靠回程盘、钢球和弹簧组成的回程装置将滑履紧紧压在斜盘表面上滑动。在滑履与斜盘相接触的部分有一油室，它通过柱塞中间的小孔与缸体中的工作腔相连，压力油进入油室后在滑履与斜盘的接触面间形成了一层油膜，起着静压支承的作用，使滑履作用在斜盘上的力大大减小，因而磨损也减小，这样有利于高压下的工作。传动轴 8 通过左边的花键带动缸体 6 旋转，由于滑履 4 贴紧在斜盘表面上，柱塞在随缸体旋转的同时在缸体中做往复运动。缸体中柱塞底部的密封工作腔容积是通过配油盘 7 与泵的进出口相通的。随着传动轴的转动，液压泵就连续地吸油和排油。

缸体柱塞孔的底部有一轴向孔，这个孔使得缸体压紧配油盘端面的作用力，除弹簧张力外，还有该孔底面积上的液压力一同使缸体和配油盘保持良好的接触，使密封更为可靠，同时，当缸体和配油盘配合面磨损后可以得到自动补偿，因此提高了泵的容积效率。

在变量轴向柱塞泵中均设有专门的变量机构，用来改变倾斜盘倾角 γ 的大小，以调节泵的排量。变量方式有手动式、伺服式、压力补偿式等多种。图 2-16 所示的轴向柱塞泵采用手动变量机构，变量时，可通过转动手轮 1 来实现。

3. 液压泵的图形符号

液压泵的图形符号如图 2-17 所示。

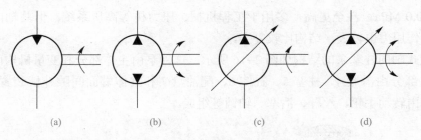

图 2-17　液压泵的图形符号

（a）单向定量液压泵；（b）单向变量液压泵；（c）双向定量液压泵；（d）双向变量液压泵

4. 液压泵的主要性能参数

（1）排量和流量。

①排量 V。排量是指液压泵每转一周，由其密封容积几何尺寸变化计算而得的排出液体的体积。排量可调节的液压泵称为变量泵，排量为常数的液压泵则称为定量泵。

②理论流量 q_t。理论流量是指在不考虑液压泵的泄漏流量的情况下，在单位时间内所排出的液体体积的平均值。显然，如果液压泵的排量为 V，其主轴转速为 n，则该液压泵的理论流量 q_t 为

$$q_t = Vn \tag{2-1}$$

③实际流量 q。实际流量是指液压泵在某一具体工况下，单位时间内所排出的液体体积，它等于理论流量 q_t 减去泄漏流量 Δq。即

$$q = q_t - \Delta q \tag{2-2}$$

④额定流量 q_n。额定流量 q_n 是指液压泵在正常工作条件下，按试验标准规定（如在额定压力和额定转速下）必须保证的流量。

（2）压力。

①工作压力。工作压力是指液压泵实际工作时的输出压力。工作压力的大小取决于外负载的大小和排油管路上的压力损失，而与液压泵的流量无关。

②额定压力。液压泵的额定压力是指液压泵在正常工作条件下，按试验标准规定连续运转的最高压力。

素养提升案例

守住道德底线：额定压力的概念

解析： 液压泵的额定压力是指液压泵在正常工作条件下，按试验标准规定连续运转的最高压力。如果系统工作压力超过额定压力，就将使泵损坏，液压系统就会崩溃。

启示： 我们做人做事要有底线意识，突破做人的诚信与道德底线，你就将破坏社会和谐与安定，你就将受到谴责，失去做人的资本。

③最高允许压力。液压泵的最高允许压力是指在超过额定压力的条件下，根据试验标准规定，允许液压泵短暂运行的最高压力值。

（3）液压泵的功率。

①输出功率 P_O。液压泵的输出功率 P_O 是指液压泵在工作过程中的液压泵实际输出液体压力 p 和输出流量的 q 乘积，即

$$P_O = pq \qquad (2-3)$$

②输入功率 P_i。液压泵的输入功率 P_i 是指作用在液压泵主轴上的机械功率，当输入转矩为 T_i，角速度为 ω 时，有

$$P_i = 2\pi n T_i \qquad (2-4)$$

（4）液压泵的总效率。

①机械效率 η_m。液压泵的机械效率等于液压泵的理论转矩 T_t 与实际输入转矩 T_i 之比。即

$$\eta_m = \frac{T_t}{T_i} \qquad (2-5)$$

②容积效率 η_V。由于液压泵内部高压腔的泄漏、油液的压缩及在吸油过程中由于吸油阻力太大、油液黏度大及液压泵转速高等原因而导致油液不能全部充满密封工作腔，液压泵的实际输出流量总是小于其理论流量，容积效率 η_V 是指液压泵的实际输出流量 q 与其理论流量 q_t 之比。即

$$\eta_V = \frac{q}{q_t} \qquad (2-6)$$

③总效率 η。液压泵的总效率 η 是指液压泵的实际输出功率 P_O 与其输入功率 P_i 的比值。即

$$\eta = \frac{P_O}{P_i} = \eta_V \eta_m \qquad (2-7)$$

5. 液压泵的选用

液压泵是液压传动系统的核心元件，合理选用好液压泵，对液压传动系统可靠工作至关重要。选择液压泵的原则：根据主机工况、功率大小和液压系统对工作性能的要求，首先确定液压泵的类型，然后按系统所要求的压力、流量大小确定其规格型号。表 2-1 所列出的常用液压泵的主要性能和应用范围，供选用时参考。

表 2-1　各类液压泵的主要性能

性能 ＼ 类型	齿轮泵	双作用叶片泵	限压式变量叶片泵	径向柱塞泵	轴向柱塞泵
输出压力 /MPa	<20	6.3 ～ 20	≤ 7	10 ～ 20	20 ～ 35
排量 /（mL·r⁻¹）	2.5 ～ 210	2.5 ～ 237	10 ～ 125	0.25 ～ 188	2.5 ～ 915
流量调节	不能	不能	能	能	能

类型 性能	齿轮泵	双作用叶片泵	限压式变量 叶片泵	径向柱塞泵	轴向柱塞泵
效率	0.60～0.85	0.75～0.85	0.70～0.85	0.75～0.92	0.85～0.95
输出流量脉动	很大	很小	一般	一般	一般
自吸特性	好	较差	较差	差	差
对油的染敏感性	不敏感	较敏感	较敏感	很敏感	很敏感
噪声	大	小	较大	大	大
造价	最低	中等	较高	高	高
应用范围	机床、工程机械、农业机械、航空、船舶和一般机械	机床、注塑机、液压机、起重机械、工程机械	机床、注塑机	机床、冶金机械、锻压机械、工程机械、航空、船舶	机床、液压机、船舶

　　一般来说，负载小、功率小的液压设备可选用齿轮泵、双作用式叶片泵；负载较大并有快慢两速工作行程的设备可选用限压式变量叶片泵和双联叶片泵，精度较高的设备（磨床）可选用双作用式叶片泵、螺杆泵；负载大、功率大的设备（如刨床、拉床、压力机等）可选用柱塞泵；机械设备的辅助装置（如送料、夹紧装置）等不重要场合可选用齿轮泵。

　　6. 柱塞泵的拆卸和装配步骤与方法

　　图 2-16 所示为斜盘式轴向柱塞泵结构。其拆卸和装配步骤与方法如下：

斜盘式柱塞泵拆装

　　（1）准备好内六角扳手一套、耐油橡胶板一块、油盘一个等其他器具。

　　（2）卸下前泵体上的螺钉（10 个）、销子，分离前泵体与中间泵体。

　　（3）卸下变量机构上的螺钉（10 个，图中未示出），分离中间泵体与变量机构。

　　（4）拆卸前泵体部分零件。拆下端盖，再拆下传动轴、前轴承及轴套等。

　　（5）拆卸中间泵体部分零件。拆下回程盘及其上 7 个柱塞，取出中心弹簧、钢球、内套、外套等，最后卸下缸体、配油盘。

　　（6）拆卸变量机构部分零件。拆下斜盘，拆掉手轮上的销子，拆掉手轮。拆掉两端的 8 个螺钉，卸掉端盖，取出丝杆、变量活塞等。

　　（7）观察其主要零件的结构和作用。

　　①观察柱塞球形头部与滑履之间的连接形式、滑履与柱塞之间相互滑动情况。

　　②观察滑履上的小孔。

　　③观察配油盘的结构，找出吸油口，分析外圈的环形卸压槽、两个通孔和四个盲孔的作用。

④观察泵的密封、连接和安装形式。

（8）按拆卸的反向顺序进行装配。装配前清洗各零部件，将各配合表面涂润滑液，并注意各处密封的装配。

（9）装配完毕后，将现场整理干净。

7. 柱塞泵的使用

（1）安装轴向柱塞泵的注意事项。

①无论采用泵座安装还是法兰安装，基础支座均应有足够的刚性。

②在安装柱塞泵时，要避免使用皮带、链条、齿轮直接驱动柱塞泵；推荐同轴电动机直接驱动，驱动轴与泵轴同轴度应小于 0.05 mm。

③泵的吸油高度不得大于 500 mm，推荐安装在油箱旁边，倒灌吸油。泵的进、出油口位置不能弄错，吸油管通径不小于推荐值，原则上吸油管不推荐安装过滤器，而在泵的出口侧安装过滤精度为 25 μm 的过滤器。

④泵的转速应符合说明书的规定。

⑤配油盘如需减小斜盘偏角启动时，则不能保证自吸。用户如需小流量时，应在泵全偏角启动后，再用变量机构改变油量。

（2）新泵或检修后的泵启动时的注意事项。启动前要通过泄油孔或进油管灌满油后再启动。在高速运转前。先瞬时启停数次，排空气，并确认电动机旋转方向正确和声音正常后再连续启动，运转 10 min 后再调压。最高使用压力使用时间必须控制在整个运转时间的 10% 以内，且每次持续时间应小于 6 s。

（3）选择液压油的注意事项。

①对于压力小于 7 MPa 的泵，可选用与 32 ～ 68 cSt 黏度相当的普通液压油或耐磨液压油；对于压力大于 7 MPa 的泵，只能选用与 32 ～ 68 cSt 黏度相当的耐磨液压油。

②液压油的水分、灰分、酸值等指标均必须符合规定。

③柱塞泵适用的液压油黏度为 15 ～ 400 cSt，油液的工作温度应控制在 10 ℃～ 65 ℃。

8. 柱塞泵常见故障诊断及排除

（1）"泵输出的油量不够或完全不出油"故障诊断及排除。

故障原因：

①泵的旋转方向不对。

②泵的转速不够。

③吸油管路或滤油器堵塞。

④油箱液面过低。

⑤液压油黏度过大。

⑥柱塞与缸体或配油盘与缸体间过度磨损。

⑦中心弹簧折断，柱塞回程不够或不能回程。

排除方法：

①改变电动机转向。

②提高泵的转速。

③疏通管路，清洗滤油器。

④补油至油标线。

⑤更换合适的油。

⑥更换柱塞，修磨配油盘与缸体接触面。

⑦更换中心弹簧。

（2）"泵的输出油压低或没有油压"故障诊断及排除。

故障原因：

①溢流阀失灵。

②柱塞与缸体或配油盘与缸体间过度磨损。

③变量机构倾角不够。

排除方法：

①调整或拆检溢流阀。

②更换柱塞，修磨配油盘与缸体接触面。

③调整变量机构倾角。

（3）"泵异常发热，油温过高"故障诊断及排除。

故障原因：

①环境温度过高。

②液压油黏度过大。

③油箱散热差。

④电动机与泵轴不同轴。

⑤油箱容积不够。

⑥柱塞与缸体或配油盘与缸体间过度磨损。

排除方法：

①加强散热。

②更换合适的油。

③改进散热条件。

④重装电动机与泵轴。

⑤更换合适的油箱。

⑥更换柱塞，修磨配油盘与缸体接触面。

（4）"外泄漏"故障诊断及排除。

故障原因：

①油封不合格或未安装好。

②密封圈损坏。

③泵内零件间磨损，间隙过大。

④组装螺钉过松。

排除方法：

①更换或重装密封圈。

②更换密封圈。

③更换或重新研配零件。

④拧紧螺钉。

观察或实践

1．现场观察或通过视频观察柱塞泵的拆卸和装配步骤及方法；有条件时，可现场实践。

2．现场观察或通过视频观察柱塞泵常见故障诊断与排除方法；有条件时，可现场实践。

练习题

1．简述径向柱塞泵的结构和工作原理。

2．简述轴向柱塞泵的结构和工作原理。

3．简述斜盘式轴向柱塞泵拆装步骤和方法。

4．轴向柱塞泵在使用中应注意什么？

5．柱塞泵常见故障有哪些？

学习评价

评价形式	比例	评价内容	评价标准	得分
自我评价	30%	（1）出勤情况； （2）学习态度； （3）任务完成情况	（1）好（30分）； （2）较好（24分）； （3）一般（18分）	
小组评价	10%	（1）团队合作情况； （2）责任学习态度； （3）交流沟通能力	（1）好（10分）； （2）较好（8分）； （3）一般（6分）	
教师评价	60%	（1）学习态度； （2）交流沟通能力； （3）任务完成情况	（1）好（60分）； （2）较好（48分）； （3）一般（36分）	
汇总				

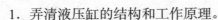

液压缸又称油缸，是实现直线往复运动或旋转摆动的执行元件，将液体的压力能转换成机械能。液压缸按结构特点可分为活塞缸、柱塞缸和摆动缸三种类型。按其作用方式不同，液压缸又可分为单作用式液压缸和双作用式液压缸两种。

液压缸常见故障有"液压缸不动作""液压缸能运动，但速度达不到规定值，液压缸爬行""不正常声响和抖动""液压缸端部冲击""液压缸泄漏"等。

学习要求

1. 弄清液压缸的结构和工作原理。
2. 学会液压缸的拆卸和装配方法。
3. 掌握液压缸常见故障及排除方法。
4. 养成严格遵守法律法规的习惯。

知识准备

1. 活塞缸的结构和工作原理

按活塞杆的多少不同，活塞缸可分为单杆式和双杆式两种；按其固定方式不同，活塞缸可分为缸体固定式和活塞杆固定式两种。

（1）单杆活塞缸的工作原理和结构。单杆活塞缸工作原理如图 2-18 所示。其活塞的一侧有伸出杆，两腔的有效工作面积不相等。当向两腔分别供油，且供油压力和流量相同时，活塞在两个方向的推力和运动速度不相等。

当无杆腔进压力油，有杆腔回油 [图 2-18 （a）] 时，活塞推力 F_1 和运动速度 v_1 分别为

$$F_1 = A_1 p_1 - A_2 p_2 = \frac{\pi}{4} D^2 p_1 - \frac{\pi}{4} (D^2 - d^2) p_2 = \frac{\pi}{4} D^2 (p_1 - p_2) + \frac{\pi}{4} d^2 p_2 \qquad (2-8)$$

$$v_1 = \frac{q}{A_1} = \frac{4q}{\pi D^2} \qquad (2-9)$$

当有杆腔进压力油，无杆腔回油 [图 2-18 （b）] 时，活塞推力 F_2 和运动速度 v_2 分别为

$$F_2 = A_2 p_1 - A_1 p_2 = \frac{\pi}{4} (D^2 - d^2) p_1 - \frac{\pi}{4} D^2 p_2 = \frac{\pi}{4} D^2 (p_1 - p_2) - \frac{\pi}{4} d^2 p_1 \qquad (2-10)$$

$$v_2 = \frac{q}{A_2} = \frac{4q}{\pi (D^2 - d^2)} \qquad (2-11)$$

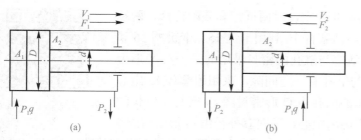

图 2-18　单杆式活塞缸工作原理

（a）无杆腔进压力油；（b）有杆腔进压力油

单杆活塞式液压缸工作原理

比较式（2-8）~式（2-11）可知，$F_1 > F_2$，$v_1 < v_2$。即无杆腔进压力油工作时，推力大，速度低；有杆腔进压力油工作时，推力小，速度高。因此，单杆活塞缸常用于一个方向有较大负载但运行速度低，另一个方向为空载快速退回运动的设备。如起重机、压力机、注塑机等设备的液压系统就常用单杆活塞缸。

当液压缸差动连接（图 2-19）时，活塞推力 F_3 和运动速度 v_3 分别为

$$F_3 = A_1 p_1 - A_2 p_1 = (A_1 - A_2) p_1 = \frac{\pi}{4} d^2 p_1 \tag{2-12}$$

$$v_3 = \frac{q}{A_1 - A_2} = \frac{4q}{\pi d^2} \tag{2-13}$$

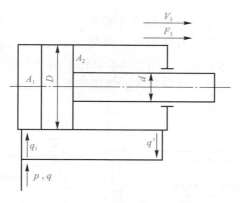

图 2-19　差动连接的单杆活塞缸工作原理

比较式（2-8）和式（2-12）可知，$F_1 > F_3$；比较式（2-9）和式（2-13）可知，$v_1 < v_3$。这说明单杆活塞缸差动连接时，能使运动部件获得较高的速度和较小的推力。因此，单杆活塞缸常用在需要实现"快进（差动连接）→工进（无杆腔进压力油）→快退（有杆腔进压力油）"工作循环的组合机床等设备的液压系统中。如果要求"快进"和"快退"速度相等，即 $v_3 = v_2$，由式（2-11）和式（2-13）可得，$D = \sqrt{2}\, d$。

单杆活塞缸无论缸体固定，还是活塞杆固定，工作台的运动范围都略大于缸有效行程的两倍。

图 2-20 所示为一个较常用的双作用单活塞杆液压缸结构。其是由缸底 20、缸筒 10、缸盖 9、活塞 11 和活塞杆 18 等组成的。缸筒一端与缸底焊接，另一端缸盖与缸

筒用卡键 6、套 5 和弹簧挡圈 4 固定，以便拆卸和装配检修，两端设有油口 A 和 B。活塞 11 与活塞杆 18 利用卡键 15、卡键帽 16 和弹簧挡圈 17 连接在一起。活塞与缸孔的密封采用的是一对 Y 形聚氨酯密封圈 12，由于活塞与缸孔有一定间隙，采用耐磨环 13 定心导向。活塞杆 18 和活塞 11 的内孔由 O 形密封圈 14 密封。较长的导向套 9 则可保证活塞杆不偏离中心，导向套外径由 O 形密封圈 7 密封，而其内孔则由 Y 形密封圈 8 和防尘圈 3 分别防止油外漏与灰尘带入缸内。缸与杆端销孔和外界连接，销孔内有尼龙衬套抗磨。

双作用单活塞杆液压缸

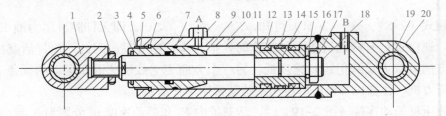

图 2-20　双作用单活塞杆液压缸结构

1—耳环；2—螺母；3—防尘圈；4、17—弹簧挡圈；5—套；6、15—卡键；7、14—O 形密封圈；

8、12—Y 形密封圈；9—缸盖；10—缸筒；11—活塞；13—耐磨环；16—卡键帽；

18—活塞杆；19—衬套；20—缸底

（2）双杆活塞缸的结构和工作原理。双杆式活塞缸结构如图 2-21 所示。其活塞的两侧都有伸出杆，当两活塞杆直径相同，缸两腔的供油压力和流量都相等时，活塞（或缸体）两个方向的运动速度和推力也都相等。因此，这种液压缸常用于要求往复运动速度和负载相同的场合，如各种磨床。

双作用双活塞杆液压缸

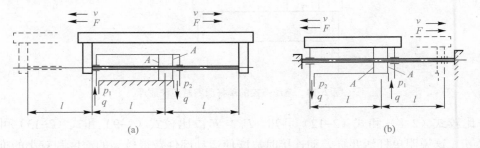

图 2-21　双杆式活塞缸结构

（a）缸体固定式；（b）活塞固定式

图 2-21（a）所示为缸体固定式双杆活塞缸简图。当液压缸的左腔进压力油，右腔回油时，活塞带动工作台向右移动；反之，液压缸的右腔进压力油，左腔回油时，活塞带动工作台向左移动。工作台的移动范围略大于液压缸有效长度的三倍，所以设备占地面积大，因此，这种液压缸一般用于小型设备的液压系统。

图 2-21（b）所示为活塞固定式双杆活塞缸简图。工作台的运动范围略大于缸的有

效行程的两倍，常用于行程长的大、中型设备的液压系统。

图 2-22 所示为一空心双活塞杆式液压缸的结构。液压缸的左右两腔是通过油口 b 和 d 经活塞杆 1 和 15 的中心孔与左右径向孔 a 和 c 相通的。由于活塞杆固定在床身上，缸体 10 固定在工作台上，工作台在径向孔 c 接通压力油，径向孔 a 接通回油时向右移动；反之向左移动。在这里，缸盖 18 和 24 是通过螺钉（图中未画出）与压板 11 和 20 相连，并经钢丝环 12 相连，左缸盖 24 空套在托架 3 孔内，可以自由伸缩。空心活塞杆的一端用堵头 2 堵死，并通过锥销 9 和 22 与活塞 8 相连。缸筒相对于活塞运动由左右两个导向套 6 和 19 导向。活塞与缸筒之间、缸盖与活塞杆之间及缸盖与缸筒之间分别用 O 形密封圈 7、V 形密封圈 4 和 17 与纸垫 13 和 23 进行密封，以防止油液的内、外泄漏。缸筒在接近行程的左右终端时，径向孔 a 和 c 的开口逐渐减小，对移动部件起制动缓冲作用。为了排除液压缸中剩留的空气，缸盖上设置有排气孔 5 和 14，经导向套环槽的侧面孔道（图中未画出）引出与排气阀相连。

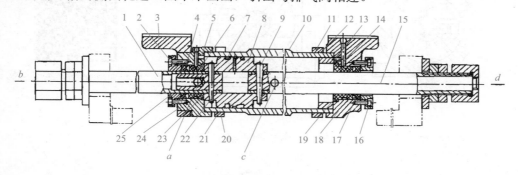

图 2-22　空心双活塞杆式液压缸的结构

1、15—活塞杆；2—堵头；3—托架；4、17—V 形密封圈；5、14—排气孔；

6、19—导向套；7—O 形密封圈；8—活塞；9、22—锥销；10—缸体；

11、20—压板；12、21—钢丝环；13、23—纸垫；16、25—压盖；18、24—缸盖

2. 柱塞缸的结构和工作原理

柱塞缸的结构如图 2-23（a）所示。当压力油进入缸筒时，推动柱塞并带动运动部件向右移动。柱塞缸都是单作用液压缸，只能做单向运动，其回程必须靠其他外力或自重驱动，在龙门刨床、导轨磨床等大行程设备中，为了得到双向运动，柱塞缸常成对使用，如图 2-23（b）所示。

柱塞缸工作原理

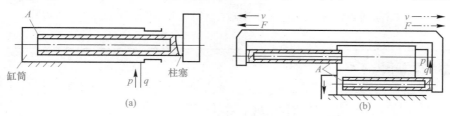

图 2-23　柱塞缸的结构

（a）结构；（b）成对使用

柱塞缸的主要特点是柱塞与缸筒无配合要求，缸筒内孔不需要进行精加工，甚至可以不加工，柱塞运动时由导向套导向，所以特别适用于行程较长的场合。

　　3. 摆动缸的结构和工作原理

　　摆动缸也称为摆动液压马达，它的作用是将油液的压力能转变为叶片和输出轴往复摆动的机械能。它有单叶片和双叶片式两种。

　　摆动缸的结构如图 2-24 所示。它们由定子块 1、缸体 2、摆动轴 3 和叶片 4 等组成。定子块固定在缸体上，叶片与输出轴连接为一体，当两油口交替通入压力油时，叶片即带动输出轴做往复摆动。单叶片摆动液压缸的摆角一般不超过 280°；双叶片摆动液压缸的摆角一般不超过 150°。

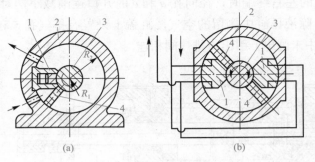

双摆动缸工作原理

图 2-24　摆动缸的结构

（a）单叶片摆动液压缸；（b）双叶片摆动液压缸

1—定子块；2—缸体；3—摆动轴；4—叶片

　　摆动缸结构紧凑，但密封性较差，一般只用于送料、夹紧、工作台回转等辅助装置的低压液压传动系统。

　　4. 液压缸的图形符号

　　液压缸的图形符号如图 2-25 所示。

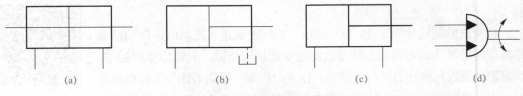

图 2-25　液压缸的图形符号

（a）双杆活塞缸；（b）单作用单杆活塞缸；（c）双作用单杆活塞缸；（d）摆动缸

素养提升案例

遵守法律法规：液压缸的图形符号

　　解析：液压缸的图形符号和其他液压元件图形符号是表示液压元器件的国家

标准。标准是市场竞争的制高点，谁的技术成为标准，谁制定的标准就会被世界认同，谁就能获得巨大的市场和经济利益。

启示： 贯彻国家标准是国家法规的要求，更是行业规范的要求。我们在工作中一定要贯彻执行国家标准，更要遵守国家的法律和法规，依法依规办事。

5. 液压缸的拆卸和装配步骤和方法

图2-26所示为双作用单杆活塞式液压缸外观和立体分解图。以这种液压缸为例说明液压缸的拆卸和装配步骤与方法。

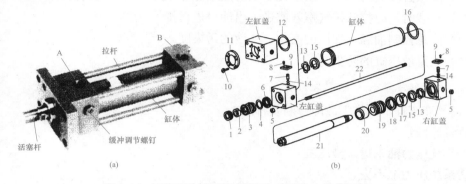

图2-26 双作用单杆活塞式液压缸外观和立体分解图

（a）外观；（b）立体分解图

1—防尘密封；2—磨损补偿环；3—导向套；4、12、14、16—O形密封圈；5—螺母；6—密封圈；7—缓冲节流阀；8、10—螺钉；9—支承板；11—法兰盖；13—减振垫；15—卡簧；17—活塞补偿环；18—活塞密封；19—活塞；20—缓冲套；21—活塞杆；22—双头螺杆

（1）准备好内六角扳手一套、耐油橡胶板一块、油盘一个等其他器具。

（2）卸下双头螺杆22两个螺母5。

（3）卸下右端盖。

（4）卸下左端盖上的螺钉10，取下法兰盖11。

（5）依次卸下防尘密封1、磨损补偿环2、导向套3、O形密封圈4、密封圈6。

（6）卸下左端盖。

（7）卸下左、右端盖上螺钉8，取下支承板9、缓冲节流阀7、O形密封圈14。

（8）卸下O形密封圈12、减振垫13。

（9）卸下活塞和活塞杆组件。

（10）卸下卡簧15，取下活塞补偿环17、活塞密封18、活塞19、缓冲套20和O形密封圈16。

（11）观察液压缸主要零件的作用和结构。

双杆活塞缸拆装

①观察所拆卸液压缸的类型和安装形式。

②观察活塞与活塞杆的连接形式。

③观察缸盖与缸体的连接形式。

④观察液压缸中所用密封圈的位置和形式。

（12）按拆卸时的反向顺序进行装配。装配前清洗各零部件，将活塞杆与导向套、活塞杆与活塞、活塞与缸体等配合表面涂润滑液，并注意各处密封的装配。

6．液压缸的使用

（1）液压缸的基座安装必须有足够的强度，否则活塞杆易弯曲。

（2）液压缸轴向两端不能固定死，以防热胀冷缩及液压力作用而变形。

（3）空载时，应拧开排气螺塞或进、出油口进行排气。

（4）注意控制油温、油压的变化、油液的污染度。

（5）注意液压缸的防尘。

7．液压缸常见故障诊断及排除

（1）"液压缸不动作"故障诊断及排除。

故障原因：

①系统压力油未进入液压缸。

②系统压力上不去。

③安装连接不良。

排除方法：

①疏通油路。

②综合分析，排除故障。

③重新正确安装液压缸。

（2）"液压缸能运动，但速度达不到规定值"故障诊断及排除。

故障原因：

①液压泵的供油不足，压力不够。

②系统漏油量过大。

③液压缸工作腔与回油腔窜腔。

④液压缸或活塞过度磨损。

排除方法：

①排除液压泵故障。

②参考相关项目，排除故障。

③更换密封圈。

④修磨或更换活塞。

（3）"液压缸爬行"故障诊断及排除。

故障原因：

①液压缸内进了空气。

②液压缸内因异物和水分进入，产生局部拉伤和烧结现象。

③液压缸安装不良，其中心线与导向套的导轨不平行。

④运动密封件装配过紧。

⑤活塞杆与活塞不同轴。

⑥导向套与缸筒不同轴。

⑦活塞杆弯曲。

⑧缸筒内径圆柱度超差。

⑨活塞杆两端螺母拧得过紧。

⑩液压缸运动件之间间隙过大。

排除方法：

①排除液压缸内空气。

②修磨液压缸内壁。

③重新安装液压缸。

④调整密封圈。

⑤校正、修整或更换活塞或活塞杆。

⑥校正、修整导向套。

⑦校直活塞杆。

⑧镗磨缸筒，重配活塞。

⑨松至合理程度。

⑩减小配合间隙。

（4）"不正常响声和抖动"故障诊断及排除。

故障原因：

①液压缸内进了空气。

②滑动面配合太紧或拉毛。

③缸壁胀大，活塞密封损坏，压油腔的压力油通过缝隙高速泄回油腔，会发出"咝咝"不正常声响。

排除方法：

①排除液压缸内空气。

②修磨滑动面。

③更换活塞密封圈。

（5）"液压缸端部冲击"故障诊断及排除。

故障原因：

①缓冲间隙过大。

②缓冲装置中的单向阀失灵。

排除方法：

①减小缓冲间隙。

②更换单向阀。

观察或实践

1. 现场观察或通过视频观察液压缸的拆卸和装配步骤及方法；有条件时，可现场实践。

2. 现场观察或通过视频观察液压缸常见故障诊断与排除方法；有条件时，可现场实践。

练习题

1. 简述液压缸的作用、类型及特点。
2. 简述液压缸的拆装步骤和方法。
3. 液压缸常见故障有哪些？

学习评价

评价形式	比例	评价内容	评价标准	得分
自我评价	30%	（1）出勤情况； （2）学习态度； （3）任务完成情况	（1）好（30分）； （2）较好（24分）； （3）一般（18分）	
小组评价	10%	（1）团队合作情况； （2）责任学习态度； （3）交流沟通能力	（1）好（10分）； （2）较好（8分）； （3）一般（6分）	
教师评价	60%	（1）学习态度； （2）交流沟通能力； （3）任务完成情况	（1）好（60分）； （2）较好（48分）； （3）一般（36分）	
汇总				

任务 2.5　液压马达故障诊断及排除

液压马达是实现连续回转运动的执行元件，它将液体的压力能转换成机械能。它可分为齿轮式、叶片式和柱塞式三种。

液压马达常见故障有"转速低，输出转矩小""噪声过大""泄漏"等。

学习要求

1. 弄清液压马达的结构和工作原理。
2. 学会液压马达的拆卸和装配方法。
3. 掌握液压马达常见故障及排除方法。
4. 养成恪守工程伦理的好习惯。

知识准备

1. 齿轮式液压马达的结构和工作原理

齿轮式液压马达适用于高转速、低扭矩的场合。其结构和工作原理如图 2-27 所示。它与齿轮式液压泵的结构基本相同，最大的不同是齿轮式液压马达的两个油口一样大，且内泄漏单独引出油箱。当高压油进入右腔时，由于两个齿轮的受压面积存在差异，因而产生转矩，推动齿轮转动。如果改变进油方向，齿轮式液压马达就会反转。

2. 叶片式液压马达的结构和工作原理

叶片式液压马达的动作灵敏，转子惯性小，可以频繁换向，但泄漏量较大，不宜用于低速场合。因此，叶片液压马达多用于转速高、转矩小、动作要求灵敏的场合。

叶片式液压马达的结构和工作原理如图 2-28 所示。这种马达由转子、定子、叶片、配油盘转子轴和泵体等组成。叶片式液压马达的叶片径向放置，以便马达可以正反向旋转；在吸、压油腔通入叶片根部的通路上设有单向阀，使叶片底部能与压力油相通外，以保证马达的正常启动；在每个柱塞根部均设有弹簧，使叶片始终处于伸出状态，以保证密封。

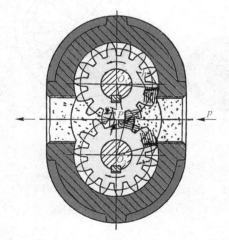

图 2-27　齿轮式液压马达的结构和工作原理

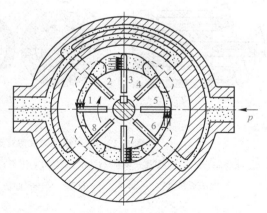

图 2-28　叶片式液压马达的结构和工作原理
1 ～ 8—叶片

当压力油进入压油腔后，在叶片 3、7 和叶片 1、5 上，一面作用有高压油，另一面则为低压油，由于叶片 3、7 的受力面积大于叶片 1、5 的受力面积，从而由叶片受力差构成的力矩推动转子和叶片顺时针旋转。如果改变进油方向，液压马达就会反转。

3. 柱塞式液压马达的结构和工作原理

柱塞式液压马达有轴向柱塞式和径向柱塞式两种。图 2-29（a）所示为斜盘式轴向柱塞式液压马达的结构和工作原理，它一般转矩小，多用于低转矩高转速工作场合，这种马达由倾斜盘 1、缸体 2、柱塞 3、配油盘 4 等组成。工作时，压力油经配油盘进入柱塞底部，柱塞受压力油作用外伸，并紧压在斜盘上，这时在斜盘上产生一反作用力 F，F 可分成轴向分力 F_x 和径向分力 F_y。轴向分力 F_x 与作用在柱塞上的液压力相平衡；而径向分力 F_y 使转子产生转矩，使缸体旋转，从而带动液压马达的传动轴转动。

图 2-29（b）所示为内曲线径向柱塞式液压马达的结构和工作原理图。其由柱塞、滚轮、定子、转子、配流轴等组成。它为低速大转矩液压马达。当压力油输入马达后，通过配流轴上的进油窗孔分配到处于进油区段的柱塞底部油腔。油压使滚轮顶紧在定子内表面上，滚轮所受到的法向反力 F 可分解为两个方向的分力，即 F_r 和 F_t。其中，径向分力 F_r 和作用在柱塞后端的液压力相平衡；切向分力 F_t 通过横梁对缸体产生转矩。同时，处于回油区段的柱塞受压缩回，把低压油从回油窗孔排出。所以，任一瞬时总有一部分柱塞处于进油区段，使缸体转动。当马达的进、回油口互换时，马达将反转。

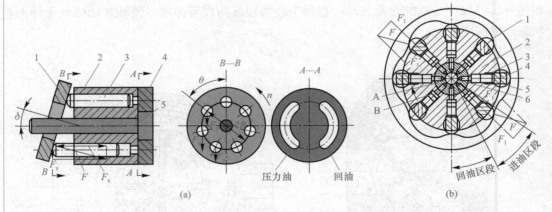

图 2-29　内曲线径向柱塞式液压马达的结构和工作原理

（a）斜盘式轴向柱塞式液压马达的结构和工作原理；（b）径向柱塞式液压马达的结构和工作原理

1—倾斜盘；2—缸体；3—柱塞；4—配油盘　　　　1—定子；2—缸体；3—柱塞；

4—横梁；5—滚轮；6—配流轴

4. 液压马达的主要性能参数

（1）容积效率和转速。液压马达的容积效率 η_V 是理论流量和实际流量之比。即

$$\eta_V = \frac{V_n}{q} \qquad (2-14)$$

液压马达的转速

$$\eta = \frac{q}{V}\eta_V \qquad (2-15)$$

（2）转矩和机械效率。若不考虑马达的摩擦损失，液压马达的理论输出转矩 T_t 的公式与泵相同。即

$$T_t = \frac{pV}{2\pi} \qquad (2-16)$$

实际上液压马达存在机械损坏，设摩擦损坏造成的转矩为 ΔT，则液压马达实际输出转矩 $T = T_t - \Delta T$，设机械效率为 η_m，则

$$\eta_m \frac{T}{T_t} \qquad (2-17)$$

（3）液压马达的总效率 η。

$$\eta = \frac{T2\pi n}{pq} = \eta_V \cdot \eta_m \qquad (2-18)$$

（4）液压马达的图形符号。液压马达的图形符号如图 2-30 所示。

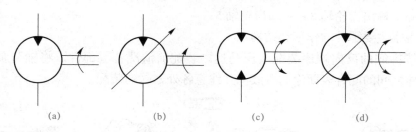

图 2-30　液压马达的图形符号

（a）单向定量液压马达；（b）单向变量液压马达；

（c）双向定量液压马达；（d）双向变量液压马达

（5）液压马达的选用。液压马达的选用与液压泵的选用原则基本相同。在选用液压马达时，首先确定液压马达的类型，然后按液压系统所要求的压力、流量大小确定其规格型号。选用液压马达时可根据表 2-2 所列出的常用液压马达的主要性能和应用范围，进行综合比较而定。

表 2-2　液压马达的性能和选用

性能 ＼ 类型	齿轮式液压马达	叶片式液压马达	柱塞液压马达
压力 / MPa	<20	6.3 ～ 20	20 ～ 35
排量/（mL·r⁻¹）	2.5 ～ 210	2.5 ～ 237	2.5 ～ 915
噪声	大	小	大

类型 性能	齿轮式液压马达	叶片式液压马达	柱塞液压马达
单位功率造价	最低	中等	高
应用范围	钻床、风扇及工程机械、 农业机械的回转机构	有回转工作台的机床	起重机、铲车、内燃机车、 数控机床等设备

5. 液压马达的拆卸和装配步骤和方法

图 2-31 所示为齿轮式液压马达外观和立体分解图。以这种液压马达为例说明液压马达的拆卸和装配步骤与方法。

（1）准备好内六角扳手一套、耐油橡胶板一块、油盘一个等其他器具。

（2）卸下 4 个螺钉 12。

（3）卸下壳体 1。

（4）卸下键 4、卡簧 11、垫 10、9、轴封 8。

（5）卸下定位销 2。

（6）卸下输出齿轮轴 3、从动齿轮轴 5。

（7）观察主要零件的作用和结构。

（8）按拆卸的反向顺序装配液压马达。装配前清洗各零部件，将轴与泵盖之间、齿轮与泵体之间的配合表面涂润滑液，并注意各处密封的装配。

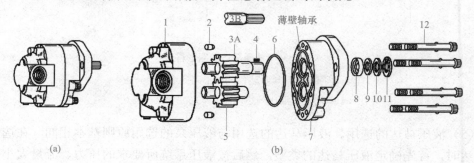

图 2-31　齿轮式液压马达外观和立体分解图

（a）外观；（b）立体分解图

1—壳体；2—定位销；3—输出齿轮轴；4—键；5—从动齿轮轴；

6—O 形密封圈；7—前盖；8—轴封；9、10—垫；11—卡簧；12—螺钉

6. 液压马达常见故障诊断及排除

（1）"转速低，输出转矩小"故障诊断及排除。

故障原因：

①电动机转速低，功率不匹配。

②滤油器或管路阻塞。

③液压油黏度不合适。

④密封不严，有空气进入。

⑤油液污染，堵塞了马达通道。

实施绿色维修：油液污染处理

解析："油液污染，堵塞了马达通道。"这种故障引起液压马达"转速低，输出转矩小"。处理办法是"更换液压油"。如果更换下来的液压油随意排入大地或下水道中，就会污染环境。我们推荐"绿色维修"。

启示：绿色维修是综合考虑环境影响和资源利用效率的现代排除模式，其目标是除达到保持和恢复产品规定状态外，还应满足可持续发展的要求，即在排除过程及产品排除后直至产品报废处理这一段时期内，最大限度地使产品保持和恢复原来规定的状态，又要使排除废弃物和有害排放物最小，既对环境的污染最小，还要使资源利用效率最高。

我们在更换液压油时，要更换下来的液压油进行集中回收并进行无害化处理。

⑥液压马达的零件过度磨损。

⑦单向阀密封不严，溢流阀失灵。

排除方法：

①更换电动机。

②清洗滤油器或疏通管路。

③更换液压油。

④固紧密封圈。

⑤拆卸、清洗电动机，更换液压油。

⑥检修或更换。

⑦修理阀芯或阀座。

（2）"噪声过大"故障诊断及排除。

故障原因：

①联轴器与马达传动轴不同轴。

②齿轮式液压马达齿形精度低，接触不良，轴向间隙小，内部个别零件损坏，齿轮内孔与端面不垂直，端盖上两孔不平行，滚针轴承断裂，轴承架损坏。

③叶片或主配油盘接触的两侧面、叶片顶端或定子内表面磨损或刮伤，扭力弹簧变形或损坏。

排除方法：

①调整或重新安装。

②更换齿轮，或研磨修整齿形，研磨有关零件，重配轴向间隙，更换损坏的零件。

③更换叶片或主配油盘。

（3）"泄漏"故障诊断及排除。

故障原因：

①管接头未拧紧。

②接合面未拧紧。

③密封件损坏。

④相互运动零件间的间隙过大。

⑤配油装置发生故障。

排除方法：

①拧紧管接头。

②拧紧接合面。

③更换密封件。

④调整间隙或更换损坏零件。

⑤检修配油装置。

观察或实践

1．现场观察或通过视频观察液压马达拆卸和装配过程；有条件时，可现场实践。

2．现场观察或通过视频观察液压马达常见故障诊断与排除方法；有条件时，可现场实践。

练习题

1．简述齿轮式液压马达的结构和工作原理。

2．简述叶片式液压马达的结构和工作原理。

3．简述齿轮式液压马达的拆装步骤和方法。

4．液压马达常见故障有哪些？

学习评价

评价形式	比例	评价内容	评价标准	得分
自我评价	30%	（1）出勤情况； （2）学习态度； （3）任务完成情况	（1）好（30分）； （2）较好（24分）； （3）一般（18分）	

学习笔记

评价形式	比例	评价内容	评价标准	得分
小组评价	10%	（1）团队合作情况； （2）责任学习态度； （3）交流沟通能力	（1）好（10分）； （2）较好（8分）； （3）一般（6分）	
教师评价	60%	（1）学习态度； （2）交流沟通能力； （3）任务完成情况	（1）好（60分）； （2）较好（48分）； （3）一般（36分）	
汇总				

任务 2.6 压力阀故障诊断及排除

压力阀是压力控制阀的简称，是控制液压传动系统的压力或利用压力作为信号控制其他元件的阀。这类阀的共同点是利用作用在阀芯上的液压力和弹簧力相平衡的原理来进行工作的。按用途不同，压力阀可分为溢流阀、顺序阀、减压阀和压力继电器等。

素养提升案例

保持心理健康：压力阀的作用

解析： 压力阀的作用是控制或调节液压传动系统的压力。

启示： 我们在平时的学习、工作和生活中，一方面要像"压力阀"一样，学会调节压力，适应学习、工作和生活中遇到的各种问题与压力；另一方面，要像"安全阀"一样，找自己可倾诉的家人、朋友、同学和老师进行交流，释放压力，保持心理健康。

溢流阀常见故障有"调压时，压力升得很慢，甚至一点也调不上去""调压时，压力虽然可上升，但升不到公称压力""压力波动大""调压时，压力调不下来""振动与噪声大，伴有冲击"等。顺序阀常见故障有"出油口总有油流出，不能使执行元件实现顺序动作""出油口无油流出，不能使执行元件实现顺序动作""调定压力值不稳定，不能使执行元件实现顺序动作，或顺序动作错乱现象"等。减压阀常见故障有"减压阀出口压力几乎等于进口压力，不起减压作用""出口压力不稳定，有时还有噪声""出口压力很低，即使拧紧调压手轮，压力也升不起来""调压失灵""外漏"等。压力继电器常见故障有"动作不灵敏""不发信号与误发信号"等。

学习要求

1. 弄清溢流阀、减压阀、顺序阀和压力继电器的结构与工作原理。
2. 学会溢流阀、顺序阀、减压阀和压力继电器的拆卸与装配方法。
3. 弄懂溢流阀、顺序阀、减压阀和压力继电器常见故障诊断及排除方法。
4. 学会调节压力，保持心理健康。

知识准备

1. 溢流阀的结构和工作原理

溢流阀是构成液压系统不可缺少的液压元件，通过溢流阀的溢流、调节和限制液压系统的最高压力。按其结构和工作原理，溢流阀可分为直动式和先导式两种。直动式用于低压系统；先导式用于中、高压系统。

（1）直动式溢流阀的结构和工作原理。锥阀芯直动式溢流阀的结构、工作原理和图形符号如图 2-32 所示。这种阀由阀体 1、阀座 2、阀芯 3、弹簧 4、调整螺钉 5 等组成。阀芯 3 在弹簧 4 的作用下紧压在阀座 2 上，阀体 1 上开有进油口 P 和出油口 T，压力油从进油口 P 进入，并作用在阀芯 3 上。当油压力低于调压弹簧力时，阀芯 3 在弹簧力的作用下压紧在阀座 2 上，阀口关闭，P 不通 T，溢流口无压力油溢出；当油压力超过弹簧力时，阀芯 3 向右移动，阀口开启，P 通 T，压力油从溢流口 T 流回油箱，弹簧力随着开口量的增大而增大，直至与油压力相平衡。拧动调整螺钉即可调节弹簧的预紧力，便可调整溢流压力。直动式溢流阀最大调整压力一般为 2.5 MPa。

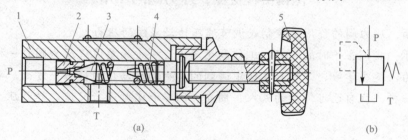

图 2-32 锥阀芯直动式溢流阀结构、工作原理和图形符号

（a）结构、工作原理；（b）图形符号

1—阀体；2—阀座；3—阀芯；4—弹簧；5—调整螺钉

（2）先导式溢流阀的结构和工作原理。先导式溢流阀的结构、工作原理和图形符号图如图 2-33 所示。这种阀为一种典型的三节同心结构中压，由先导阀和主阀两部分组成。先导阀是一个小规格锥阀芯直动式溢流阀；主阀的阀芯 5 上开有阻尼小孔 e，主阀的阀体上还加工有孔道 a、c、d。

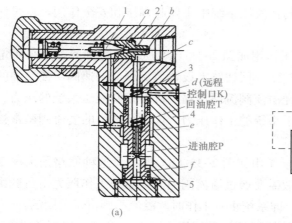

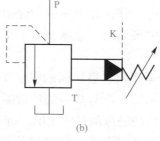

图 2-33　先导式溢流阀的结构、工作原理和图形符号图

（a）结构、工作原理图；（b）图形符号图

1—先导阀锥阀芯；2—锥阀座；3—主阀弹簧；4—主阀阀体；5—主阀阀芯

工作时，压力油从进油口 P 进入，经主阀阀芯 5 上开有阻尼小孔 e 和主阀阀体上的孔道 c，作用于先导阀锥阀芯 1 上（一般情况下，外控口 K 是堵塞的）。当进油口 P 的压力低于先导阀弹簧的调定压力时，先导阀关闭，主阀阀芯 5 上下两端压力相等，主阀阀芯 5 在主阀弹簧 3 作用下处于最下方，主阀关闭，不溢流。当进油口 P 的压力高于先导阀弹簧的调定压力时，先导阀被推开，主阀阀芯上腔的压力油经锥阀阀口、主阀阀体上的孔道 a，由回油口 T 流回油箱。由于小孔阻尼大，在主阀阀芯上下端形成一定的压力差，主阀阀芯便在此压力差的作用下克服主阀弹簧的张力上移，阀口打开，P 与 T 接通，达到溢流的目的。调节螺母即可改变先导阀弹簧的预压缩量，从而调整系统的压力。

先导式溢流阀上有一远程控制口 K，与主阀上腔相通。当该控制口与远程调压阀接通时，可实现液压系统的远程调压；当该控制口与油箱接通时，可实现系统卸荷。

（3）溢流阀的启闭特性。溢流阀的启闭特性是指溢流阀在稳态情况下从开启到闭合（溢流量减小为额定流量的 1% 以下）的过程中，被控压力与通过溢流阀的溢流量之间的关系。它是衡量溢流阀定压精度的一个重要指标。

溢流阀的启闭特性一般用溢流阀处于额定流量、调定压力 p_s 时，开始溢流的开启压力 p_K 及停止溢流的闭合压力 p_B 分别与 p_s 的百分比来衡量。前者称为开启比（不小于 90%）；后者称为闭合比（不小于 85%），两个百分比越大，则两者越接近，溢流阀的启闭特性就越好。直动式和先导式溢流阀的启闭特性曲线如图 2-34 所示。

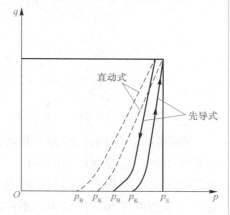

图 3-34　直动式和先导式溢流阀的
启闭特性曲线

（4）溢流阀的应用。溢流阀在液压系统中主要起调压和安全作用，也可作为背压阀和卸荷阀，如图2-35所示。

①调压作用。溢流阀的调压作用如图2-35（a）所示。这种回路是采用定量泵供油的节流调速系统，常在其进油路或回油路上设置节流阀或调速阀，使泵油的一部分进入液压缸工作，而多余的油经溢流阀流回油箱，从而控制液压系统的压力。调节溢流阀弹簧的预紧力，也就调节了系统的工作压力。这种系统中的溢流阀又常被称为调压阀。

②安全作用。溢流阀的安全作用如图2-35（b）所示。这种回路是采用变量泵供油的液压系统，没有多余的油液需要通过溢流阀溢流，系统工作压力由负载决定。这时与泵并联的溢流阀是常闭的，即系统正常工作时，溢流阀阀口是关闭的。一旦过载，溢流阀阀口立即打开，使油液流回油箱，系统压力不会再升高，以保障系统的安全。因此，这种系统中的溢流阀又常被称为安全阀。

③作为背压阀。溢流阀作为背压阀的情况如图2-35（c）所示。将溢流阀设置在液压缸的回油路上，可使缸的回油腔形成背压，用以消除负载突然减小或变为零时液压缸产生的前冲现象，提高运动部件运动的平稳性。因此，这种用途的溢流阀也称为背压阀。

④作为卸荷阀。溢流阀作为卸荷阀的情况如图3-25（d）所示。采用先导式溢流阀调压的定量泵液压系统，当阀的外控口K与油箱连通时，其主阀阀芯在进口压力很低时即可迅速抬起，使泵卸荷，以减少能量损耗；当电磁铁通电时，溢流阀外控口通油箱，因而能使泵卸荷。因此，这种用途的溢流阀也称为卸荷阀。

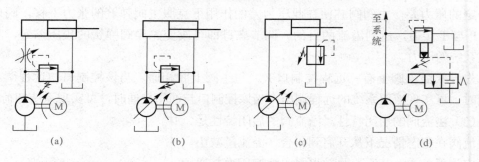

图2-35 溢流阀的应用

（a）调压溢流；（b）安全保护；（c）形成背压；（d）液压泵卸荷

2．顺序阀的结构和工作原理

顺序阀是利用系统压力变化来控制油路的通断，以实现各执行元件按先后顺序动作的压力阀。按控制压力的不同，顺序阀可分为内控式和外控式两种。前者用阀进口处的油压力控制阀芯的启闭；后者用外来的控制压力油控制阀芯的启闭，这种顺序阀也称为液控顺序阀。按结构的不同，顺序阀又可分为直动式和先导式两种。前者一般用于低压系统；后者用于中高压系统。

直动式顺序阀的结构、工作原理和图形符号如图2-36所示。这种阀由螺堵1、下阀盖2、控制活塞3、阀体4、阀芯5、弹簧6、上阀盖7等零件组成。当进油口油压低于弹簧6的调定压力时，作用在控制活塞3下端的油压小于弹簧6的张力，阀芯5在弹簧作用下处于下端位置，阀口关闭，进油口和出油口不相通，油液不能通过顺序阀流出。当进油口油压大于弹簧6的调定压力时，作用在控制活塞3下端的油压大于弹簧6的张力，阀芯5向上移动，阀口打开，进油口和出油口相通，油液便通过顺序阀流出，从而操纵另一执行元件或其他元件动作。这种顺序阀利用其进油口压力控制，称为普通顺序阀（也称内控式顺序阀），其图形符号如图2-36（b）所示。由于阀的出油口接压力油路，因此其上端弹簧处的泄油口必须另接一油管通油箱，这种普通顺序阀又称为内控外泄式顺序阀。

若将图2-36（a）中下阀盖2相对于阀体转90º或180º，并将螺堵1取下，在该处连接控制油管并通控制油，则阀的启闭便由外部压力油控制，便可构成液控顺序阀。其图形符号如图2-36（c）所示。

若再将上阀盖7转180º安装，使泄油口处的小孔a与阀体上的小孔b连通，并将泄油口用螺堵封住，并使顺序阀的出油口与回油箱连通，这时顺序阀成为卸荷阀。其泄漏油可由阀的出油口流回油箱，这种连接方式称为内泄。其图形符号如图2-36（d）所示。

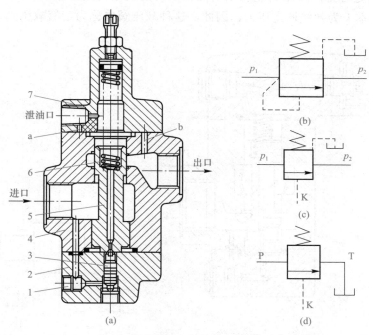

图 2-36 直动式顺序阀的结构、工作原理和图形符号

（a）结构、工作原理；（b）普通顺序阀图形符号；（c）液控顺序阀图形符号；（d）卸荷阀图形符号

1—螺堵；2—下阀盖；3—控制活塞；4—阀体；5—阀芯；6—弹簧；7—上阀盖

3. 减压阀的结构和工作原理

减压阀是一种使出口压力低于进口压力的压力阀。其作用是用来降低液压系统中

某一回路的油液压力，使用一个油源能提供两个或几个不同压力的输出。减压阀也有直动式和先导式两种。直动式减压阀很少单独使用，而先导式减压阀应用较多。

先导式减压阀的结构、工作原理和图形符号如图 2-37 所示。这种阀由先导阀和主阀组成，先导阀由手轮 1、先导阀弹簧 3、先导阀阀芯 4 和先导阀阀座 5 等组成。主阀由主阀阀芯 6、主阀阀体 7、主阀下阀盖 8、弹簧等组成。

油液从主阀进油口 p_1 流入，经减压阀阀口 h 后由出油口 p_2 流出，与此同时出油口的压力油经主阀阀体 7 和主阀下阀盖 8 上的小孔 a、b 与主阀阀芯上阻尼孔 c 流入主阀阀芯上腔 d 及先导阀右腔 e。由于节流作用，使出油口压力 p_2 低于进油口压力 p_1。工作时 h 开度随出口处压力变化自动调节开度大小，从而使出口压力 p_2 基本保持恒定不变。

当出油口压力 p_2 低于先导阀弹簧的调定压力时，先导阀关，主阀阀芯上、下腔油压力相等，在主阀弹簧力作用下处于最下端位置，h 开度最大，不起减压作用。

如果由于负荷增大或进口压力向上波动使出口压力 p_2 增大，在 p_2 高于先导阀弹簧的调定压力，主阀阀芯上升，h 开度迅速减小，$\Delta p = p_1 - p_2$ 增大，出口压力 p_2 便自动下降，如果忽略摩擦力、液动力、阀芯重力等因素的影响，出口压力 p_2 仍恢复为原来的调定值，由此可见，减压阀能利用出油口压力的反馈作用，自动控制阀口开度，保证出口压力基本上为弹簧调定压力，因此，这种减压阀也称为定值减压阀。

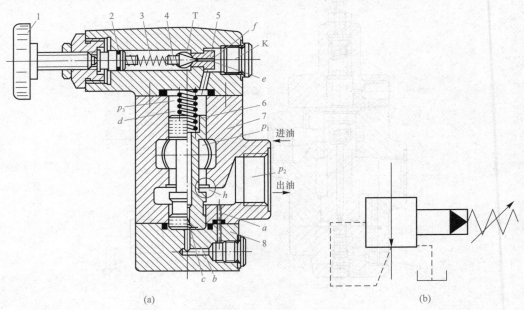

图 2-37　先导式减压阀的结构、工作原理和图形符号

（a）结构、工作原理；（b）图形符号

1—手轮；2—密封圈；3—先导阀弹簧；4—先导阀阀芯；5—先导阀阀座；

6—主阀阀芯；7—主阀阀体；8—主阀下阀盖

减压阀的阀口为常开式，泄油口必须由单独设置的油管通回油箱，且泄油管不能插入油箱液面以下，以防形成背压，使泄油不畅，影响减压阀的正常工作。当减压阀的外控口 K 按一调定压力低于减压阀的调定压力的远程调压阀时，可实现二级减压。

4. 溢流阀、顺序阀和减压阀的区别

溢流阀、顺序阀和减压阀的区别见表 2-3。

表 2-3　溢流阀、顺序阀和减压阀的区别

名称	溢流阀	顺序阀	减压阀
图形符号			
阀口状态	阀口常闭	阀口常闭	阀口常开
控制油来源	控制油来自进油口	控制油来自进油口	控制油来自出油口
出口特点	出口通油箱	出口通系统	出口通系统
基本用法	可作为调压阀、安全阀、卸荷阀用时，一般连接在泵的出口处，与主油路并联。作为背压阀时，则串联在回路上，调定压力较低	串联在系统中，控制执行元件的顺序动作，多数与单向阀并联作为单向顺序阀	串联在系统内，连接在液压泵与分支油路之间
举例	作为调压阀时，油路常开，泵的压力取决于溢流阀的调整压力，多用于节流调速的定量系统。作为安全阀时，油路常闭，系统压力超过安全阀的调定值时，安全阀打开，多用于变量系统	可作为顺序阀、平衡阀，顺序阀的结构与溢流阀结构相似，经适当改装，两阀可互相代替。但顺序阀要求密封性较高，否则要产生误动作	起减压作用，使辅助油路获得比主油路低，且较稳定的压力油，阀口是常开的

5. 压力继电器的结构和工作原理

压力继电器是一种将油液压力信号转换为电信号的液电信号转换元件。其作用是当进油口的油压力达到弹簧的调定值时，能通过压力继电器内的微动开关自动接通或断开电气线路，实现执行元件的顺序控制或安全保护。

压力继电器按结构特点可分为柱塞式、弹簧管式和膜片式等。图 2-38 所示为单触点柱塞式压力继电器的结构、工作原理和图形符号。这种继电器由柱塞 1、顶杆 2、调节螺钉 3 和电气微动开关 4 等组成。压力油作用在柱塞的下端，油压力直接与柱塞上端弹簧力相比较。

当油压力大于弹簧力时，柱塞向上移，压下电气微动开关触头，接通或断开电气线路。当油压力小于弹簧力时，微动开关触头复位。显然，柱塞上移将引起弹簧的压缩量增加，因此，压下微动开关触头的压力（开启压力）与微动开关复位的压力（闭

合压力）存在一个差值，此差值对压力继电器的正常工作是必要的，但不易过大。

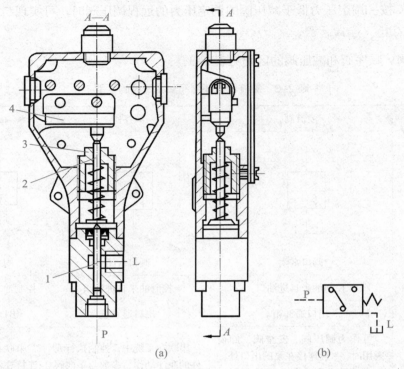

图 2-38　单触点柱塞式压力继电器的结构、工作原理和图形符号

（a）结构、工作原理；（b）图形符

1—柱塞；2—顶杆；3—调节螺钉；4—电气微动开关

6. 溢流阀的拆卸和装配步骤和方法

图 2-39 所示为先导式溢流阀外观和立体分解图。以这种阀为例说明溢流阀的拆卸和装配步骤与方法。

（1）准备好内六角扳手一套、耐油橡胶板一块、油盘一个等其他器具。

（2）松开先导阀阀体与主阀阀体的连接螺钉 1，取下先导阀阀体部分。

（3）从先导阀阀体部分松开锁紧螺母 8 及调整手轮。

（4）从先导阀阀体部分取下螺套 9、调节杆 10、O 形密封圈 11、12、13、先导阀调压弹簧及先导阀阀芯等。

（5）卸下螺堵 2，取下先导阀阀座。

（6）从主阀阀体中取出 O 形密封圈 4、主阀弹簧、主阀阀芯、主阀阀座。如果阀芯发卡，可用铜棒轻轻敲击出来，禁止猛力敲打，损坏阀芯台肩。

（7）观察溢流阀主要零件的结构和作用。

①观察先导阀体上开的远控口和安装先导阀芯用的中心圆孔。

②观察先导阀芯与主阀阀芯的结构，主阀阀芯阻尼孔的大小，比较主阀阀芯与先导阀阀芯弹簧的刚度。

③观察先导阀调压弹簧和主阀弹簧，调压弹簧的刚度比主阀弹簧的大。

（8）按拆卸的相反顺序装配，即后拆的零件先装配，先拆的零件后装配。装配时应注意以下几项：

①装配前应认真清洗各零件，并将配合零件表面涂润滑油。

②检查各零件的油孔、油路是否畅通、是否有尘屑，若有重新清洗。

③将调压弹簧在先导阀阀芯的圆柱面上，然后一起推入先导阀阀体。

④主阀阀芯装入主阀阀体后，应运动自如。

⑤先导阀阀体与主阀阀体的止口、平面应完全贴合后，才能用螺钉连接，螺钉要分两次拧紧，并按对角线顺序进行。

⑥装配中注意主阀阀芯的三个圆柱面与先导阀阀体、主阀阀体与主阀座孔配合的同心度。

（9）将阀外表面擦拭干净，整理工作台。

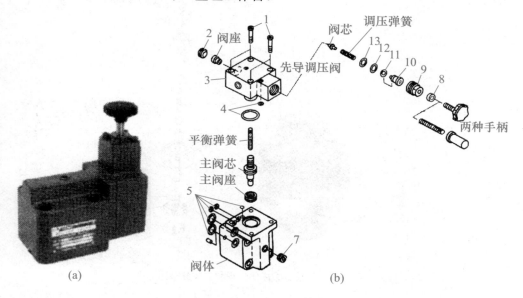

图 2-39　先导式溢流阀外观和立体分解图

（a）外观；（b）立体分解图

1—螺钉；2、7—螺堵；3—阀盖；4、5、11、12、13—O 形密封圈；

6—定位销；8—锁紧螺母；9—螺套；10—调节杆

7．顺序阀的拆卸和装配步骤与方法

图 2-40 所示为直动式顺序阀外观和立体分解图。以这种阀为例说明顺序阀的拆卸和装配步骤与方法。

（1）准备好内六角扳手一套、耐油橡胶板一块、油盘一个等其他器具。

（2）松开螺钉 1、23，将上盖 5、阀体 16、下盖 22 分离。

（3）松开锁紧螺母 3、调压螺钉 2 和螺塞 4。

（4）依次取下 O 形密封圈 7、8、弹簧座 9、阀芯 11、定位销 12。

（5）依次取下 O 形密封圈 18、控制柱塞 19、O 形密封圈 20、18。

（6）观察直动式顺序阀主要零件的结构和作用。

（7）按拆卸的相反顺序装配，即后拆的零件先装配，先拆的零件后装配。装配时应注意以下几项：

①装配前应认真清洗各零件，并将配合零件表面涂润滑油。

②检查各零件的油孔、油路是否畅通、是否有尘屑，若有重新清洗。

③阀芯和控制活塞装入阀体后，应运动自如。

④上盖、阀体、下盖的止口、平面应完全贴合后，才能用螺钉连接，螺钉要分两次拧紧，并按对角线顺序进行。

（8）将阀外表面擦拭干净，整理工作台。

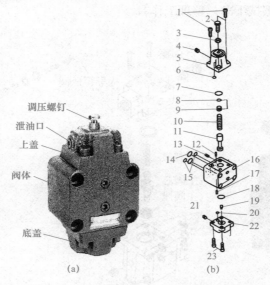

图 2-40　直动式顺序阀外观和立体分解图

（a）外观；（b）立体分解图

1、23—螺钉；2—调压螺钉；3—锁紧螺母；4、21—螺塞；5—上盖；

6、7、8、14、15、18、20—O 形密封圈；9—弹簧座；10—弹簧；11—阀芯；

12、13—定位销；16—阀体；17—阻尼孔；19—控制柱塞；22—下盖

8. 减压阀的拆卸和装配步骤与方法

图 2-41 所示为先导式减压阀外观和立体分解图。以这种阀为例说明减压阀的拆卸和装配步骤与方法。

（1）准备好内六角扳手一套、耐油橡胶板一块、油盘一个等其他器具。

（2）松开先导阀阀盖 1 与主阀阀体 9 的连接螺钉 12，取下先导阀部分。

（3）卸下螺母 24、调节手柄 25，取下螺套 23、垫 22、调节杆 21、O 形密封圈 20、19、先导阀调压弹簧 18、17 及先导阀阀芯 16 等。

（4）卸下螺堵 13，取下先导阀阀座 14。

（5）卸下螺钉 12，将下盖 11 和主阀阀体 9 分开。

（6）从主阀阀体 9 中取出 O 形密封圈 3、主阀弹簧 4、主阀阀芯 5。如果阀芯发卡，可用铜棒轻轻敲击出来，禁止猛力敲打，损坏阀芯台肩。

（7）观察溢流阀主要零件的结构和作用。

①观察先导阀阀体上开的远控口和安装先导阀阀芯用的中心圆孔。

②观察先导阀阀芯与主阀阀芯的结构，主阀阀芯阻尼孔的大小，比较主阀阀芯与先导阀阀芯弹簧的刚度。

③观察先导阀调压弹簧和主阀弹簧，调压弹簧的刚度比主阀弹簧的大。

（8）按拆卸的相反顺序装配，即后拆的零件先装配，先拆的零件后装配。装配时应注意以下几项：

①装配前应认真清洗各零件，并将配合零件表面涂润滑油。

②检查各零件的油孔、油路是否畅通、是否有尘屑，若有重新清洗。

③将调压弹簧在先导阀阀芯的圆柱面上，然后一起推入先导阀阀体。

④主阀阀芯装入主阀阀体后，应运动自如。

⑤先导阀阀体与主阀阀体的止口、平面应完全贴合后，才能用螺钉连接，螺钉要分两次拧紧，并按对角线顺序进行。

⑥装配中注意主阀阀芯的三个圆柱面与先导阀阀体、主阀阀体与主阀阀座孔配合的同心度。

（9）将阀外表面擦拭干净，整理工作台。

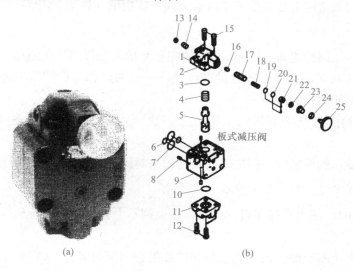

(a)　　　　　　　　　(b)

图 2-41　先导式减压阀外观和立体分解图

（a）外观；（b）立体分解图

1—先导阀阀盖；2、3、6、7、10、19、20— O 形密封圈；4—主阀弹簧；5—主阀阀芯；8—定位销；

9—主阀阀体；11—下盖；12、15—螺钉；13—螺堵；14—先导阀阀座；16—先导阀阀芯；

17、18—先导阀调压弹簧；21—调节杆；22—垫；23—螺套；24—螺母；25—调节手柄

9．溢流阀的使用

（1）适用的液压油黏度为 15 ～ 38 cSt，油液的工作温度应控制为 10 ℃～ 60 ℃。

（2）系统过滤精度不得低于 25 μm。

（3）管式连接阀及法兰连接阀要支承可靠，不推荐仅用接管和法兰直接支撑阀，最好另有支撑阀的支架。板式阀的安装面表面粗糙度 Ra 为 6.3 μm 以上，平面度 0.01 mm 以上。

（4）溢流阀只有需要遥控或多级压力控制时，远程控制口才接入控制油路，其他情况一律堵上。

（5）溢流阀的回油阻力不得高于 0.7 MPa，回油一般直接接油箱。溢流阀为外排时，泄油口背压不得超过设定压力的 2%。

（6）购回的溢流阀如果不用及时使用，须将内部灌入防锈油，并将外露加工表面涂防锈脂，妥善保存。

（7）电磁溢流阀中的电磁换向阀接入的电压及接线形式必须正确。

（8）板式卸荷溢流阀组合了一个单向阀，使得泵卸荷时可防止液压系统压力油反向流动；管式阀则必须单独连接一个与阀通径相匹配的管式单向阀。

10．顺序阀的使用

（1）顺序阀必须单独接回油箱。

（2）外控式顺序阀的外控口应与外部先导压力油源接通。

（3）泄油口背压不应高于 0.17 MPa。

（4）顺序阀调定压力必须低于系统溢流阀一定数值（如 1.7 MPa）。

11．减压阀的使用

（1）一般减压阀始终有 1 L/min 左右的先导流量从先导阀流往油箱。

（2）对管式减压阀和法兰连接的减压阀，一次油口和二次油口不能接错，否则将出现不减压和不能调压的故障。

（3）减压阀的最低调节压力不得低于一次压力和二次压力之差（一般为 0.3 ～ 1 MPa）。

（4）板式减压阀安装时，因安装孔粗看起来对称，千万注意不要装反。

12．溢流阀常见故障诊断及排除

（1）"调压时，压力升得很慢，甚至一点也调不上去"故障诊断及排除。

故障原因：

①主阀阀芯上有毛刺，或阀芯上与阀体孔配合间隙内卡有污物。

②主阀阀芯与阀座接触处纵向拉伤有划痕，接触线处磨损有凹坑。

③先导阀锥阀与阀座接触处纵向拉伤有划痕，接触线处磨损有凹坑。

④先导阀锥阀与阀座接触处粘有污物。

排除方法：

①修磨阀芯。

②清洗与换油，修磨阀芯。

③清洗与换油，修磨阀芯。

④清洗与换油。

（2）"调压时，压力虽然可上升，但升不到公称压力"故障诊断及排除。

故障原因：

①液压泵故障。

②油温过高，内部泄漏量大。

③调压弹簧折断或错装。

④主阀阀芯与主阀阀体孔的配合过松，拉伤出现沟槽，或使用后磨损。

⑤主阀阀芯卡死。

⑥污物颗粒部分堵塞主阀阀芯阻尼孔、旁通孔和先导阀阀座阻尼孔。

⑦先导针阀与阀座之间能磨合但不能很好地密合。

排除方法：

①检修或更换液压泵。

②加强冷却，消除泄漏。

③更换调压弹簧。

④更换主阀阀芯。

⑤去毛刺，清洗。

⑥用 ϕ1 mm 钢丝穿通阻尼孔。

⑦研磨先导针阀与阀座配合。

（3）"压力波动大"故障诊断及排除。

故障原因：

①系统中进了空气。

②液压油不清洁，阻尼孔不通畅。

③弹簧弯曲或弹簧刚度太低。

④锥阀与锥阀座接触不良或磨损。

⑤主阀阀芯表面拉伤或弯曲。

排除方法：

①排净系统中的空气。

②更换液压油，穿通并清洗阻尼孔。

③更换弹簧。

④更换锥阀。

⑤修磨或更换阀芯。

（4）"调压时，压力调不下来"故障诊断及排除。

故障原因：

①错装成刚性太大的调压弹簧。

②调节杆外径太大或因毛刺污物卡住阀盖孔，不能随松开的调压手柄而后退，所

调压力下不来或调压失效。

③先导阀阀座阻尼孔被封死，压力调不下来，调压失效。

④因调节杆密封沟槽太浅，O形密封圈外径又太粗，卡住调节杆不能随松开的调压螺钉移动。

排除方法：

①更换弹簧。

②检查调节杆外径尺寸。

③用 $\phi1$ mm 钢丝穿通阻尼孔。

④更换合适的 O 形密封圈。

（5）"振动与噪声大，伴有冲击"故障诊断及排除。

故障原因：

①系统中进了空气。

②进、出油口接反。

③调压弹簧折断。

④先导阀阀座阻尼孔被封死。

⑤滑阀上阻尼孔堵塞。

⑥主阀弹簧太软、变形。

排除方法：

①排净系统中的空气。

②纠正进、出油口位置。

③更换调压弹簧。

④用 $\phi1$ mm 钢丝穿通阻尼孔。

⑤畅通滑阀上阻尼孔。

⑥更换主阀弹簧。

13. 顺序阀常见故障诊断及排除

（1）"出油口总有油流出，不能使执行元件实现顺序动作"故障诊断及排除。

故障原因：

①上阀盖和下阀盖装错，外控与内控混淆。

②单向顺序阀的单向阀卡死在打开位置。

③主阀阀芯与主阀阀体孔的配合过太紧，主阀阀芯卡死在打开位置，顺序阀变为直通阀。

④外控顺序阀的控制油道被污物堵塞，或控制活塞被污物、毛刺卡死。

⑤主阀阀芯被污物、毛刺卡死卡死在打开位置，顺序阀变为直通阀。

排除方法：

①纠正上、下阀盖安装方向。

②清洗单向阀阀芯。

③研磨主阀阀芯与主阀阀体孔，使阀芯运动灵活。

④清洗疏通控制油道，清洗控制活塞。

⑤拆开主阀清洗并去毛刺，使阀芯运动灵活。

（2）"出油口无油流出，不能使执行元件实现顺序动作"故障诊断及排除。

故障原因：

①液压系统压力没有建立起来。

②上阀盖和下阀盖装错，外控与内控混淆。

③主阀阀芯被污物、毛刺卡死卡死在关闭位置，顺序阀变为直通阀。

④主阀阀芯与主阀阀体孔的配合过太紧，主阀阀芯卡死在关闭位置，顺序阀变为直通阀。

⑤液控顺序阀控制压力太小。

排除方法：

①检修液压系统。

②纠正上、下阀盖安装方向。

③拆开主阀清洗并去毛刺，使阀芯运动灵活。

④研磨主阀阀芯与主阀阀体孔，使阀芯运动灵活。

⑤调整控制压力至合理值。

（3）"调定压力值不稳定，不能使执行元件实现顺序动作，或顺序动作错乱现象"故障诊断及排除。

故障原因：

①污物颗粒部分堵塞主阀阀芯阻尼孔。

②控制活塞外径与阀盖孔配合太松，导致控制油的泄漏油作用到主阀阀芯上，出现顺序阀调定压力值不稳定，不能使执行元件顺序动作错乱现象。

排除方法：

①用 $\phi 1$ mm 钢丝穿通阻尼孔，并清洗阻尼孔。

②更换控制活塞。

14. 减压阀常见故障诊断及排除

（1）"减压阀出口压力几乎等于进口压力，不起减压作用"故障诊断及排除。

故障原因：

①主阀阀芯阻尼孔、先导阀阀座阻尼孔被污物颗粒部分堵塞，失去自动调节能力。

②主阀阀芯上或阀体孔沉割槽棱边有毛刺、污物卡住，或因主阀阀芯与主阀阀体孔的配合过紧，或主阀阀芯、阀孔形状公差超标，产生液压卡紧，将主阀阀芯卡死在最大开度位置。

③管式或法兰式减压阀很容易将阀盖装错方向，使阀盖与阀体之间的外泄口堵死，无法排油，造成困油，使主阀顶在最大开度而不减压。

④板式减压阀泄油通道堵住未通回油箱。

⑤管式减压阀泄油通道出厂时是堵住的，使用时泄油孔的油塞未拧出。

排除方法：

①用 $\phi1$ mm 钢丝或用压缩空气通阻尼孔，并清洗阻尼孔。

②去毛刺、清洗、修复阀孔和阀芯，保证阀孔和阀芯之间合理的间隙，装配前可适当研磨阀孔，再配阀芯。

③应按正确方向安装阀盖。

④疏通泄油通道。

⑤使用时泄油孔的油塞拧出。

（2）"出口压力不稳定，有时还噪声"故障诊断及排除。

故障原因：

①系统中进入空气。

②弹簧变形。

③减压阀在超过额定流量下使用时，往往会出现主阀振荡现象，使减压阀出口压力不稳定，此时出油口压力出现"升压—降压—再升压—再降压"的循环。

排除方法：

①排净系统空气。

②更换弹簧。

③更换型号合适的减压阀。

（3）"出口压力很低，即使拧紧调压手轮，压力也升不起来"故障诊断及排除。

故障原因：

①减压阀进、出油口接反了。

②进油口压力太低。

③先导阀阀芯与阀座配合之间因污物滞留、有严重划伤、阀座配合孔失圆、有缺口，造成先导阀阀芯与阀座之间不密合。

④漏装了先导阀阀芯。

⑤先导阀弹簧装成软弹簧。

⑥主阀阀芯阻尼孔被污物颗粒堵塞。

排除方法：

①纠正接管错误。

②查明原因排除。

③研磨先导阀阀芯与阀座配合面，使先导阀阀芯与阀座之间密合。

④补装先导阀阀芯。

⑤更换合适的弹簧。

⑥用 $\phi1$ mm 钢丝或用压缩空气通阻尼孔，并清洗阻尼孔。

（4）"调压失灵"故障诊断及排除。

故障原因：

①调节杆上 O 形密封圈外径过大。

②调节杆上安装 O 形密封圈的沟槽过浅。

排除方法：

①更换合适的 O 形密封圈。

②更换合适的调节杆。

（5）"外漏"故障诊断及排除。

故障原因：

①调节杆上 O 形密封圈外径过小。

②调节杆上安装 O 形密封圈的沟槽过深。

排除方法：

①更换合适的 O 形密封圈。

②更换合适的调节杆。

15．压力继电器常见故障诊断及排除

（1）"动作不灵敏"故障诊断及排除。

故障原因：

①弹簧永久变形。

②滑阀在阀孔中移动不灵活。

③薄膜片在阀孔中移动不灵活。

④钢球不正圆。

⑤行程开关不发信号。

排除方法：

①更换弹簧。

②清洗或研磨滑阀。

③更换薄膜片。

④更换钢球。

⑤检修或更换行程开关。

（2）"不发信号与误发信号"故障诊断及排除。

故障原因：

①压力继电器安装位置错误，如回油路节流调速回路中压力继电器只能安装在回油路上。

②返回区间调节太小。

③系统压力不上升或不下降到压力继电器的设定压力。

④压力继电器的泄油管路不畅通。

⑤微动开关不灵敏，复位性能差。

⑥微动开关定位不装牢或未压紧。

⑦微动开关的触头与杠杆之间的空行程过大或过小时，易发误动作信号。

⑧薄膜式压力继电器的橡胶隔膜破裂。

⑨柱塞卡死。

排除方法：

①回油路节流调速回路中压力继电器只能安装在进油路上。

②正确调节返回区间。

③检查系统压力不上升或不下降的原因，予以排除。

④疏通压力继电器的泄油管路。

⑤更换橡胶隔膜。

⑥装牢微动开关定位。

⑦正确调整微动开关的触头与杠杆之间的空行程。

⑧更换橡胶隔膜。

⑨使柱塞运动灵活。

 观察或实践

1．现场观察或通过视频观察压力阀的拆卸和装配步骤及方法；有条件时，可现场实践。

2．现场观察或通过视频观察压力阀常见故障诊断与排除方法；有条件时，可现场实践。

 练习题

1．简述直动式溢流阀的结构和工作原理。

2．简述先导式溢流阀的结构和工作原理。

3．简述直动式顺序阀的结构和工作原理。

4．简述先导式减压阀的结构和工作原理。

5．简述先导式溢流阀的拆装步骤和方法。

6．简述直动式顺序阀的拆装步骤和方法。

7．简述先导式减压阀的拆装步骤和方法。

8．简述溢流阀常见故障诊断及排除方法。

9．简述顺序阀常见故障诊断及排除方法。

10．简述减压阀常见故障诊断及排除方法。

11．简述压力继电器常见故障诊断及排除方法。

评价形式	比例	评价内容	评价标准	得分
自我评价	30%	（1）出勤情况； （2）学习态度； （3）任务完成情况	（1）好（30分）； （2）较好（24分）； （3）一般（18分）	
小组评价	10%	（1）团队合作情况； （2）责任学习态度； （3）交流沟通能力	（1）好（10分）； （2）较好（8分）； （3）一般（6分）	
教师评价	60%	（1）学习态度； （2）交流沟通能力； （3）任务完成情况	（1）好（60分）； （2）较好（48分）； （3）一般（36分）	
汇总				

任务 2.7　方向阀故障诊断及排除

方向阀是方向控制阀的简称，其作用是利用阀芯对阀体的相对运动，控制液压油路接通、关断或变换油流方向，从而实现液压执行元件及其驱动机构启动、停止或变换运动方向。方向阀可分为单向阀和换向阀两类。

素养提升案例

坚持正确方向：方向阀的作用

解析： 方向阀的作用是控制液压执行元件方向。

启示： 我们要坚定正确的方向，把准前进方向，把中华民族伟大复兴作为自己的使命，把为人民服务作为自己的宗旨。

单向阀常见故障有"单向阀失灵""液控单向阀反向时打不开""泄漏""噪声"等。换向阀常见的故障有"阀芯不动或不到位""换向冲击与噪声"等。

学习要求

1. 弄清单向阀与换向阀的结构和工作原理。

2．学会单向阀与换向阀的拆卸和装配方法。

3．弄懂方向阀常见故障及排除方法。

4．坚定正确的政治方向，把准前进方向。

1．单向阀的结构和工作原理

单向阀可分为普通单向阀和液控单向阀两种。

（1）普通单向阀的结构和工作原理。普通单向阀又称为止回阀、逆止阀，其作用是使油液只能沿一个方向流动，不许它反向倒流，相当于电器元件中的二极管。

普通单向阀的结构、工作原理和图形符号如图 2-42 所示。这种阀由阀体 1、阀芯 2、弹簧 3 等零件组成。当压力油从阀体左端的通口 P_1 流入时，油液在阀芯的左端上产生的压力克服弹簧 3 作用在阀芯 2 上的力，使阀芯 2 向右移动，打开阀口，并通过阀芯 2 上的径向孔 a、轴向孔 b，从阀体右端的通口 P_2 流出。当压力油从阀体右端的通口 P_2 流入时，液压力和弹簧力一起使阀芯锥面压紧在阀座上，使阀口关闭，油液无法通过。

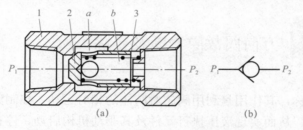

图 2-42　普通单向阀结构、工作原理和图形符号

普通单向阀工作原理

（a）结构、工作原理；（b）图形符号

1—阀体；2—阀芯；3—弹簧

为了保证单向阀工作灵敏可靠，单向阀中的弹簧刚度一般都较小。单向阀开启压力一般为 0.035 ～ 0.05 MPa，所以，单向阀中的弹簧 3 很软。如果将单向阀中的软弹簧更换成较大刚度的硬弹簧，可将其置于液压系统的回油路中作为背压阀使用，能产生 0.2 ～ 0.6 MPa 的背压力。

单向阀常被安装在液压泵的出口，一方面防止系统的压力冲击影响泵的正常工作；另一方面在液压泵不工作时防止系统的油液倒流经泵回油箱。单向阀还被用来分隔油路以防止干扰，并与其他阀并联组成复合阀，如单向顺序阀、单向节流阀等。

（2）液控单向阀的结构和工作原理。液控单向阀是在普通单向阀上增加了液控部分而成的，它是液压控制的单向阀。液控单向阀的结构、工作原理和图形符号如图 2-43 所示，这种阀由控制活塞 1、顶杆 2、阀芯 3 和弹簧等组成。当控制口 K 处无控制压力油通入时，它的工作原理和普通单向阀一样，压力油只能从通口 P_1 流向通口 P_2，不能反向倒流。当控制口 K 有控制压力油通入时，因控制活塞 1 右侧 a 腔通泄油口（图中未画出），活塞 1 向右移动，推动顶杆 2 克服弹簧的张力，顶开阀芯 3，使通

口 P_1 和 P_2 接通，油液就可以在两个方向自由流通。

液控单向阀具有良好的单向密封性，常用于执行元件需要长时间保压、锁紧的回路。

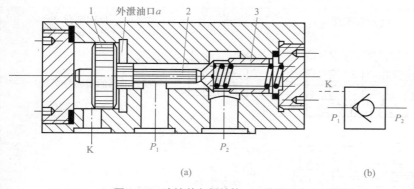

图 2-43　液控单向阀结构、工作原理和图形符号

（a）结构、工作原理；（b）图形符号

1—控制活塞；2—顶杆；3—阀芯

2. 换向阀的结构和工作原理

换向阀的作用是利用阀芯相对于阀体的相对运动，改变阀体上各阀口的连通或断开状态，使油路接通、关断，或变换油流的方向，从而使液压执行元件启动、停止或变换运动方向。

（1）换向阀的分类。根据换向阀阀芯的运动形式、结构特点和控制方式等的不同，换向阀的分类见表 2-4。

表 2-4　换向阀的分类

分类方式	分类
按阀的操纵方式分	手动、机动、电磁动、液动、电液动换向阀
按阀芯位置数和通道数分	二位三通、二位四通、三位四通、三位五通换向阀
按阀芯的运动方式分	滑阀、转阀和锥阀
按阀的安装方式分	管式、板式、法兰式、叠加式、插装式

换向阀的控制方式如图 2-44 所示。

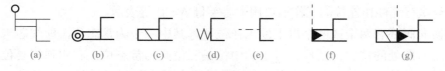

图 2-44　换向阀的控制方式图

（a）手动；（b）机动；（c）电磁动；（d）弹簧复位；（e）液动；

（f）液压先导控制；（g）电磁–液压先导控制

几种不同"通"与"位"的滑阀式换向阀主体部分的结构形式和图形符号见表 2-5。

表 2-5　换向阀主体部分的结构形式和图形符号

名称	结构原理图	图形符号	使用场合	
二位二通			控制油路的接通与切断	
二位三通			控制油液流动方向	
二位四通			控制执行元件换向，且执行元件正反向运动时回油方式相同	不能使执行元件在任意位置处于停止运动
三位四通				能使执行元件在任意位置处于停止运动

表 2-5 中图形符号的含义如下：

①用方框表示阀的工作位置，有几个方框就表示几"位"。

②一个方框上与外部相连接的主油口数有几个，就表示几"通"。

③方框内的符号"⊥"或"⊤"表示此通路被阀芯封闭，即不通。

④用方框内的"↑"或"↓"表示该位置上油路处于接通状态，但箭头方向不一定表示液流的实际流向。

⑤通常换向阀与系统供油路连接的油口用 P 表示，与回油路连接的回油口用 T 表示，而与执行元件相连接的工作油口用大写字母 A、B 等表示。

⑥换向阀都有两个或两个以上的工作位置，其中一个为常态位，即阀芯未受到操纵力作用时所处的位置。图形符号中的中位是三位阀的常态位，利用弹簧复位的二位阀则以靠近弹簧的方框内的通路状态为其常态位。绘制液压系统图时，油路一般应连接在换向阀的常态位上。

（2）手动换向阀的结构和工作原理。手动换向阀是通过手动杠杆改变阀芯位置实现换位的换向阀，它主要有弹簧复位和钢珠定位两种形式。

三位四通手动换向阀结构、工作原理和图形符号如图 2-45 所示。图 2-45（a）所示为弹簧钢珠定位式三位四通手动换向阀，用手操纵手柄推动阀芯相对阀体移动后，可以通过钢珠使阀芯稳定在三个不同的工作位置上。这种换向阀适用机床、液压机、船舶等需要保持工作状态时间较长的液压系统。

图 2-45（b）所示为弹簧自动复位式三位四通手动换向阀，通过手柄推动阀芯后，要想维持在极端位置，必须用手扳住手柄不放，一旦松开了手柄，阀芯会在弹簧力的作用下，自动弹回中位。此阀常用于动作频繁、工作持续时间较短的工程机械液压系统中。

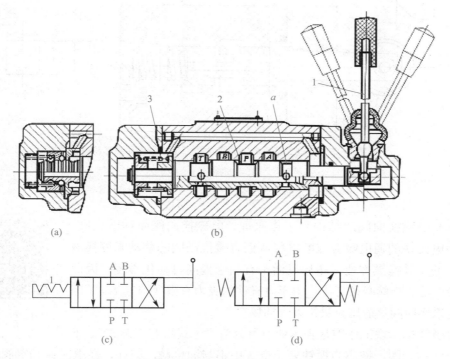

图 2-45　三位四通手动换向阀结构、工作原理和图形符号

（a）弹簧钢珠定位式结构；（b）弹簧自动复位式结构；

（c）弹簧钢珠定位式图形符号；（d）弹簧自动复位式图形符号

1—手柄；2—阀芯；3—阀体

在图示位置，手柄处于中位，阀芯也处于中位，P、T、A、B 口互不相通；手柄处于左位时，阀芯向右移动，P 与 A 相通，B 与 T 相通；手柄处于右位时，阀芯向左移动，P 与 B 相通，A 与 T 相通。

（3）机动换向阀的结构和工作原理。机动换向阀又称为行程阀，主要用来控制机械运动的行程，这种阀利用安装在运动部件上的挡块或凸块，推压阀芯端部滚轮使阀芯移动，从而使油路换向。

二位二通机动换向阀的结构、工作原理和图形符号图如图 2-46 所示。这种阀由滚轮 2、阀芯 3、弹簧 4 等组成。在图示位置，阀芯 3 在弹簧 4 作用下处于左位，P 与 A 不连通；当运动部件上挡块 1 压住滚轮使阀芯移至右位时，油口 P 与 A 连通。当行程挡块脱开滚轮时，阀芯在其底部弹簧的作用下又恢复初始位置。通过改变挡块斜面的角度 α，可改变阀芯移动速度，调节油液换向过程的快慢。

机动换向阀的优点是结构简单，换向时阀口逐渐关闭或打开，故换向平稳、可靠、位置精度高。常用于控制运动部件的行程、或快、慢速度的转换；缺点是它必须安装在运动部件附近，一般油管较长。

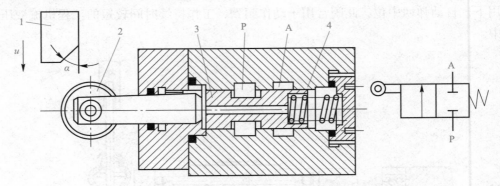

图 2-46   二位二通机动换向阀结构、工作原理和图形符号

（a）结构、工作原理；（b）图形符号

1—挡块；2—滚轮；3—阀芯；4—弹簧

（4）电磁换向阀的结构和工作原理。电磁换向阀简称电磁阀，是利用电磁铁的通电吸合或断电释放而直接推动阀芯移动来变换液流方向的。其操纵方便、布局灵活，有利于提高自动化程度，因此应用最广泛。当然必须指出，由于电磁铁的吸力有限（<120 N），因此，电磁换向阀只适用流量不太大的场合。

三位四通电磁换向阀

电磁铁按衔铁工作腔是否有油液可分为"干式"和"湿式"。干式电磁铁的线圈、铁芯与扼铁处于空气中不与油接触，因此，在电磁铁和滑阀之间设有密封装置。由于回油有可能渗入对中弹簧腔，所以阀的回油压力不能太高。此类电磁铁附有手动推杆，一旦电磁铁发生故障时可使阀芯手动换位。这种电磁铁是简单液压系统常用的一种形式。而湿式电磁铁的衔铁和推杆均浸在油液中，运动阻力小，且油液能起到冷却和吸振作用，从而提高了换向的可靠性和使用寿命。

电磁铁按使用电源的不同，可分为交流和直流两种。电磁换向阀用交流电磁铁的使用电压一般为交流 220 V，电气线路配置简单。交流电磁铁启动力较大，换向时间短（0.01 ～ 0.03 s），但换向冲击大，工作时温升高；当阀芯卡住时，电磁铁因电流过大易烧坏，可靠性较差，所以切换频率不许超过 30 次 /min；寿命较短。直流电磁铁一般使用 24 V 直流电压，因此需要专用直流电源。其优点是不会因铁芯卡住而烧坏，体积小，工作可靠，允许切换频率为 120 次 /min，换向冲击小，使用寿命较长，但启动力比交流电磁铁小，成本较高。另外，还有一种本整形电磁铁，电磁铁本身带有整流器，通入交流电经整流后再供给直流电磁铁，具有直流电磁铁的结构和特性，使用非常方便。

图 2-47 所示为二位三通干式交流电磁换向阀的结构、工作原理和图形符号。这种阀由换向滑阀和电磁铁组成。换向滑阀由滑阀阀体、阀芯、弹簧、推杆等组成；电磁铁是一干式交流电磁铁。当电磁铁不通电时（图示位置），P 与 A 相通；当电磁铁通电时，衔铁向右移动，通过推杆 1 使阀芯 2 推压弹簧 3 一起向右移动至端部，使 P 与 B 相通，而 P 与 A 断开。

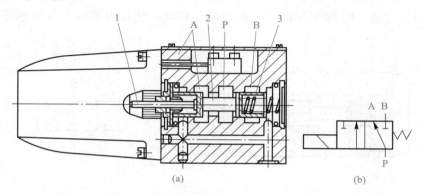

图 2-47　二位三通干式交流电磁换向阀结构、工作原理和图形符号图

（a）结构、工作原理图；（b）图形符号图

1—推杆；2—阀芯；3—弹簧

图 2-48 所示为三位四通湿式直流电磁换向阀的结构、工作原理和图形符号。这种阀的两端各有一湿式直流电磁铁和一对中弹簧，当两边电磁铁都不通电时，阀芯 3 在两边对中弹簧 4 的作用下处于中位，P、T、A、B 口互不相通；当右边电磁铁通电时，衔铁向左移动，右边的推杆将阀芯 3 推向左端，P 与 A 相通，B 与 T 相通；当左边电磁铁通电时，衔铁向右移动，P 与 B 相通，A 与 T 相通。

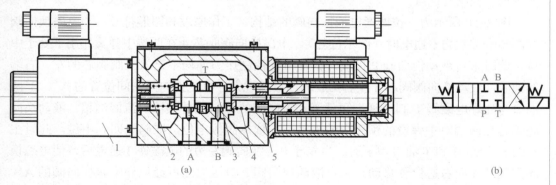

图 2-48　三位四通湿式直流电磁换向阀的结构、工作原理和图形符号

（a）结构、工作原理；（b）图形符号

1—电磁铁；2—推杆；3—阀芯；4—弹簧；5—挡圈

（5）液动换向阀的结构和工作原理。液动换向阀是利用控制油路的压力油推动阀芯来改变位置的，它广泛用于阀的通径大于 10 mm 的大流量控制回路。

液动换向阀
工作原理

图 2-49 所示为三位四通液动换向阀的结构、工作原理和图形符号。这种阀的阀芯是由其两端密封腔中油液的压力差来移动的，当 K_1、K_2 都通回油箱时（图示位置），阀芯在两端弹簧和定位套作用下回到中间位置，P、A、B、T 均不相通；当控制油路的压力油从阀左边的控制油口 K_1 进入滑阀左腔，滑阀右腔 K_2 接通回油时，阀芯向右移动，使得 P 与 A 相通，B 与 T 相通；当 K_2 接通压力油，K_1 接通回油时，阀芯向左移动，使压力油口 P 与 B 相通，A 与 T 相通。

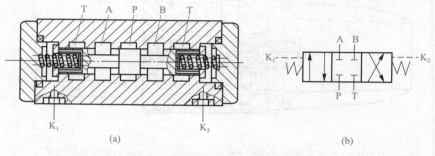

图 2-49　三位四通液动换向阀结构、工作原理和图形符号

（a）结构、工作原理；（b）图形符号

（6）电液换向阀的结构和工作原理。电液换向阀是由电磁换向阀与液动换向阀组成的复合阀。电磁换向阀作先导阀用，它用来改变控制油路的方向；液动换向阀作为主阀，它用来改变主油路的方向。这种阀的优点是用反应灵敏的小规格电磁阀方便地控制大流量的液动阀换向，既解决了大流量的换向问题，又保留了电磁阀可用电气来操纵实现远程控制的优点。

电液换向阀

图 2-50 所示为三位四通电液换向阀的结构、工作原理和图形符号。当电磁换向阀的两端电磁铁均不通电时（图示位置），电磁换向阀阀芯 4 在两端中弹簧作用下处于中位，此时来自液动换向阀 P 口或外接油口的控制压力油均不进入主阀阀芯的左、右端的油腔，液动换向阀阀芯 8 左右两腔的油液通过先导电磁换向阀中间位置的 A′、B′ 两油口与先导电磁阀 T′ 口相通，再从液动换向阀的 T 口或外接油口流回油箱。液动换向阀阀芯在两端对中弹簧的预压力的推动下，依靠阀体定位，准确地回到中位，此时主阀的 P、A、B 和 T 油口均不通；当先导电磁换向阀左边的电磁铁 3 通电后，使电磁换向阀阀芯 4 向右边位置移动，来自液动换向阀 P 口压力油可经先导电磁换向阀的 A′ 口和左单向阀进入液动换向阀左端油腔，与此同时液动换向阀阀芯右端油腔中的控制油液可通过右边的节流阀经先导电磁换向阀的 B′ 口和 T′ 口，再从液动换向阀的 T 口或外接油口流回油箱，液动换向阀的阀芯 8 向右移动，液动换向阀 P 与 A、B 和 T 的

油路相通；反之，先导电磁换向阀右边的电磁铁 5 通电，可使 P 与 B、A 与 T 的油路相通。

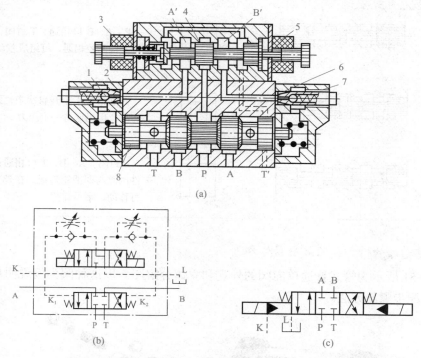

图 2-50　三位四通电液换向阀结构、工作原理和图形符号图

（a）结构、工作原理；（b）图形符号；（c）简化图形符号

1、7—单向阀；2、6—节流阀；3、5—电磁铁；4—电磁换向阀阀芯；8—液动换向阀的阀芯

（7）三位四通换向阀的中位机能。三位四通换向阀的中位机能是指阀处于中位时各油口的连通方式。常见三位四通换向阀的中位机能见表 2-6。

表 2-6　常见三位四通换向阀的中位机能

形式	结构简图	图形符号	中位油口状况、特点及应用
O 形	T (T₁) A P B T (T₂)	A B / P T	P、A、B、T 四口全封闭，执行元件闭锁，可用于多个换向阀并联工作
H 型	T (T₁) A P B T (T₂)	A B / P T	P、A、B、T 口全通；执行元件两腔与回油箱连通，在外力作用下可移动，泵卸荷
M 型	T (T₁) A P B T (T₂)	A B / P T	P、T 口相通，A 与 B 口均封闭；执行元件两油口都封闭，泵卸荷，也可用多个 M 型换向阀并联工作

形式	结构简图	图形符号	中位油口状况、特点及应用
P 型	T (T₁) A P B T (T₂)	A B P T	P、A、B 口相通，T 封闭；泵与执行元件两腔相通，可组成差动回路
X 型	T (T₁) A P B T (T₂)	A B P T	四油口处于半开启状态，泵基本上卸荷，但仍保持一定压力
Y 型	T (T₁) A P B T (T₂)	A B P T	P 封闭，A、B、T 口相通；执行元件两腔与回油箱连通，在外力作用下可移动，泵不卸荷

3. 单向阀的拆卸和装配步骤与方法

图 2-51 所示为管式普通单向阀的外观和立体分解图。以这种阀为例说明单向阀的拆卸和装配步骤与方法。

图 2-51　管式普通单向阀的外观和立体分解图

(a) 外观图；(b) 立体分解图

1—阀体；2—阀芯；3—弹簧；4—垫；5—卡环

(1) 准备好内六角扳手一套、耐油橡胶板一块、油盘一个等其他器具。

(2) 用卡环钳卸下卡环 5。

(3) 依次取下垫 4、弹簧 3、阀芯 2。

(4) 观察单向阀主要零件的结构和作用。

①观察阀体结构和作用。

②观察阀芯的结构和作用。

(5) 按拆卸的相反顺序装配，即后拆的零件先装配，先拆的零件后装配。装配时应注意以下几项：

①装配前应认真清洗各零件，并将配合零件表面涂润滑油。

②检查各零件的油孔、油路是否畅通、是否有尘屑，若有重新清洗。

(6) 将阀外表面擦拭干净，整理工作台。

4．换向阀的拆卸和装配步骤与方法

图2-52所示为三位四通电磁换向阀的立体分解图。以这种阀为例说明换向阀的拆卸和装配步骤与方法。

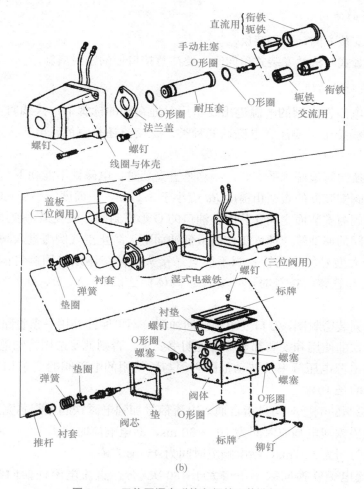

图 2-52　三位四通电磁换向阀的立体分解图

（1）准备好内六角扳手一套、耐油橡胶板一块、油盘一个等其他器具。

（2）将换向阀两端的电磁铁拆下。

（3）轻轻取出弹簧、挡块及阀芯等。如果阀芯发卡，可用铜棒轻轻敲击出来，禁止猛力敲打，损坏阀芯台肩。

（4）观察换向阀主要零件的结构和作用。

①观察阀芯与阀体内腔的构造，并记录各自台肩与沉割槽数量。

②观察阀芯的结构和作用。

③观察电磁铁结构。

④如果是三位换向阀，判断中位机能的形式。

（5）按拆卸的相反顺序装配换向阀，即后拆的零件先装配，先拆的零件后装配。

装配时，如有零件弄脏，应该用煤油清洗干净后方可装配。装配阀芯时，可在其台肩上涂抹液压油，以防止阀芯卡住。装配时严禁遗漏零件。

（6）将换向阀外表面擦拭干净，整理工作台。

5．单向阀的使用

（1）注意安装方向，不要装反。

（2）对于管式与法兰安装式单向阀，要注意接口处的密封措施。

6．电磁换向阀的使用

（1）国产电磁换向阀的电源进出线出厂时埋在阀的标牌下，接线时可拆开标牌后将电磁铁的引线接牢。要注意电磁铁的种类，是交流还是直流，电压大小等，均要与电源相符。

（2）电磁换向阀最好水平安装，必须垂直安装时，电磁铁不能朝下。

（3）板式阀安装面的表面粗糙度 Ra 应小于 3.2 μm，平面度应小于 0.01 mm。

（4）板式阀与安装面之间安装的各油口的 O 形密封圈，硬度最好使用 HS90 的。

（5）换向阀的回油管应插入工作时最低油面下，防止空气倒灌进入阀体。

（6）对于大型号较重的管式阀不能只靠接头支撑，还须另用螺钉固定在支架上，再拧接管接头和管路。接管时，还要注意阀体标注的 P、A、B、O（T）、L 等字样，不能接错。

（7）不要漏装密封圈，L 口要单独接回油箱，不可回油共用一条管路。

（8）电磁铁的使用和安装都要符合说明书要求，否则就要选用特殊电磁铁。

（9）使用电源电压频率及波动范围必须与所使用的电磁阀的要求相符，电压波动一般为额定值的 ±10%。

（10）电磁阀的响应时间是指自通入电流信号加到电磁铁起至阀芯完成其行程所需时间。交流电磁铁通电响应时间为 10 ～ 30 ms，断电响应时间为 30 ～ 40 ms；直流电磁铁通电响应时间为 120 ms，断电响应时间为 45 ms 左右。

（11）交流电磁铁换向频率不得大于 180 次 / 分，直流电磁铁换向频率不得大于 120 次 / 分。

（12）有时偶尔不能换向时，可推动电磁铁端部的手动推杆，近使其换向，如果这种办法不能使阀恢复正常，则要检查其他原因。

7．单向阀常见故障诊断及排除

（1）"单向阀失灵"故障诊断及排除。

故障原因：

①阀体或阀芯变形、阀芯有毛刺、油液污染引起的单向阀卡死。

②弹簧折断、漏装或弹簧刚度太大。

③锥阀与阀座同轴度超差或密封表面有生锈麻点，从而形成接触不良和严重磨损等。

④锥阀（或钢球）与阀座完全失去作用。

排除方法：

①清洗、检修或更换阀体或阀芯，更换液压油。

②更换或补装弹簧。

③清洗、研磨阀芯和阀座。

④研磨阀芯和阀座。

（2）"液控单向阀反向时打不开"故障诊断及排除。

故障原因：

①控制压力过低。

②泄油口堵塞或有背压。

③控制活塞因毛刺或污物卡住。

④液压单向阀选的不合适。

排除方法：

①按规定压力调整。

②检查外泄管路和控制油路。

③清洗去毛刺。

④选择合适的液压单向阀。

（3）"泄漏"故障诊断及排除。

故障原因：

①油中有杂质，阀芯不能关死。

②螺纹连接的结合部分没有拧紧或密封不严而引起外泄漏。

③阀座锥面密封不严。

④锥阀的锥面（或钢球）不圆或磨损。

⑤加工、装配不良，阀芯或阀座拉毛甚至损坏。

排除方法：

①清洗阀，更换液压油。

②拧紧，加强密封。

③检查、研磨锥面。

④检查、研磨或更换阀芯。

⑤检修或更换。

（4）"噪声"故障诊断及排除。

故障原因：

①单向阀与其他元件产生共振。

②单向阀的流量超过额定流量。

排除方法：

①适当调节阀的工作压力或改变弹簧刚度。

②更换大规格的单向阀或减少通过阀的流量。

8．换向阀常见故障诊断及排除

（1）"阀芯不动或不到位"故障诊断及排除。

故障原因：

①电磁铁故障：电压太低造成吸力不足，推不动阀芯；电磁铁接线焊接不良，接触不好；漏磁引起吸力不足；因滑阀卡住交流电磁铁的铁芯吸不底面烧毁；湿式电磁铁使用前未先松开放气螺钉放气。

②滑阀卡住。

③液动换向阀控制油路故障。

④电磁换向阀的推杆磨损后长度不够，使阀芯移动过小，引起换向不灵或不到位。

⑤弹簧折断、漏装、太软，不能使滑恢复中位。

排除方法：

①检修电磁铁。

②检修滑阀。

③检修液动换向阀控制油路。

④检修，必要时更换推杆。

⑤检查、更换或补装弹簧。

（2）"换向冲击与噪声"故障诊断及排除。

故障原因：

①控制流量过大，滑阀移动速度太快，产生冲击声。

②固定电磁铁的螺钉松动而产生振动。

③电磁铁的铁芯接触面不平或接触不良。

④滑阀时卡时动或局部摩擦力过大。

⑤单向节流阀阀芯与阀孔配合间隙过大，单向阀弹簧漏装，阻尼失效，产生冲击声。

排除方法：

①调小单向节流阀节流口，减慢滑阀移动速度。

②紧固螺钉，并加防松垫圈。

③清除异物，并修整电磁铁的铁芯。

④研磨修整或更换滑阀。

⑤检查、修整到合理间隙，补装弹簧。

观察或实践

1．现场观察或通过视频观察方向阀的拆卸和装配步骤及方法；有条件时，可现场实践。

2．现场观察或通过视频观察方向阀常见故障诊断与排除方法；有条件时，可现场实践。

 **练习题**

1. 简述普通单向阀的结构和工作原理。
2. 简述液控单向阀的结构和工作原理。
3. 简述二位三通干式交流电磁换向阀的结构和工作原理。
4. 简述三位四通电液换向阀的结构和工作原理。
5. 简述管式普通单向阀的拆装步骤和方法。
6. 简述三位四通电磁换向阀的拆装步骤和方法。
7. 简述单向阀常见故障诊断及排除方法。
8. 简述换向阀常见故障诊断及排除方法。

 学习评价

评价形式	比例	评价内容	评价标准	得分
自我评价	30%	（1）出勤情况； （2）学习态度； （3）任务完成情况	（1）好（30分）； （2）较好（24分）； （3）一般（18分）	
小组评价	10%	（1）团队合作情况； （2）责任学习态度； （3）交流沟通能力	（1）好（10分）； （2）较好（8分）； （3）一般（6分）	
教师评价	60%	（1）学习态度； （2）交流沟通能力； （3）任务完成情况	（1）好（60分）； （2）较好（48分）； （3）一般（36分）	
汇总				

任务 2.8　流量阀故障诊断及排除

流量阀是流量控制阀的简称，是通过改变阀口通流面积来调节阀口流量，从而控制执行元件运动速度的液压控制阀。常用的流量阀有节流阀和调速阀两种。节流阀常见故障有"流量调节作用失灵""流量虽然可调，但调好的流量不稳定，从而使执行元件的速度不稳定""外泄漏，内泄漏大"等；调速阀常见故障有"流量调节作用失灵""调速阀输出的流量不稳定，从而使执行元件的速度不稳定""最小稳定流量不稳定，执行元件低速运动速度不稳定，出现爬行抖动现象"等。

学习要求

1. 弄清节流阀与调速阀的结构和工作原理。
2. 学会节流阀与调速阀的拆卸和装配方法。
3. 弄懂流量阀的故障诊断与排除方法。
4. 养成严守职业规范的习惯。

知识准备

1. 节流阀的结构和工作原理

普通节流阀的结构、工作原理和图形符号如图 2-53 所示。这种阀的节流油口为轴向三角槽式，主要由阀芯 4、推杆、手轮、阀体 3 和弹簧 5 等组成。

压力油从油口 P_1 流入，经阀芯 4 左端的轴向三角槽后由 P_2 流出。阀芯 4 在弹簧力的作用下始终紧贴在推杆的端部。旋转手轮可使推杆沿轴向移动，改变节流口的通流截面面积，从而调节通过阀的流量。

节流阀结构简单、制造容易、体积小、使用方便、造价低。但负荷和温度的变化对流量稳定性的影响较大，因此，只适用负荷和温度变化不大与速度稳定性要求不高的液压系统。

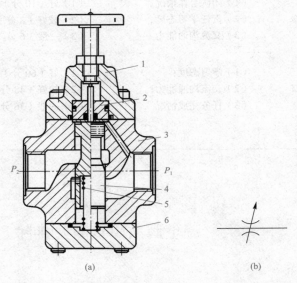

图 2-53　轴向三角槽式节流阀结构、工作原理和图形符号

（a）结构、工作原理；（b）图形符号

1—顶盖；2—导套；3—阀体；4—阀芯；5—弹簧；6—底盖

2. 调速阀的结构和工作原理

调速阀的工作原理和图形符号如图 2-54 所示。这种调速阀由定差式减压阀和节

流阀串联而成。节流阀用来调节通过的流量，定差减压阀则自动补偿负载变化的影响，使节流阀前后的压力差为定值，消除了负载变化对流量的影响。

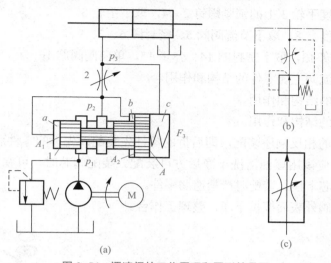

图 2-54　调速阀的工作原理和图形符号图

（a）结构、工作原理；（b）图形符号；（c）简化图形符号

1—减压阀芯；2—节流阀

若减压阀进口压力为 p_1，出口压力为 p_2，节流阀出口压力为 p_3，则减压阀 a 腔、b 腔油压力为 p_2，c 腔油压力为 p_3。若减压阀 a、b、c 腔有效工作截面积分别为 A_1、A_2、A，则 $A = A_1 + A_2$。节流阀出口的压力为 p_3 由液压缸的负载决定。

当减压阀阀芯在其弹簧力 F_s、油液压力 p_2 和 p_3 的作用下处于某一平衡位置时，则

$$p_2 A_1 + p_2 A_2 = p_3 A + F_S$$

则

$$p_2 - p_3 = \frac{F_s}{A}$$

由于弹簧刚度较低，且在工作过程中减压阀阀芯位移很小，认为 F_s 基本不变，故 $\Delta p = p_2 - p_3 = \frac{F_s}{A}$ 也基本不变。故节流阀面积 A_T 不变，流量（$q = K A_T \Delta p^m$）也为定值，也就是说，无论负载如何变化，也恒定不变，液压元件的运动速度也不变。

如果负载增大，p_3 增大，减压阀右腔推力也增大，阀芯左移，阀口开大，阀口的液阻减小，p_2 也增大，而 $\Delta p = p_2 - p_3 = \frac{F_s}{A}$ 不变。如果负载减小，p_3 减小，减压阀右腔推力也减小，阀芯右移，阀口开度减小，阀口的液阻增大，p_2 也减小，而 $\Delta p = p_2 - p_3 = \frac{F_s}{A}$ 也不变。因此，调速阀适用于负荷变化较大、速度平稳性要求较高的组合机床、铣床等的液压系统。

3. 节流阀的拆卸和装配步骤与方法

图 2-55 所示为普通节流阀的外观和立体分解图。以这种阀为例说明普通节流阀的

拆卸和装配步骤与方法。

（1）准备好内六角扳手一套、耐油橡胶板一块、油盘一个等其他器具。

（2）松开刻度手轮3上的锁紧螺钉2、4，取下手轮3。

（3）卸下刻度盘8，取下节流阀阀5、密封圈6、7、9。

（4）卸下螺塞13，取下密封圈14、弹簧15、单向阀阀芯16。

（5）观察节流阀主要零件的结构和作用。

①观察阀芯的结构和作用。

②观察阀体的结构和作用。

（6）按拆卸的相反顺序装配，即后拆的零件先装配，先拆的零件后装配。装配时，如有零件弄脏，应该用煤油清洗干净后方可装配。装配阀芯时，可在其台肩上涂抹液压油，以防止阀芯卡住。装配时严禁遗漏零件。

（7）将节流阀外表面擦拭干净，整理工作台。

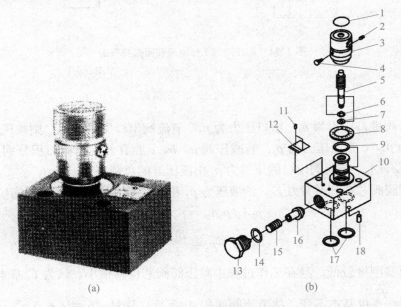

图 2-55　普通节流阀外观和立体分解图

(a) 外观；(b) 立体分解图

1—贴片；2、4—锁紧螺钉；3—刻度手柄；5—节流阀阀芯；6、7、9、14、17—O 形密封圈；

8—刻度盘；10—阀体；11—铆钉；12—铭牌；13—螺堵；15—弹簧；16—单向阀阀芯；18—定位销

4．调速阀的拆卸和装配步骤与方法

图 2-56 所示为调速阀的外观和立体分解图。以这种阀为例说明调速阀的拆卸和装配步骤与方法。

（1）准备好内六角扳手一套、耐油橡胶板一块、油盘一个等其他器具。

（2）卸下堵头 1、12，依次从右端取下 O 形密封圈 2、密封挡圈 3、阀套 4；依次从左端密封挡圈 11、O 形密封圈 14、定位块 15、弹簧 16、压力补偿阀阀芯 17。

（3）卸下螺钉 24，取下手柄 23。

（4）卸下螺钉 25，取下铭牌 26。

（5）卸下节流阀阀芯 27。

（6）卸下 O 形密封圈 6、7，垫 8、9、O 形密封圈 10。

（7）卸下螺钉 39，取下 38、37、36、35、34、33、32 等单向阀组件。

（8）观察调速阀主要零件的结构和作用。

①观察节流阀阀芯的结构和作用。

②观察减压阀阀芯的结构和作用。

③观察单向阀阀芯的结构和作用。

④观察阀体的结构和作用。

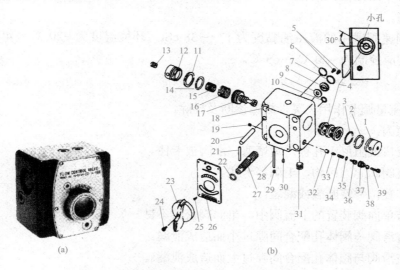

图 2-56　调速阀的外观和立体分解图

（a）外观图；（b）立体分解图

1、12、19、20、29、30—堵头；2、6、7、10、14、22—O 形密封圈；3、11—密封挡圈；4—阀套；

5、13、24、25—螺钉；8—垫；9—垫圈；15—定位块；16—弹簧；17—压力补偿阀阀芯；18—阀体；

21—销；23—手柄；26—铭牌；27—节流阀阀芯；28—安装定位套；31—螺塞；32～39—单向阀组件

（9）按拆卸的相反顺序装配，即后拆的零件先装配，先拆的零件后装配。装配时，如有零件弄脏，应该用煤油清洗干净后方可装配。装配阀芯时，可在其台肩上涂抹液压油，以防止阀芯卡住。装配时严禁遗漏零件。

（10）将调速阀外表面擦拭干净，整理工作台。

5．调速阀的使用

（1）调整流量大小时，先松开手柄上锁紧螺钉，顺时针旋转手柄，流量增大；反之则减小。调节完毕后，须固紧锁紧螺钉。

（2）调速阀只能在调节范围内使用。

（3）阀安装面的表面粗糙度 Ra 应小于 1.6 μm，平面度应小于 13 μm。

（4）油液过滤精度不得低于 25 μm，最好在阀前设置过滤精度为 10 μm 管路滤油器。

（5）对于定压差减压阀作压力补偿的调速阀，为了确保调节流量满意，阀进口压力应低于某一数值（比如美国 Vickers 的 FCG 型调速阀为 0.1 MPa）。节流口进出口两端一般应保持一定数值压差（比如 0.9 MPa，随阀的种类而定），否则不能保持恒定的流量，而会受到工作负载的影响，并且要求调速阀的出口压力低于 0.6 MPa。

（6）对于定差溢流阀（旁通阀）作压力补偿的调速阀因为总有一些油经常通过旁通阀流入油箱，因此要求泵的流量要大于阀的流量一定值（如阀的流量为 106 L/min，泵的流量至少应为 125 L/min）。

（7）对于定差溢流阀做压力补偿的调速阀回路口的压力有规定，且只能用在进口节流的回路。

（8）调速阀适用的液压油黏度为 17 ～ 38 cSt，环境温度为 -20 ℃～ 40 ℃，油液的工作温度应控制为 -20 ℃～ 65 ℃。

6. 节流阀常见故障诊断及排除

（1）"流量调节作用失灵"故障诊断及排除。

故障原因：

①节流口或阻尼小孔被严重堵塞，滑阀被卡住。

②节流阀阀芯因污物、毛刺等卡住。

③阀芯复位弹簧断裂或漏装。

④在带单向阀装置的节流阀中，单向阀密封不良。

⑤节流滑阀与阀体孔配合间隙过小而造成泄漏。

⑥节流滑阀与阀体孔配合间隙过大而造成泄漏。

排除方法：

①拆洗滑阀，更换液压油，使滑阀运动灵活。

②拆洗滑阀，更换液压油，使滑阀运动灵活。

③更换或补装弹簧。

④研磨阀座。

⑤研磨阀孔。

⑥检查磨损、密封情况，修换阀芯。

（2）"流量虽然可调，但调好的流量不稳定，从而使执行元件的速度不稳定"故障诊断及排除。

故障原因：

①油中杂质黏附在节流口边上，通油截面减小，流量减少。

②油温升高，油液的黏度降低。

③调节手柄锁紧螺钉松动。

④节流阀中，因系统负荷有变化而使流量变化。

⑤阻尼孔堵塞，系统中有空气。

⑥密封损坏。

⑦阀芯与阀体孔配合间隙过大而造成泄漏。

排除方法：

①拆洗有关零件，更换液压油。

②加强散热。

③锁紧调节手柄锁紧螺钉。

④检查溢流阀。

⑤排空气，畅通阻尼孔。

⑥更换密封圈。

⑦检查磨损、密封情况，更换阀芯。

（3）"外泄漏，内泄漏大"故障诊断及排除。

故障原因：

①外泄漏主要发生在调节手柄部位、工艺螺堵、阀安装面等处，主要原因是O形密封圈永久变形、破损及漏装等。

②内泄漏的原因主要是节流阀阀芯与阀体孔配合间隙过大或使用过程中的严重磨损及阀芯与阀孔拉有沟槽，还有油温过高等。

素养提升案例

严守职业规范：配合间隙大引起故障

解析：节流阀因"内泄漏的原因主要是节流阀阀芯与阀体孔配合间隙过大。"故障，引起"执行元件实现顺序动作"，说明节流阀阀芯与阀体孔配合间隙不符合要求。

启示：我们在做设计或装配节流阀时，一定要严守职业规范，将节流阀阀芯与阀体孔配合间隙控制在规定的范围。

排除方法：

①更换O形密封圈。

②保证阀芯与阀孔的公差，保证节流阀阀芯与阀体孔配合间隙，如果有严重磨损及阀芯与阀孔拉有沟槽，则可用电刷镀或重新加工阀芯进行研磨。

7. 调速阀常见故障诊断及排除

（1）"流量调节作用失灵"故障诊断及排除。

故障原因：

①节流口或阻尼小孔被严重堵塞，滑阀被卡住。

②节流阀阀芯因污物、毛刺等卡住。

③阀芯复位弹簧断裂或漏装。

④节流滑阀与阀体孔配合间隙过大而造成泄漏。

⑤调速阀进出口接反了。

⑥定差减压阀阀芯卡死在全闭或小开度位置。

⑦调速阀进口与出口压力差太小。

排除方法：

①拆洗滑阀，更换液压油，使滑阀运动灵活。

②清洗去毛刺。

③更换或补装弹簧。

④检查磨损、密封情况，修换阀芯。

⑤纠正进出口接法。

⑥拆洗和去毛刺，使减压阀阀芯能灵活移动。

⑦按说明书调节压力。

（2）"调速阀输出的流量不稳定，从而使执行元件的速度不稳定"故障诊断及排除。

故障原因：

①定压差减压阀阀芯被污物卡住，动作不灵敏，失去压力补偿作用。

②定压差减压阀阀芯与阀套配合间隙过小或大小不同心。

③定压差减压阀阀芯上的阻尼孔堵塞。

④节流滑阀与阀体孔配合间隙过大而造成泄漏。

⑤漏装了减压阀的弹簧，或弹簧折断、装错。

⑥在带单向阀装置的调速阀中，单向阀阀芯与阀座接触处有污物卡住或拉有沟槽不密合，存在泄漏。

排除方法：

①拆洗定压差减压阀阀芯。

②研磨定压差减压阀阀芯。

③畅通定压差减压阀阀芯上的阻尼孔。

④检查磨损、密封情况，修换阀芯。

⑤补装或更换减压阀的弹簧。

⑥研磨单向阀阀芯与阀座，使之密合，必要时予以更换。

（3）"最小稳定流量不稳定，执行元件低速运动速度不稳定，出现爬行抖动现象"故障诊断及排除。

故障原因：

①油温高且温度变化大。

②温度补偿杆弯曲或补偿作用失效。

③节流阀阀芯因污物，造成时堵时通。

④节流滑阀与阀体孔配合间隙过大而造成泄漏。

⑤在带单向阀装置的调速阀中，单向阀阀芯与阀座接触处有污物卡住或拉有沟槽

不密合，存在泄漏。

排除方法：

①加强散热，控制油温。

②更换温度补偿杆。

③拆洗滑阀，更换液压油，使滑阀运动灵活。

④检查磨损、密封情况，修换阀芯。

⑤研磨单向阀阀芯与阀座，使之密合，必要时予以更换。

观察或实践

1．现场观察或通过视频观察节流阀和调速阀的拆卸与装配；有条件时，可现场实践。

2．现场观察或通过视频观察节流阀和调速阀的常见故障诊断与排除；有条件时，可现场实践。

练习题

1．简述节流阀的结构和工作原理。

2．简述调速阀的结构和工作原理。

3．简述节流阀的拆装步骤和方法。

4．简述调速阀的拆装步骤和方法。

5．简述节流阀常见故障诊断及排除方法。

6．简述调速阀常见故障诊断及排除方法。

学习评价

评价形式	比例	评价内容	评价标准	得分
自我评价	30%	（1）出勤情况； （2）学习态度； （3）任务完成情况	（1）好（30分）； （2）较好（24分）； （3）一般（18分）	
小组评价	10%	（1）团队合作情况； （2）责任学习态度； （3）交流沟通能力	（1）好（10分）； （2）较好（8分）； （3）一般（6分）	
教师评价	60%	（1）学习态度； （2）交流沟通能力； （3）任务完成情况	（1）好（60分）； （2）较好（48分）； （3）一般（36分）	
汇总				

任务 2.9 液压辅助元件故障诊断及排除

　　液压辅助元件包括密封装置、滤油器、油箱、管件、蓄能器等。它们与其他液压元件一样，都是液压系统中不可或缺的组成部分，对系统的动态性能、工作稳定性、工作寿命、噪声和温升等都有直接影响，必须予以重视，如果出现故障，也必须及时排除。

学习要求

　　1. 弄清密封装置、滤油器、油箱、管件、蓄能器的类型和结构。
　　2. 学会密封装置、滤油器、油箱、管件、蓄能器的拆卸、装配和选用方法。
　　3. 弄懂液压辅助元件故障诊断及排除方法。

知识准备

　　1. 密封装置的类型和结构

　　密封装置的作用是防止液压元件和液压系统中液压油的内漏与外漏，保证液压系统能建立必要的工作压力，还可以防止外漏油液污染工作环境。密封装置应具有良好的密封性、耐磨、耐油、耐用、结构简单、拆卸和装配维护方便。

　　密封按其工作原理的不同，可分为非接触式密封和接触式密封。非接触式密封主要是指间隙密封，这种密封的优点是摩擦力小；缺点是磨损后不能自动补偿。非接触式密封主要用于直径较小的圆柱面之间，如滑阀的阀芯与阀孔之间、液压泵内的柱塞与缸体之间的配合。接触式密封是指密封件密封，这种密封需要在密封的配合表面之间设置专门的密封元件来实现密封，常用的密封装置有 O 形密封圈、Y 形密封圈、V 形密封圈和滑环式组合密封圈等。其结构和特点见表 2-7。

表 2-7　常用密封装置的类型、结构和特点

类型	结构简图	特点
O 形密封圈		O 形密封圈一般用耐油橡胶制成，其横截面呈圆形，它具有良好的密封性能，内外侧和端面都能起密封作用，结构紧凑，运动件的摩擦阻力小，制造容易，装拆方便，成本低，且高低压均可以用，工作压力可达 $0 \sim 30$ MPa，工作温度为 $-40\ ℃ \sim 120\ ℃$。所以，在液压系统中得到广泛的应用

类型	结构简图	特点
Y形密封圈	 h	Y形密封圈能随着工作压力的变化自动调整密封性能，压力越高则唇边被压得越紧，密封性越好；当压力降低时唇边压紧程度也随之降低，从而减少了摩擦阻力和功率消耗，它还能自动补偿唇边的磨损，保持密封性能不降低。工作压力可达 20 MPa，工作温度为 −30 ℃～100 ℃。在装配时应注意唇边应对着有压力油的油腔
V形密封圈	（a）　（b）　（c） （a）压环；（b）密封环；（c）支承环	V形密封通常由压环、密封环和支承环圈等多层涂胶织物压制而成，能保证良好的密封性，当压力更高时，可以增加中间密封环的数量，这种密封圈在安装时要预压紧，所以摩擦阻力较大。V形密封圈安装时应使其唇边开口面对压力油，使两唇张开，分别贴紧在机件的表面上。最高工作压力可达 50 MPa，工作温度为 −40 ℃～80 ℃
滑环式组合密封圈	1—O形密封环；2—滑环	滑环式组合密封圈为 O 形密封圈与截面为矩形的聚四氟乙烯塑料滑环组成的组合密封装置，由于密封间隙靠滑环控制，而不是 O 形圈，因此摩擦阻力小而且稳定，工作压力可达 80 MPa，往复运动密封时，速度可达 15 m/s；往复摆动与螺旋运动密封时，速度可达 5 m/s

2. 油箱的类型和结构

油箱的作用是储存足够的液压油，并且能散发液压系统工作中产生的部分热量和分离油液中混入的空气、沉淀污染物及杂质。按油面是否与大气相通，油箱可分为开式与闭式两种。开式油箱广泛用于一般的液压系统；闭式油箱则用于水下、高空或对工作稳定性要求高的场合。这里仅介绍开式油箱。

开式油箱结构如图 2-57 所示，它由回油管 1、泄油管 2、吸油管 3、空气滤油器 4、安装板 5、隔板 6、放油口 7、滤油器 8、清洗窗 9 和油位指示器 10 等组成。隔板 6 将吸油管 3 与回油管 1、泄油管 2 隔开。顶部、侧部及底部分别装有空气滤清器 4、油位指示器 10 等，安装液压泵及其驱动电动机的安装板 5 可固定在油箱的顶面上。

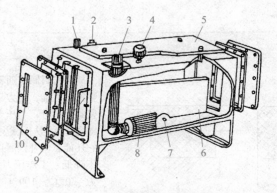

图 2-57　油箱结构、工作原理

1—回油管；2—泄油管；3—吸油管；4—空气滤油器；5—安装板；

6—隔板；7—放油口；8—滤油器；9—清洗窗；10—油位指示器

3．冷却器和加热器的结构

油箱中液压油的温度要求保持在 30 ℃～ 50 ℃的范围，最低不低于 15 ℃，最高不超过 65 ℃，如环境温度太低，无法使液压泵启动或正常运转时，就须安装加热器；反之，如果液压系统靠自然冷却仍不能使油温控制在上述范围内时，就须安装冷却器。

液压系统的加热一般采用电加热器，这种加热器的安装方式如图 2-58 所示。它用法兰盘水平安装在油箱侧壁上，发热部分全部浸在油液内，加热器应安装在油液流动处，以利于热量的交换。由于油液是热的不良导体，因此单个加热器的功率容量不能太大，以免其周围油液的温度过高而发生变质现象。

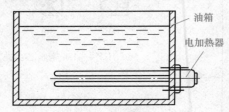

图 2-58　加热器的安装方式

冷却器一般应安放在回油管或低压管路上，如溢流阀的出口，系统的主回流路上或单独的冷却系统。要求散热面积足够大，散热效率高，压力损失小。根据冷却介质的不同，冷却器可分为水冷式、风冷式等。它们的类型、结构和特点见表 2-8。

表 2-8　冷却器的类型和特点

类型	结构简图	特点
水冷式冷却器	出水口 入水口 蛇形管水冷式冷却器	蛇形管水冷式冷却器直接安装在油箱内，冷却水从蛇形管内部通过，带走油液中热量。结构简单，但冷却效率低，耗水量大

类型	结构简图	特点
水冷式冷却器	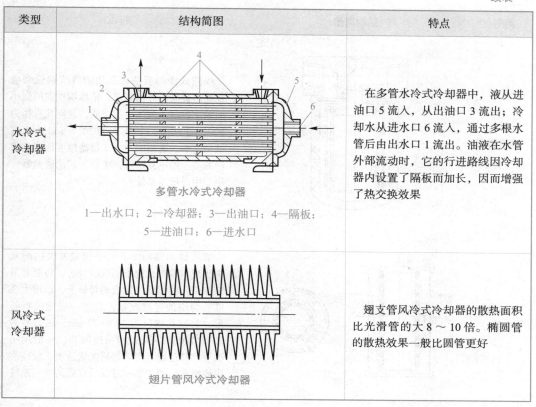 多管水冷式冷却器 1—出水口；2—冷却器；3—出油口；4—隔板； 5—进油口；6—进水口	在多管水冷式冷却器中，液从进油口 5 流入，从出油口 3 流出；冷却水从进水口 6 流入，通过多根水管后由出水口 1 流出。油液在水管外部流动时，它的行进路线因冷却器内设置了隔板而加长，因而增强了热交换效果
风冷式冷却器	翅片管风冷式冷却器	翅支管风冷式冷却器的散热面积比光滑管的大 8 ～ 10 倍。椭圆管的散热效果一般比圆管更好

4. 滤油器的类型和结构

滤油器的作用是过滤混在油液中的杂质，降低进入系统中油液的污染度，保证系统正常地工作。滤油器根据滤芯的不同可分为网式、线隙式、纸质式、烧结式和磁性滤油器等。它们的类型、结构和特点见表 2-9。

表 2-9　滤油器的类型、结构和特点

类型	结构简图	特点
网式滤油器		网式滤油器的滤芯以铜丝网为过滤材料，在周围开有很多孔的塑料或金属筒形骨架上，包着一层或两层铜丝网，其网孔直径为 74 ～ 200 μm，压力差为 25 ～ 50 Pa。这种滤油器结构简单，通流能力大，清洗方便，但过滤精度低，一般用于液压泵的吸油管上，以保护液压泵

类型	结构简图	特点
线隙式滤油器	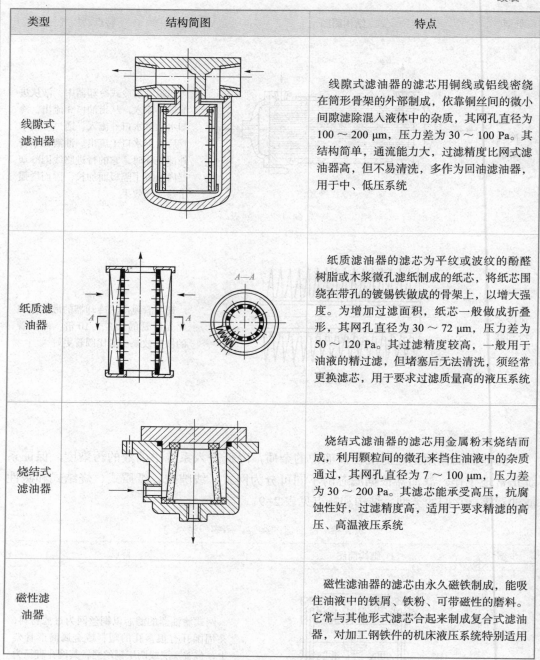	线隙式滤油器的滤芯用铜线或铝线密绕在筒形骨架的外部制成，依靠铜丝间的微小间隙滤除混入液体中的杂质，其网孔直径为 100～200 μm，压力差为 30～100 Pa。其结构简单，通流能力大，过滤精度比网式滤油器高，但不易清洗，多作为回油滤油器，用于中、低压系统
纸质滤油器		纸质滤油器的滤芯为平纹或波纹的酚醛树脂或木浆微孔滤纸制成的纸芯，将纸芯围绕在带孔的镀锡铁做成的骨架上，以增大强度。为增加过滤面积，纸芯一般做成折叠形，其网孔直径为 30～72 μm，压力差为 50～120 Pa。其过滤精度较高，一般用于油液的精过滤，但堵塞后无法清洗，须经常更换滤芯，用于要求过滤质量高的液压系统
烧结式滤油器		烧结式滤油器的滤芯用金属粉末烧结而成，利用颗粒间的微孔来挡住油液中的杂质通过，其网孔直径为 7～100 μm，压力差为 30～200 Pa。其滤芯能承受高压，抗腐蚀性好，过滤精度高，适用于要求精滤的高压、高温液压系统
磁性滤油器		磁性滤油器的滤芯由永久磁铁制成，能吸住油液中的铁屑、铁粉、可带磁性的磨料。它常与其他形式滤芯合起来制成复合式滤油器，对加工钢铁件的机床液压系统特别适用

5. 油管及管接头的类型和结构

（1）油管的类型和特点。油管的作用是将各液压元器件连接起来。液压系统中使用的油管有刚性管（钢管、紫铜管等）、挠性管（尼龙管、耐油塑料管、橡胶管等）两类。各种油管的类型和特点见表 2-10。

表 2–10　油管的类型和特点

类型	特点
钢管	能承受高压、价低、耐油、抗腐蚀、刚性好，但装配时不易弯曲
紫铜管	能承受 6.5～10 MPa 压力，易弯曲成形，但价格高，抗振能力差，易使油液氧化
尼龙管	能承受 2.5～8 MPa 压力，价低，半透明材料，可观察流动情况，加热后可任意弯曲成形和扩口，冷却后即定形，但使用寿命较短
塑料管	耐油、价低、装配方便，但承受压力低，长期使用会老化
橡胶管	分高压和低压管两种，高压橡胶管（压力达 20～30 MPa）由耐油橡胶和钢丝编织层制成，价格高；而低压橡胶管由耐油橡胶和帆布制成

（2）油管接头的类型和结构。油管接头的作用是将油管与油管、油管与液压元件间进行可拆卸连接。管接头的类型有很多，按接头的通路方向可分为直通、弯头、三通、四通、铰接等形式。油管接头按其与油管的连接方式可分为管端扩口式、卡套式、焊接式、扣压式等。管接头与机体的连接常用圆锥螺纹和普通细牙螺纹。各种油管接头的类型、结构和特点见表 2–11。

表 2–11　各种油管接头的类型、结构和特点

类型	结构、工作原理图	特点
扩口式管接头	 1—接头体；2—螺母；3—导套；4—接管	利用管子端部扩口进行密封，不需要其他密封件，适用薄壁管件和压力较低的场合
卡套式管接头	 1—接头体；2—螺母；3—卡套； 4—接管；5—密封圈	利用卡套的变形卡住管子并进行密封；轴向尺寸控制不严格，易于安装；但对管子外径要求高
扣压式管接头	 1—接头螺母；2—接头体	管接头由接头外套和接头体组成，软管装好后再用模具扣压，使软管得一定的压缩量；这种结构具有较好的抗拔脱性和密封性

类型	结构、工作原理图	特点
快换管接头	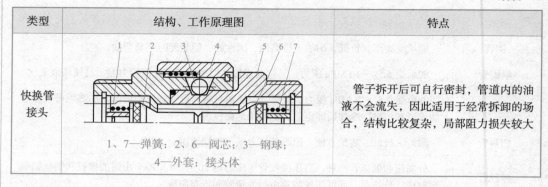 1、7—弹簧；2、6—阀芯；3—钢球； 4—外套；接头体	管子拆开后可自行密封，管道内的油液不会流失，因此适用于经常拆卸的场合，结构比较复杂，局部阻力损失较大

6. 蓄能器的类型和结构

蓄能器是一种储存油液压力能，并在需要时释放出来供给系统的能量储存装置。它能做辅助动力源，充当应急动力源，补漏保压，吸收脉动，降低噪声。根据其油液加载方式不同，蓄能器可分为重力式，弹簧式和充气式三种。目前，常用的多是利用气体压缩和膨胀来储存、释放液压能的充气式蓄能器。它有气囊式、活塞式、气瓶式等几种。充气式蓄能器的类型、结构特点见表2-12。

表2-12 充气式蓄能器的类型、结构和特点

类型	结构简图	特点
活塞式蓄能器	1—活塞；2—缸体；3—气门	活塞1的上部为惰性气体，气体由气门3充入，其下部经油孔a通向液压系统，活塞1随下部压力油的储存和释放而在缸体2内来回滑动。这种蓄能器结构简单、工作可靠、寿命长、尺寸小，适用于大流量的低压回路。但因活塞有一定的惯性和O形密封圈存在较大的摩擦力，所以反应不够灵敏，且缸体加工和活塞密封要求高
气囊式蓄能器	1—壳体；2—气囊；3—充气阀；4—提升阀	气囊用耐油橡胶制成，固定在耐高压的壳体的上部，气囊内充入惰性气体，壳体下端的提升阀4由弹簧加伞形阀构成，压力油由此通入，并能在油液全部排出时，防止气囊膨胀挤出油口。这种结构使气、液密封可靠，并且因气囊惯性小而克服了活塞式蓄能器响应慢的弱点，并且尺寸小，质量轻，其弱点是工艺性较差

类型	结构简图	特点
气瓶式蓄能器	气体 液压油	容量大，惯性小，反应灵敏，占地小，没有摩擦损失，但气体易混入油内，影响液压系统运行的平稳性，必须经常注入新气，附属设备多，一次性投资较大，适用于大流量的中、低压回路

7. 滤油器的拆卸和装配步骤与方法

图 2-59 所示为滤油器的立体分解图。以这种滤油器为例说明滤油器的拆卸和装配步骤与方法。

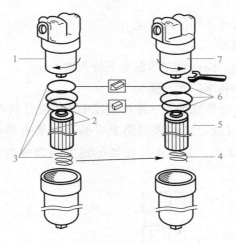

图 2-59　滤油器的立体分解图

1，7—壳体；2—旧滤芯和旧密封圈；3—旧弹簧；4—新弹簧；5—新滤芯；6—新密封圈

（1）准备好耐油橡胶板一块、油盘一个等其他器具。卸下滤油器的外壳。

（2）卸下滤芯和密封。

（3）卸下滤油器的弹簧，并观察各零件的结构。

（4）按拆卸的相反顺序装配，即后拆的零件先装配，先拆的零件后装配。装配时，如有零件弄脏，应该用煤油清洗干净后方可装配。先装入滤油器的弹簧。

（5）装入滤芯和密封。

（6）装入密封。

（7）滤油器的外壳。

（8）将滤油器外表面擦拭干净，整理工作台。

8．滤油器的使用

（1）滤油器的选用。滤油器应根据液压系统的技术要求，按过滤精度、通流能力、工作压力、工作温度等条件选定其类型、尺寸大小及其他工作参数。选用的原则如下：

①过滤精度应满足液压系统的要求。过滤精度是滤去杂质的颗粒度大小。颗粒度越小，则过滤精度越高。按所能过滤杂质颗粒直径 d 的大小不同，滤油器可分为粗滤油器（$d \geqslant 100\ \mu m$）、普通滤油器（$10\ \mu m \leqslant d \leqslant 100\ \mu m$）、精密滤油器（$5\ \mu m \leqslant d \leqslant 10\ \mu m$）和特精滤油器（$1\ \mu m \leqslant d \leqslant 5\ \mu m$）四个等级，滤油器的精度越高，对系统越有利，但不必要的高精度，会导致滤芯寿命下降，成本提高，所以选用滤油器时，应根据其使用目的，确定合理精度及价格的滤油器。各种液压系统对油液精度的要求见表2-13。

表2-13　各种液压系统对油液精度的要求

系统类型	润滑系统	传动系统			伺服系统	特殊系统
压力 /MPa	0～2.5	≤14	14～32	>32	≤21	≤35
颗粒度 /μm	≤100	25～30	≤25	≤10	≤5	≤1

②能在较长时间内保持足够的通流能力。

③滤芯具有足够的强度。

④滤芯抗腐蚀性能好，能在规定的温度下持久地工作。

⑤滤芯的清洗或更换和维护要方便。

（2）滤油器的安装。通常滤油器在液压系统中的安装位置有以下几种：

①安装在泵的吸油口处。泵的吸油路上一般都安装有粗滤油器，目的是滤去较大的杂质微粒以保护液压泵，另外，滤油器的过滤能力应为泵流量的两倍以上，如图2-60中的1所示。

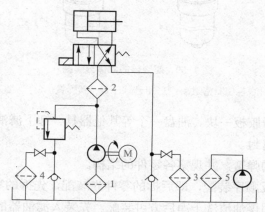

图2-60　滤油器在液压系统中的安装位置

②安装在泵的出口油路上。此处安装滤油器的目的是用来滤除可能侵入阀类等元件的污染物。同时，应安装安全阀以防止滤油器堵塞，如图2-60中的2所示。

③安装在系统的回油路上。这种安装起间接过滤作用。一般与滤油器并联安装一

背压阀，当滤油器堵塞达到一定压力值时，背压阀打开，如图 2-60 中的 3 所示。

④安装在液压系统分支油路上。这种安装主要是装在溢流阀的回油路上，这时不是所有的油液经过滤油器，这样可降低滤油器的容量，如图 2-60 中的 4 所示。

⑤安装在单独过滤系统中。大型液压系统可专设一套由液压泵和滤油器组成独立过滤回路，以加强滤油效果，如图 2-60 中的 5 所示。

9. 密封装置的使用

常用密封装置的使用范围见表 2-14。

表 2-14　常用密封装置的使用范围

类型	使用范围
O 形密封圈	工作压力可达 0 ～ 30 MPa，工作温度为 –40 ℃～ 120 ℃
Y 形密封圈	工作压力可达 20 MPa，工作温度为 –30 ℃～ 100 ℃
V 形密封圈	最高工作压力可达 50 MPa，工作温度为 –40 ℃～ 80 ℃
滑环式组合密封圈	工作压力可达 80 MPa，往复运动密封时，速度可达 15 m/s；往复摆动与螺旋运动密封时，速度可达 5 m/s

10. 油箱的使用

（1）油箱有效容积 V 的选用。油箱有效容积 V 是指油面高度为油箱高度 80% 时的容积。有效容积应根据液压系统发热、散热平衡的原则来计算，这项计算在系统负载较大、长期连续工作时是必不可少的。但对于一般情况来说，油箱的有效容积可以按液压泵的额定流量 q_n 估计出来，即

$$V = Kq_n \tag{2-19}$$

式中，K 为经验系数，低压系统 K 取 2 ～ 4，中压系统 K 取 5 ～ 7，高压系统 K 取 10 ～ 12。

（2）油箱箱体结构的选用。油箱的外形可依总体布置确定，为了有利于散热，宜用长方体。油箱的三向尺寸可根据安放在顶盖上的泵和电动机及其他元件的尺寸、最高油面只允许到达油箱高度的 80% 来确定。

中小型油箱的箱体常用 3 ～ 4 mm 厚的钢板直接焊成，大型油箱的箱体则用角钢焊成骨架后再焊上钢板。箱体的强度和刚度要能承受住装在其上的元器件的重量、机器运转时的转矩及冲击等，为此，油箱顶部应比侧壁厚 3 ～ 4 倍。为了便于散热、放油和搬运，油箱体底脚高度应为 150 ～ 200 mm，箱体四周要有吊耳，底脚的厚度为油箱侧壁厚的 2 ～ 3 倍。箱体的底部应设置放油口，且底面最好向放油口倾斜，以便清洗和排除油污。

（3）油箱防锈方案的选用。油箱内壁应涂上耐油防锈的涂料。外壁如涂上一层极薄的黑漆（不超过 0.025 mm 厚度），会有很好的辐射冷却效果。而铸造的油箱内壁一般只进行喷砂处理，不涂漆。

（4）油箱密封的选用。为了防止油液污染，油箱上各盖板、管口处都要妥善密封。

注油器上要加滤油网。防止油箱出现负压而设置的通气孔上须安装空气滤清器。空气滤清器的容量至少应为液压泵额定流量的 2 倍。油箱内回油集中部分及清污口附近宜装设一些磁性块，以去除油液中的铁屑和带磁性颗粒。

（5）吸油管、回油管和泄油管位置的选用。吸油管和回油管应尽量相距远些，两管之间要用隔板隔开，以增加油液循环距离，使液体有足够的时间分离气泡，沉淀杂质，消散热量。隔板高度最好为箱内油面高度的 3/4。

吸油管入口处要安装粗滤油器，管端与箱底、箱壁间距离均不宜小于管径的 3 倍，以便从四周吸油。粗滤油器距离箱底不应小于 20 mm。粗滤油器与回油管管端在油面最低时仍应浸入油面以下，防止吸油时吸入空气或回油冲入油箱时搅动油面而混入气泡。回油管管端宜斜切 45°，以增大出油口截面面积，减慢出口处油流速度，另外，应使回油管斜切口面对着箱壁，以便油液散热。当回油管排回的油量很大时，宜使它出口处高出油面，向一个带孔或不带孔的斜槽（倾角为 5°～15°）排油，使油流散开，一方面减慢流速；另一方面排走油液中空气，减慢回油流速、减少它的冲击搅拌作用，也可以采取让它通过扩散室的办法来达到。

泄油管的安装分两种情况：一是阀类的泄油管安装在油箱的油面以上，以防止产生背压，影响阀的工作；二是液压泵或液压缸的泄油管安装在油面以下，以防空气混入。

（6）加油口和空气滤油器位置的选用。油口应设置在油箱的顶部便于操作的地方，加油口应带有过滤网，平时加盖密封。为了防止空气中的灰尘杂物进入油箱，保证在任何情况下油箱始终与大气相通，油箱上的通气孔应安装规格足够的空气滤油器。空气滤油器是标准件，并将加油过滤功能组合为一体化结构，可根据需要选用。

（7）油位指示器位置的选用。油位指示器用于监测油面高度，所以，其窗口尺寸应满足对最高、最低油位的观察，且要安装在易于观察的地方。

11. 油管的使用和安装

液压系统采用哪种油管必须根据系统的工作压力、使用环境及其安装位置正确选用。

（1）按液压系统的工作压力大小正确选用管子的材质，见表 2-15。

表 2-15 油管的使用范围

类型	使用范围
钢管	压力高于 2.5 MPa 的中高压系统油管常用 10 号或 15 号冷拔无缝钢管；压力低于 2.5 MPa 的低压系统油管用焊接钢管
紫铜管	可用于压力为 6.5～10 MPa 的中低压系统中，常用在仪表和装配不便处
尼龙管	只用于压力为 2.5～8 MPa 的低压系统中
塑料管	只用于压力低于 0.5 MPa 的回油或泄油管路
橡胶管	高压橡胶管最高承受压力可达 42 MPa，多用于高压管路；低压橡胶管的承受压力低于 1.5 MPa，用于回油管路

（2）按工作中装配难易和是否连接要移动的部件选用刚性管或挠性管，例如，所连接的管需要移动则选用橡胶管等挠性管，固定处则可选用钢管等刚性管。

（3）油管内径的选用。油管内径 d 可由 $d=2\sqrt{\dfrac{q}{\pi v}}$（$v$ 为允许流速，压力管取 2.5 ~ 5 m/s；吸油管取 0.6 ~ 1.5 m/s；回油管取 1.5 ~ 2.5 m/s）计算后，然后根据有关标准圆整而得，再通过液压设计手册来确定油管内径。

（4）油管壁厚的选用。油管壁厚 δ 由 $\delta=\dfrac{pd}{2[\sigma]}$（$p$ 为油液最大工作压力，d 为管子内径，$[\sigma]$ 为材料的许用应力）计算后，然后根据有关标准圆整而得，再通过液压设计手册来确定油管壁厚。

（5）油管的安装。油管的安装应横平竖直，尽量减少转弯。管道应避免交叉，转弯处的半径应大于油管外径的 3 ~ 5 倍。为了便于安装管接头及避免振动影响，平行管之间的距离应大于 100 mm。长管道应选用标准管夹固定牢固，以防止振动和碰撞。

软管直线安装时要有 30% 左右的余量，以适应油温变化、受拉和振动的需要。弯曲半径要大于 9 倍软管外径，弯曲处到接头的距离至少等于 6 倍的外径。

12. 油管接头的使用

各种油管接头的使用范围见表 2-16。

表 2-16　各种油管接头的使用范围

类型	使用范围
扩口式管接头	可用于压力小于 16 MPa 的液压系统
卡套式管接头	可用于压力小于 40 MPa 的高压液压系统
扣压式管接头	可用于压力小于 40 MPa 的高压液压系统
快换管接头	可用于经常拆卸的最高压力小于 32 MPa 的液压系统

13. 蓄能器的使用

选用蓄能器首先应考虑工作压力及耐压、公称容积及允许的吸（排）油流量或气体容积、允许使用的工作介质及介质温度；其次应考虑蓄能器的质量及占用空间、价格及使用寿命、安装排除的方便性及厂家的货源情况等。

蓄能器属压力容器，必须有生产许可证才能生产，所以，一般不要自行设计、制造蓄能器，而应选择专业厂家的定型产品。

14. 密封装置常见故障诊断及排除

密封装置的常见故障是漏油。

故障原因：

（1）密封装置选择不合理。

（2）由于脏物颗粒拉伤密封圈表面或密封实唇部，密封圈严重磨损。

学习笔记

（3）密封圈老化，产生裂纹。

（4）密封圈过分压缩永久变形，失去弹性。

（5）安装不好。

①安装方向和方法不对。

②未使用必要的工具安装密封圈，密封圈在安装时被切伤。

③密封圈装配时不注意，唇部弹簧脱落。

④油封安装孔与传动轴的同轴度过大，密封唇不能跟随轴运动。

（6）设计和制造不好。

①安装尺寸、公差设计不正确。

②密封槽尺寸过深或过浅。

③密封缝隙太大，密封圈易入缝隙而被切破、咬伤。

④未设计密封圈装配导引部分，密封圈易被切破。

⑤加工制造不好，如表面太粗糙、有波纹。

排除方法：

（1）更换合适的密封装置。

（2）更换液压油和密封圈。

（3）更换密封圈。

（4）更换密封圈。

（5）按正确要求安装。

①安装方向和方法要正确。

②更换密封圈，更换时要用导引工具安装密封圈，密封槽边倒角，修毛刺，并在装前涂润滑油或油脂。

③用导引工具安装密封圈。

④调整，保证油封安装孔与传动轴的同轴度。

（6）合理设计保证制造质量。

①安装尺寸、公差设计要正确。

②密封槽尺寸要合理。

③应设置密封圈和支承环，防止挤出。

④密封圈装配导引部分应按标准设计。

⑤加工时要保证密封部位的尺寸精度和表面粗糙度 Ra 要求。

15. 油箱常见故障诊断及排除

（1）"油箱温升严重"故障诊断及排除。

故障原因：

①液压油黏度选择不当。

②油箱设置在高温热辐射源附件，环境温度高。

③油箱散热面积不够。

④液压系统各种压力损失产生的能量转换大。

排除方法：

①更换液压油。

②应尽量远离热源。

③应加大油箱散热面积。

④应正确设计液压系统，减少各种压力损失。

（2）"油箱振动和噪声"故障诊断及排除。

故障原因：

①泵有气穴，系统的噪声显著增大。

②油温过高。

③液压泵与电动机连接处未装减振垫。

④油箱地脚螺钉未固牢在地上。

排除方法：

①减少液压泵的进油阻力。

②加强散热。

③液压泵与电动机连接处要加装减振垫。

④油箱地脚螺钉应固牢在地上。

（3）"油箱内油液污染"故障诊断及排除。

故障原因：

①装配时残存的油漆剥落片、焊渣等污物污染了液压油。

②密封不严，有污物进入油箱。

排除方法：

①清理污物，更换液压油。

②清理污物，更换液压油，并更换密封装置。

16．加热器和冷却器常见故障诊断及排除

（1）"加热器失灵"故障诊断及排除。

故障原因：

①加热接线错误。

②加热器发热元件损坏。

排除方法：

①纠正错误的接线。

②更换发热元件。

（2）"漏油、漏水"故障诊断及排除。

故障原因：

①冷却器端盖与筒体结合不好。

②焊接不良。

③冷却水管破裂。

排除方法：

①清洗端盖与筒体结合面，更换密封圈。

②补焊。

③更换冷却水管。

（3）"冷却器性能下降"故障诊断及排除。

故障原因：

①水量不足。

②冷却器水油腔积气。

③堵塞及沉积物滞留在冷却管壁上。

排除方法：

①加水。

②排除冷却器水油腔积气。

③清除冷却器内堵塞及沉积物。

（4）"冷却器被腐蚀"故障诊断及排除。

故障原因：

①冷却水水质不良。

②铜管管口处往往有腐蚀。

排除方法：

①改善冷却水水质。

②选用铝合金、钛合金做冷却管材料。

17. 滤油器常见故障诊断及排除

（1）"滤芯的破坏变形"故障诊断及排除。

故障原因：

①滤油器选用不当。

②滤芯堵塞。

③蓄能器中的油液反灌冲坏滤油器。

排除方法：

①正确选用滤油器。

②清洗或更换滤芯。

③检修蓄能器，并更换滤油器。

（2）"滤油器堵塞"故障诊断及排除。

故障原因：

滤油器堵塞纳垢后，会造成液压泵吸油不良、泵产生噪声、系统无法吸油等问题。

排除方法：

可用三氯化乙烯、甲苯等溶剂清洗或机械及物理方法清洗。

（3）"带堵塞指示发信装置的滤油器，堵塞后不发信"故障诊断及排除。

故障原因：

①带堵塞指示发信装置的活塞被污物卡死。

②弹簧装错。

排除方法：

①清洗活塞，使其运动灵活。

②按要求装弹簧。

18. 油管及管接头常见故障诊断及排除

（1）"漏油"故障诊断及排除。

故障原因：

①油管或管接头破裂。

②密封不良或损坏。

③管接头松动。

排除方法：

①更换或焊补油管或管接头。

②更换密封。

③拧紧接头。

（2）"振动和噪声"故障诊断及排除。

故障原因：

①油管内进入空气。

②油管固定不牢靠。

③液压泵、电动机等振动源的振动频率与配管的振动频率接近产生共振。

排除方法：

①排空气。

②将油固定牢靠。

③两者的频率之比要在 1/3 ～ 3 的范围之外。

19. 蓄能器常见故障诊断及排除

（1）"不起作用"故障诊断及排除。

故障原因：

①气阀漏气严重。

②气囊破损。

排除方法：

①检修气阀。

②更换气囊。

（2）"气囊式蓄能器压力下降严重，经常需要补气"故障诊断及排除。

故障原因：

①阀芯与阀座不密合。

②阀芯锥面上拉有沟槽。

③阀芯锥面上有污物。

排除方法：

①研磨阀芯与阀座。

②更换阀芯。

③清洗阀芯。

（3）"蓄能器充气时，压力上升得很慢，甚至不上升"故障诊断及排除。

故障原因：

①充气阀密封盖未拧紧或使用中松动而漏了氮气。

②充气阀密封圈漏装或破损。

③充气的氮气瓶的气压太低。

排除方法：

①拧紧充气阀密封盖。

②补装或更换密封圈。

③更换氮气瓶。

 观察或实践

1．现场观察或通过视频观察密封装置、滤油器、油箱、管件、蓄能器等辅助元件的拆卸和装配步骤及方法；有条件时，可现场实践。

2．现场观察或通过视频观察密封装置、滤油器、油箱、管件、蓄能器等辅助元件常见故障诊断与排除方法；有条件时，可现场实践。

 练习题

1．简述常见密封装置的类型及特点。

2．简述滤油器的选用原则。

3．简述蓄能器常见故障诊断及排除方法。

 学习评价

评价形式	比例	评价内容	评价标准	得分
自我评价	30%	（1）出勤情况； （2）学习态度； （3）任务完成情况	（1）好（30分）； （2）较好（24分）； （3）一般（18分）	

评价形式	比例	评价内容	评价标准	得分
小组评价	10%	（1）团队合作情况； （2）责任学习态度； （3）交流沟通能力	（1）好（10分）； （2）较好（8分）； （3）一般（6分）	
教师评价	60%	（1）学习态度； （2）交流沟通能力； （3）任务完成情况	（1）好（60分）； （2）较好（48分）； （3）一般（36分）	
汇总				

任务 2.10　新型液压阀简介

学习要求

1. 了解叠加阀、比例阀、电液伺服阀、插装阀、数字阀的作用。
2. 了解叠加阀、比例阀、电液伺服阀、插装阀、数字阀的结构和工作原理。
3. 养成终身学习的好习惯。

知识准备

1. 叠加阀简介

叠加阀是一种可以相互叠装的液压阀，是在板式液压阀集成化基础上发展起来的一种新型的控制元件。每个叠加阀不仅起控制阀的作用，而且还起连接块和通道的作用。每个叠加的阀体均有上下两个安装平面和 4 或 5 个公共通道，每个叠加阀的进出油口与公共通道并联或串联，同一通径的叠加阀的上下安装面的油口相对位置与标准的板式液压阀的油口位置相一致。

叠加阀可分为换向阀、压力阀和流量阀三种，只是方向阀中仅有单向阀类，而换向阀采用标准的板式换向阀。

图 2-61 所示为一组叠加阀的结构、工作原理和图形符号。其中，叠加阀 1 为溢流阀，它并联在 P 与 T 流通之间，叠加阀 2 为双向节流阀，两个单向节流阀分别串联在 A、B 通道上，叠加阀 3 为双液控单向阀，它们分别串联在 A、B 通道上，最上面是板式换向阀，最下面还有公共底板。

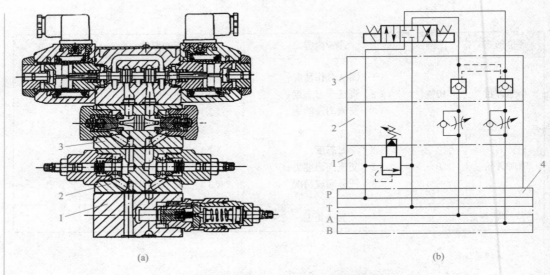

图 2-61　叠加阀的结构、工作原理和图形符号

(a) 结构、工作原理；(b) 图形符号

1—底板；2—压力表开关；3—换向阀；4—底板

　　叠加阀组成的液压系统是将若干个叠加阀叠合在普通板式换向阀和底块之间，作长螺栓结合而成的。每一组叠加阀控制一个执行元件。一个液压系统有几个执行元件，就有几组叠加阀，再通过一个公共底板将各部分的油路连接起来，从而构成一个完整的液压系统。

　　由叠加阀构成的系统结构紧凑、系统设计制造周期短、外观整齐、便于改造和升级。但目前叠加阀的通径较小（一般不大于 20 mm）。

　　2．比例阀简介

　　比例阀是在通断式控制元件和伺服元件基础上发展起来的一种新型的电液控制元件。它能以一种输入的电气信号连续地、按比例地对油液的压力或流量进行远距离控制。与普通液压阀相比，其阀芯的运动由比例电磁铁控制，使输出的压力、流量等参数与输入的电流成正比，所以，可用改变输入电信号的方法对压力、流量、方向进行连续控制。

　　比例阀由液压阀和直流比例电磁铁两部分组成。根据用途和工作特点的不同，比例控制阀可分为比例压力阀、比例流量阀和比例方向阀三大类。

　　图 2-62 所示为先导锥阀式比例溢流阀的结构、工作原理和图形符号。这种阀用比例电磁铁取代先导型溢流阀上先导阀的调压手柄，便成为先导锥阀式比例溢流阀。该阀下部与普通溢流阀的主阀相同，上部则为比例先导压力阀。该阀还附有一个手动调整的先导阀，用以限制比例溢流阀的最高压力，以避免因电子仪器发生故障使得控制电流过大，压力超过系统允许最大压力的可能性。比例电磁铁的推杆向先导锥阀芯施加推力，该推力作为先导级压力负反馈的指令信号。随着输入电信号强度的变化，比例电磁铁的电磁力将随之变化，从而改变指令力的大小，使锥阀的开启压力随输入信

号的变化而变化。若输入信号连续地、按比例地或按一定程序变化，则比例溢流阀所调节的系统压力也连续地、按比例地或按一定的程序进行变化。因此，比例溢流阀多用于系统的多级调压或实现连续的压力控制。

采用比例溢流阀，可以显著提高控制性能，使原来溢流阀控制的压力调整由阶跃式变为比例阀控制的缓变式，因而，避免了压力调整引起的液压冲击和振动。

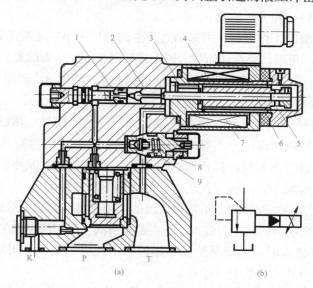

图 2-62　先导锥阀式比例溢流阀的结构、工作原理和图形符号

（a）结构、工作原理；（b）图形符号

1—阀座；2—先导锥阀；3—轭铁；4—衔铁；5—弹簧；6—推杆；7—线圈；

8—弹簧；9—手调的先导阀阀芯

3．电液伺服阀简介

电液伺服阀是电液联合控制的多级伺服元件，它能将微弱的电气输入信号放大成大功率的液压能量输出，是一种比电液比例阀的精度更高、响应更快的液压控制阀。主要用于高速闭环液压控制系统，伺服阀价格较高，对过滤精度的要求也较高。

图 2-63 所示为力反馈型喷嘴挡板式电液伺服阀的工作原理。它由电磁和液压两部分组成。电磁部分是一个力矩马达；液压部分是一个两级液压放大器。液压放大器的第一级是双喷嘴挡板阀，称前置放大级；第二级是四边滑阀，称功率放大级。因为阀芯位置由反馈杆组件弹性变形力反馈到衔铁上与电磁力平衡而决定，所以称力反馈式电液伺服阀，又因为采用了两级液压放大器，所以称力反馈两级电液伺服阀。它的工作原理如下：

（1）力矩马达的工作原理。力矩马达的作用是把输入的电气信号转变为力矩，使衔铁连同挡板偏转，以控制前置放大级。它由一对永久磁体 1、导磁体 2 和 4、衔铁 3、线圈 5、弹簧管 6 等组成。永久磁体 1 将导磁体磁化为 N 极和 S 极，衔铁和挡板连接在一起，由固定在阀坐上的弹簧管支撑，使之位于上下导磁铁中间。挡板下端为一球头，嵌放在滑阀的中间凹槽内。

无电流输入时，力矩马达无输出，衔铁中立。有电流输入时，衔铁被磁化，如果通入的电流使衔铁左端为 N 极，右端为 S 极，则由同性相斥，异性相吸的原理，衔铁逆时针方向偏转，同时弹簧弯管变形，产生反力矩，直到电磁力矩与弹簧弯管反力矩相平衡为止。电流越大，产生的电磁力矩越大，衔铁偏转的角度大。这样，力矩马达就将输入的电信号转换为力矩输出。

（2）前置放大级的工作原理。力矩马达产生的力矩很小，无法操纵滑阀的启闭以产生足够的液压功率，所以，要在液压放大器中进行两级放大，即前置放大和功率放大。

前置放大级是一个双喷嘴挡板阀，主要由挡板 7、喷嘴 8、固定节流孔 10 和滤油器 11 组成。

力矩马达无信号，挡板不动，滑阀不动；力矩马达有信号，衔铁带挡板偏转，两可变节流孔变化，滑阀两端压力不等，滑阀移动。

如果衔铁逆时针方向偏转，挡板向右偏，右边可变节流孔减小，使 p_1 增大，右边可变节流孔增大，p_2 减小，滑阀 9 在压力差的作用下向左移动。

（3）功率放大级的工作原理。功率放大级的作用是将前置放大级输入的滑阀位移信号进一步放大，实现功率的转换和放大。它主要由滑阀 9 和挡板下部的反馈弹簧片组成。

当无电流信号输入时，力矩马达无力矩输出，挡板中立，滑阀两端压力相等，阀芯在反馈杆下端小球作用下也处于中位。

当有电流信号输入时，衔铁带动挡板逆时针方向偏转 θ 角时，阀芯因 $p_1>p_2$ 而向左移动，P 通 B，A 通 T。在阀芯左移的同时，使挡板在两喷嘴的偏移量减小，通过挡板下部的反馈弹簧片实现反馈作用，使挡板顺时针方向偏转，恢复到中位，p_1 减小，p_2 增大，最终阀芯停止运动，取得一个新的平衡位置。

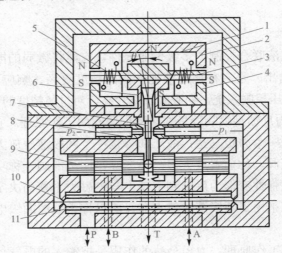

图 2-63　喷嘴挡板式电液伺服阀的工作原理图

1—永久磁体；2、4—导磁体；3—衔铁；5—线圈；6—弹簧管；

7—挡板；8—喷嘴；9—滑阀；10—固定节流孔；11—滤油器

4．插装阀简介

插装阀是 20 世纪 70 年代出现的大流量液压系统中的一种较新型结构的液压元件。它的特点是安装空间小、通流能力大，密封性能好，动作灵敏、结构简单，因而，主要用于流量较大的系统或对密封性能要求较高的系统。

图 2-64 所示为插装阀的结构及图形符号。这种阀由控制盖板 1、阀套 2、弹簧 3、阀芯 4 和阀体 5 等组成。由于这种阀的插装单元在回路中主要起通、断作用，故又称二通插装阀。二通插装阀的工作原理相当于一个液控单向阀。图中 A 和 B 为主油路仅有的两个工作油口，K 为控制油口（与导阀相接）。当 K 口接回油箱时，如果阀芯受到的向上的液压力大于弹簧力，阀芯 4 开启，A 与 B 相通，当 A 处油压力大于 B 处的油压力时，压力油从 A 口流向 B 口；反之压力油从 B 流向 A。当 K 口有压力油作用时，且 K 口的油压力大于 A 和 B 口的油压力，才能保证 A 与 B 之间关闭。

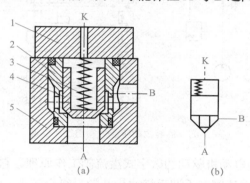

图 2-64　插装阀的结构及图形符号

（a）结构、工作原理；（b）图形符号

1—控制盖板；2—阀套；3—弹簧；4—阀芯；5—阀体

插装阀与各种先导阀组合，便可组成方向阀、压力阀和流量阀。并且同一阀体内可装入若干个不同机能的锥阀组件，加相应盖板和控制元件组成所需要的液压回路，可使液压阀的结构很紧凑。

5．数字阀简介

为了使液压系统与计算机控制系统更好地融合，各种数字式液压控制阀（简称数字阀）便应运而生。它能直接接受来自计算机的数字指令，它的主阀部分与普通液压阀几乎没有本质区别。

素养提升案例

坚持终身学习：数字阀简介

解析： 为了使液压系统与计算机控制系统更好地融合，各种数字式液压控制阀

（简称数字阀）便应运而生。

启示： 随着技术发展，液压阀出现了数字阀等新型的液压阀，所以我们要树立终身学习意识，坚持终身学习，才能适应工作需求。

数字阀有阀组式数字阀、步进电动机驱动的数字阀及其他形式的数字阀。图 2-65 所示为阀组式数字压力阀组工作原理。这种数字压力阀组由 6 个微型二位二通 H 型电磁换向阀和 6 个小型溢流阀组成。在工作时，将 $\Delta p_1 \sim \Delta p_6$ 分别调定为不同压力值，再按数字控制程序的设定，分别对 $S_1 \sim S_6$ 微型电磁换向阀的电磁铁进行通电或断电控制，可使输往系统的油液得到不同数值的工作压力。

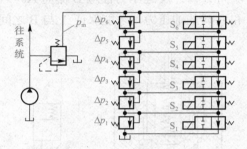

图 2-65　阀组式数字压力阀组工作原理

图 2-66 所示为步进电动机驱动的数字式溢流阀工作原理。它由步进电动机、齿轮 - 凸轮机构和普通先导式溢流阀（手调手柄改为凸轮）组合而成。它由微机或步进电动机控制器发出系列脉冲，步进电动机作为脉冲累加器，把输给它的电脉冲转化为步进电动机转子轴相对应的回转角，带动齿轮 - 凸轮机构回转，凸轮将回转运动转变成先导阀调节杆 4 的直线运动，压缩弹簧 3 的弹力作用在先导锥阀 1 上，与先导锥阀 1 右端来的压力油和弹簧 2 的合力相平衡，实现调压的目的，达到控制溢流阀输出压力 p 的大小。

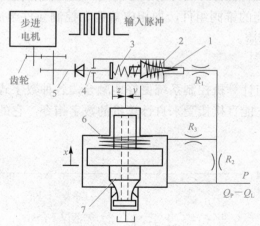

图 2-66　步进电动机驱动的数字式溢流阀工作原理

1—先导锥阀；2—弹簧；3—压缩弹簧；4—先导阀调节杆；5—凸轮；6—主阀平衡弹簧；7—主阀阀芯

观察或实践

现场观察或通过视频观察叠加阀、比例阀、电液伺服阀与数字式溢流阀的结构和工作原理。

 练习题

1. 简述电液伺服阀的作用和工作原理。
2. 简述比例阀的作用和工作原理。
3. 简述叠加阀的作用和分类。
4. 简述如图 2-66 所示步进电动机驱动的数字式溢流阀工作原理。

 学习评价

评价形式	比例	评价内容	评价标准	得分
自我评价	30%	（1）出勤情况； （2）学习态度； （3）任务完成情况	（1）好（30分）； （2）较好（24分）； （3）一般（18分）	
小组评价	10%	（1）团队合作情况； （2）责任学习态度； （3）交流沟通能力	（1）好（10分）； （2）较好（8分）； （3）一般（6分）	
教师评价	60%	（1）学习态度； （2）交流沟通能力； （3）任务完成情况	（1）好（60分）； （2）较好（48分）； （3）一般（36分）	
汇总				

项目 3 液压基本回路故障诊断及排除

　　液压基本回路是能完成某种特定控制功能的液压元件的组合，按完成的功能不同可分为压力控制回路（简称压力回路）、方向控制回路（简称方向回路）和速度控制回路（简称速度回路）三种基本回路。液压基本回路故障诊断及排除是液压系统故障诊断及排除的基础。

任务 3.1 压力回路故障诊断及排除

　　压力回路是利用压力阀对液压系统或液压系统某一部分的压力进行控制的回路。这种回路包括调压、顺序动作、平衡、减压、保压、卸压等。压力回路常见故障有"溢流阀主阀阀芯被卡住，发出振动与噪声""压力波动"等。

学习要求

　　1．弄清调压、顺序动作、平衡、减压、保压、卸压等回路的工作原理。
　　2．学会压力回路故障诊断及排除方法。
　　3．养成恪守工程伦理的习惯。

知识准备

　　1．调压回路的工作原理

　　调压回路是使液压系统整体或部分的压力保持恒定或不超过某个数值的液压回路。这类回路包括单级调压回路、二级调压回路和多级调压回路等。

　　（1）单级调压回路的工作原理如图 3-1（a）所示。该回路由定量液压泵 1 和溢流阀 2 的并联而成，通过调节溢流阀的压力，可以改变泵的输出压力。当溢流阀的调定压力确定后，液压泵就在溢流阀的调定压力下工作，从而实现了对液压系统进行调压和稳压控制，这时的溢流阀处于其调定压力的常开状态，使液压泵的油一部分进行系统驱动执行元件工作，另一部分油会经溢流阀流回油箱。如果将定量液压泵 1 换成变量液压泵，这时溢流阀将作为安全阀用，系统的压力取决于外加负载的压力，当外加负载的压力小于溢流阀的调定压力，这时溢流阀是关闭的。当外加负载的压力大于溢流阀的调定压力，溢流阀将开启，并将油液溢出回到油箱一部分，维持液压系统的压力不超过溢流阀的调定压力，从而限定液压系统的最高压力，保证液压系统安全工作。

（2）二级调压回路的工作原理如图 3-1（b）所示。该回路可实现两种不同的压力控制，由光导式溢流阀 2 和直动式溢流阀 3 各调一级。当二位二通电磁阀 4 断电，处于图示位置时，系统压力由先导式溢流阀 2 调定；当电磁阀 4 通电后处于下位工作时，系统压力由溢流阀 4 调定，但值得注意是，溢流阀 3 的调定压力 p_2 一定要小于溢流阀 2 的调定压力 p_1，否则不能实现二级调压。当系统压力由溢流阀 3 调定时，溢流阀 2 的先导阀阀口关闭，但主阀开启，液压泵的溢流流量经先导式溢流阀 2 的主阀回油箱。

（3）多级调压回路的工作原理如图 3-1（c）所示。该回路为三级调压回路，三级压力分别由先导式溢流阀 2、直动式溢流阀 3 调定，当电磁铁 1YA、2YA 断电，处于图示位置时，系统压力由先导式溢流阀 2 调定；当 1YA 通电时，系统压力由直动式溢流阀 3 调定；当 2YA 通电时，系统压力由直动式溢流阀 3 调定。在这种调压回路中，直动式溢流阀 3 的调定压力要低于先导式溢流阀 2 的调定压力。

多级调压回路

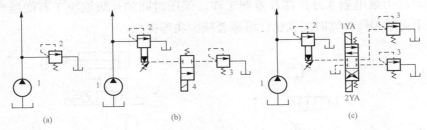

图 3-1　调压回路的工作原理图

（a）单级调压回路；（b）二级调压回路；（c）多级调压回路

1—定量液压泵；2—先导式溢流阀；3—直动式溢流阀；4—电磁阀

2．平衡回路的工作原理

平衡回路是防止垂直或倾斜放置的液压缸和与之相连的工作部件因自重而自行下落的液压回路。图 3-2 所示为用液控顺序阀控制的平衡回路的工作原理。当活塞下行时，控制压力油打开液控顺序阀，背压消失，因而回路效率较高；当停止工作时，液控顺序阀关闭以防止活塞和工作部件因自重而下降。这种平衡回路的优点是只有上腔进油时活塞才下行，比较安全可靠；缺点是活塞下行时平稳性较差。这是因为活塞下行时，液压缸上腔油压降低，将使液控顺序阀关闭。当顺序阀关闭时，因活塞停止下行，使液压缸上腔油压升高，又打开液控顺序阀。因此，液控顺序阀始终工作于

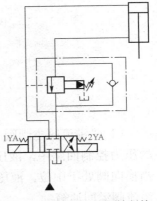

图 3-2　用液控顺序阀控制的平衡回路的工作原理

启闭的过渡状态，因而，影响工作的平稳性。这种回路适用于运动部件质量不是很大、停留时间较短的液压系统。

3. 减压回路的工作原理

减压回路是使系统中的某一部分油路具有较系统压力低的稳定压力的液压回路。最常见的减压回路是通过定值减压阀与主油路相连的。如图3-3（a）所示，回路中的单向阀供主油路在压力降低（低于减压阀调整压力）时防止油液倒流，起短时保压之用。

在减压回路中，也可以采用类似两级或多级调压的方法获得两级或多级减压。图3-3（b）所示为利用先导式减压阀1的远控口接一远控溢流阀2，则可由阀1、阀2各调定一种低压，但要注意的是，阀2的调定压力值一定要低于阀1的调定压力值。

减压回路

4. 保压卸压回路的工作原理

图3-4所示为用压力继电器和蓄能器实现的保压卸压回路的工作原理。当1YA通电时，三位四通电磁换向阀1处于左位工作，液压缸向右运动，最后压紧工件，进油路压力升高至调定值，压力继电器3动作使3YA通电，二位二通电磁换向阀2处于上位工作，使泵卸荷，单向阀自动关闭，液压缸则由蓄能器供油进行保压，当液压缸压力不足时，压力继电器3复位使泵重新工作。保压时间的长短取决于蓄能器容量。这种回路用于夹紧工件持续时间较长，可显著减少功率损耗。

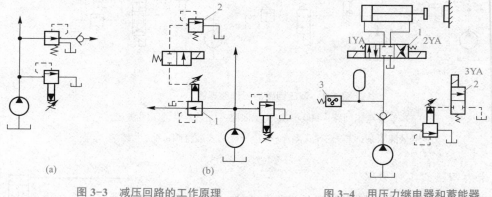

（a）　　　　　　　　　（b）

图3-3　减压回路的工作原理

（a）单级减压回路；（b）二级减压回路

1—光导式减压阀；2—远控溢流阀

图3-4　用压力继电器和蓄能器实现的保压卸压回路的工作原理

1—三位四通电磁换向阀；2—二位二通电磁换向阀；3—压力继电器

5. 压力回路常见故障诊断及排除

（1）"溢流阀主阀阀芯被卡住，发出振动与噪声"故障诊断及排除。在图3-5所示的压力控制回路中，液压泵为定量泵，三位四通电磁换向阀中位机能为Y型，所以，当换向阀处于中位，液压缸停止工作，此时系统不卸荷，液压泵输出的压力油全部由溢流阀溢回油箱。

当系统的压力较低（如10 MPa以下），溢流阀能够正常工作，而当压力升高到较高（如 12 MPa）时，系统会发出像吹笛一样的尖叫声，同时压力表的指针也会发生剧烈振动，经检测发现噪声来自溢流阀。

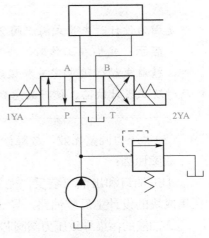

故障原因：将该溢流阀拆下来，进行检查，发现溢流阀主阀阀芯被卡住，无法灵活动作，当系统压力达到一定值时（如 12 MPa），就会使主阀阀芯在某一位置激起高频振动，同时引起调压弹簧的强烈振动，从而出现噪声共振。另外，由于高压油不能通过正常的溢流口溢流，而是通过被卡住的溢流口和内泄油道溢回油箱，这股高压油也将发出高频率的流体噪声。

图 3-5　定量泵压力控制回路图

排除方法：先将溢流阀拆开后，清洗阀芯，使阀芯运动灵活；如果阀芯清洗后，运动还不灵活，可研磨阀芯，使其运动灵活，再按要求进行组装即可。

（2）"二级调压回路中压力冲击"故障诊断及排除。

故障原因：在图 3-1（b）所示的二级调压回路中，由先导式溢流阀 2 和直动式溢流阀 3 各调一级压力，且直动式溢流阀 3 的调定压力 p_2 要小于先导式溢流阀 2 的调定压力 p_1。当 p_2 与 p_1 相差较大，压力由 p_1 切换到 p_2 时，由电磁阀 4 和直动式溢流阀 3 间油路内切换前没压力，电磁阀 4 切换时，先导式溢流阀 2 远控口处的瞬时压力由 p_1 下降到几乎为零后再回升到 p_2，系统便产生较大的冲击。

排除方法：将电磁阀 4 和直动式溢流阀 3 交换一个位置，如图 3-6 所示，这样从先导式溢流阀 2 的控制油口到直动式溢流阀 3 的油路里总是充满油，便不会产生切换压力时产生的冲击。

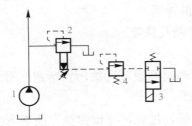

图 3-6　二级调压回路冲击

1—定量液压泵；2—光导式溢流阀；3—直动式溢流阀；4—电磁阀

素养提升案例

恪守工程伦理：溢流阀设计位置缺陷引起故障

解析： "图 3-1（b）所示的二级调压回路中出现二级调压回路中压力冲击"故

障是因为设计时先导式溢流阀 2 和直动式溢流阀 3 的位置错误引发的。

　　启示：我们在工作时，一定恪守工程伦理，向大国工匠们学习，拥有工匠精神，精益求精，追求完美和极致，不惜花费时间精力，孜孜不倦，反复改进产品，及时改正设计缺陷，使产品达到最佳。

　　（3）"压力调整无效"故障诊断及排除。

　　故障原因：

　　①进油口和出油口装反，尤其在管路连接上容易出现反装的情况，板式阀也容易在集成块的设计中反装油路，导致调压失效。

　　②油液的污染导致压力阀阀芯阻尼孔被污物堵塞，滑阀失去控制作用：对于溢流阀往往表现为系统上压后立即失压，旋动手轮无法调节压力；或者是系统超压，溢流阀不起溢流作用。对于减压阀则表现为出油口压力上不去，油流很少，或者根本不起减压作用。

　　③压力阀阀芯配合过紧或被污物卡死。

　　④压力阀或回路泄漏。

　　⑤压力阀弹簧断裂、漏装或弹簧刚度不适合，导致滑阀失去弹簧力的作用，无法调整。

　　排除方法：

　　①纠正进油口和出油口装法。

　　②清洗阀芯，畅通阻尼孔，并更换液压油。

　　③研磨或清洗压力阀阀芯。

　　④检查密封，拧紧连接件，更换密封圈。

　　⑤更换或补装刚度适合的弹簧。

　　（4）"压力波动"故障诊断及排除。

　　故障原因：

　　①油液的污染导致压力阀阀芯阻尼孔被污物堵塞，滑阀受力移动困难，甚至出现爬行现象，导致油液压力波动。

　　②控制阀芯弹簧刚度不够，过软，导致弹簧弯曲变形无法提供稳定的弹簧力，造成油液压力在平衡弹簧力的过程中发生波动。

　　③滑阀表面拉伤、阀孔碰伤、滑阀被污物卡住、滑阀与阀座孔配合过紧，导致滑阀动作不灵活，油液压力波动。

　　④锥阀或钢球与阀座配合不良，导致缝隙泄漏，形成油液压力波动。

　　排除方法：

　　①清洗阀芯，畅通阻尼孔，并更换液压油。

　　②更换刚度适合的弹簧。

　　③清洗、研磨可更换压力阀阀芯。

　　④清洗、研磨可更换压力阀阀芯。

（5）"振动与噪声"故障诊断及排除。

故障原因：

①出油口油路中有空气，容易发生气蚀，产生高频噪声。

②调压螺母（或螺钉）松动。

③压力阀弹簧在使用过程中发生弯曲变形，液压力容易引起弹簧自振，当弹簧振动频率与系统振动频率相同时，会出现共振，其原因是控制阀芯弹簧刚度不够。

④滑阀与阀孔配合过紧或过松都会产生噪声。

⑤压力阀的回油路背压过大，导致回油不畅，引起回油管振动，产生噪声。

排除方法：

①排净油路中的空气。

②要锁紧调压螺母（或螺钉）。

③更换刚度适合的弹簧。

④清洗、研磨可更换压力阀阀芯。

⑤降低压力阀的回油路背压。

观察或实践

1．现场观察或通过视频观察压力回路的组成。

2．现场观察或通过视频观察压力回路常见故障诊断与排除过程；有条件时，可现场实践。

练习题

1．调压回路的作用是什么？它有哪几种类型？

2．简述用压力继电器和蓄能器实现的保压回路是如何保压的。

3．简述平衡回路的工作原理。

4．简述减压回路的工作原理。

5．简述压力回路常见故障诊断及排除方法。

学习评价

评价形式	比例	评价内容	评价标准	得分
自我评价	30%	（1）出勤情况； （2）学习态度； （3）任务完成情况	（1）好（30分）； （2）较好（24分）； （3）一般（18分）	
小组评价	10%	（1）团队合作情况； （2）责任学习态度； （3）交流沟通能力	（1）好（10分）； （2）较好（8分）； （3）一般（6分）	

评价形式	比例	评价内容	评价标准	得分
教师评价	60%	（1）学习态度； （2）交流沟通能力； （3）任务完成情况	（1）好（60分）； （2）较好（48分）； （3）一般（36分）	
汇总				

任务 3.2 方向回路故障诊断及排除

　　方向回路是用来控制进入执行元件液流的接通、关断及改变流动方向，实现工作机构的启动、停止或变换运动方向的液压回路。方向回路可分为换向回路和锁紧回路。方向回路常见故障有"换向阀选用不当，出现振动和噪声""换向无缓冲，引起液压冲击""锁紧回路不可靠锁紧"等。

学习要求

　　1．弄清换向回路和锁紧回路的工作原理。
　　2．学会换向回路和锁紧回路故障诊断及排除方法。
　　3．用实践检验真理，培养科学精神。

知识准备

　　1．换向回路的工作原理

　　换向回路是用来改变执行元件运动方向的回路。执行元件的换向一般可采用各种换向阀来实现。在闭式系统中，可采用双向变量泵控制液流的方向来实现执行元件（液压缸或液压马达）的换向。

　　（1）用换向阀控制的换向回路的工作原理。图3-7所示为用三位四通电磁换向阀控制的换向回路的工作原理。当1YA和2YA断电，处于图示位置时，换向阀处于中位工作，各油口全部封闭，相互不通，活塞停止运动；当1YA通电、2YA断电时，换向阀处于左位工作，液压缸左腔进油，液压缸右腔的油流回油箱，活塞向右移动；当1YA断电，2YA通电时，换

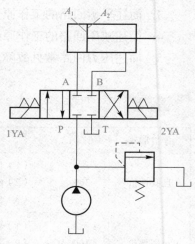

图3-7　用三位四通电磁换向阀
控制的换向回路的工作原理

向阀处于右位工作，液压缸右腔进油，液压缸左腔的油流回油箱，活塞向左移动。

（2）用双向变量泵控制的换向回路的工作原理。图3-8所示为用双向变量泵控制的换向回路的工作原理。液压缸5的活塞向右运动时，其进油流量大于排油流量，双向变量泵1的吸油侧流量不足，辅助泵2来补充流量；改变双向变量泵1的供油方向，活塞向左运动，排油流量大于进油流量，双向变量泵1吸油侧多余的油液通过由液压缸5进油侧压力控制的二位二道换向阀4和溢流阀6排回油箱。溢流阀6和溢流阀8既可使活塞向左或向右运动时泵吸油侧有一定的吸入压力，又可使活塞运动平稳。溢流阀7是防止系统过载的安全阀。这种回路适用压力较高、流量较大的场合。

2. 锁紧回路的工作原理

锁紧回路的作用是使执行元件能在任意位置上停留，以及在停止工作时，防止在受力的情况下发生移动。

图3-9所示为采用双液控单向阀的锁紧回路，在这种回路中液压缸的进、回油路中都串接液控单向阀，活塞可以在行程的任何位置锁紧，其锁紧精度只受液压缸内少量的内泄漏影响，因此，锁紧精度较高。当换向阀处于左位工作时，压力油经液压缸的左腔，同时，将右液控单向阀推开，使液压缸右腔的油经右液控单向阀和换向阀流回油箱；当换向阀处于右位工作时，压力油经液压缸的右腔，同时，将左液控单向阀推开，使液压缸左腔的油经左液控单向阀和换向阀流回油箱；当换向阀处于中位工作时或液压泵停止供油时，两个液控单向阀立即关闭，活塞停止运动。

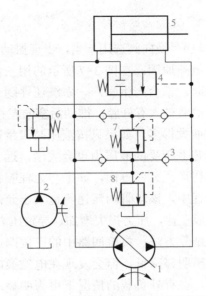

图3-8　用双向变量泵控制的换向回路的工作原理

1—双向变量泵；2—辅助泵；3—单向阀；
4—二位二道换向阀；5—液压缸；6、7、8—溢流阀

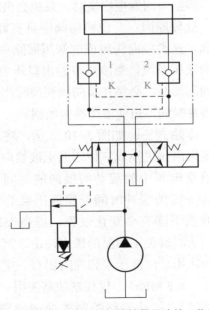

图3-9　采用双液控单向阀的锁紧回路的工作原理

1、2—液控单向阀

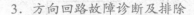

3．方向回路故障诊断及排除

（1）"换向阀选用不当，出现振动和噪声"故障诊断及排除。

故障原因：在图3-7所示的用三位四通电磁换向阀控制的换向回路中，活塞向左移动时，常会产生噪声，系统还伴随有剧烈振动。三位四通电磁换向阀处于右位工作时，油液进入有杆腔，推动活塞向左移动，而因为 $A_1 > A_2$，所以无杆的回油会比有杆腔的进油大得多，如果只按液压泵流量选用电磁换向阀的规格，不但压力损失大增，而且阀芯上所受的液压力也会大增，远大于电磁铁的有效吸力而影响换向，导致电磁铁经常烧坏，另一方面，如果与无杆腔相连的管道也是按液压泵的流量选定，液压缸返回行程中，该段管内流速将远大于允许的最大流速，而管道内沿程压力损失与流速的平方成正比，压力损失增加，导致压力急降和管内液流流态变差，出现振动和噪声。

排除方法：将该回路中的三位四通电磁换向阀换成较大的规格电磁换向阀，振动和噪声明显降低，但会发现在电磁换向阀处于中位锁紧时，活塞杆的位置会缓慢发生微动，在有外负载的情况下更为明显。引起这种现象的原因：由于换向阀阀芯与阀体孔间有间隙，内部泄漏是不可避免的，加之液压缸也会有一定的泄漏，因此在需要精度要求较高的液压系统可用双液控单向阀组成液压锁紧换向回路，如图3-9所示。

（2）"换向无缓冲，引起液压冲击"故障诊断及排除。图3-7所示为采用三位四通电磁换向阀的卸压回路。该回路的电磁换向阀的中位机能为 M 型，当换向阀处于中位时，液压泵提供的油液由换向阀中位卸荷，直接流回油箱。在高压、大流量液压系统中，当换向阀发生切换时，系统会出现较大冲击。

故障原因：三位换向阀中具有卸荷功能的除 M 型外，还有 H 型和 K 型的三位换向阀，这类换向阀组成的卸荷回路一般用于低压小流量的液压系统。对于高压、大流量的液压系统，当液压泵的出口压力由高压切换到几乎为零压，或由零压迅速切换上升到高压时，必然在换向阀切换时产生液压冲击。同时，还由于电磁换向阀切换迅速，无缓冲时间，迫使液压冲击加剧。

排除方法：如图3-10所示，将三位四通电磁换向阀更换成三位四通电液换向阀，由于电液换向阀中的液动阀换向的时间可调，换向有一定的缓冲时间，使液压泵的出口压力上升或下降有个变化过程，提高换向的平稳性，从而避免了明显的压力冲击，回路中单向阀的作用是使液压泵卸荷时仍有一定的压力值（0.2～0.3 MPa），供控制油路使用。

（3）"用换向阀控制的换向回路不换向"故障诊断及排除。

故障原因：

①液压泵故障。

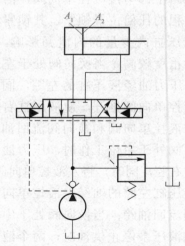

图 3-10　采用三位四通电磁换向阀的卸压回路

②溢流阀故障。

③换向阀故障。

④液压缸或液压马达故障。

排除方法：

①检修或更换液压泵。

②检修或更换溢流阀。

③检修或更换换向阀。

④检修或更换液压缸或液压马达。

（4）"用双向变量泵控制的换向回路不换向"故障诊断及排除。

故障原因：

①溢流阀故障，系统压力上不去。

②液压缸活塞与活塞杆摩擦阻力大。

③单向阀故障。

④液压泵故障。

排除方法：

①检修或更换溢流阀。

②调整其配合间隙。

③检修或更换单向阀。

④检修或更换液压泵。

（5）"锁紧回路不可靠锁紧"故障诊断及排除。

故障原因：

①液压缸或液压马达泄漏。

②液压单向阀泄漏。

③管路泄漏。

④换向阀选择不对。

排除方法：

①检修或更换液压缸或液压马达。

②检修或更换液压单向阀。

③检修或更换管道及管接头。

④更换换向阀。

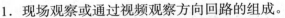观察或实践

1．现场观察或通过视频观察方向回路的组成。

2．现场观察或通过视频观察方向回路常见故障诊断与排除过程；有条件时，可现场实践。

素养提升案例

培养科学精神：实践是检验真理的唯一标准

解析：现场观察或通过视频观察方向回路的组成，加深大家对方向回路的组成的认识。

启示：我们学习理论时要联系实际，用实践检验真理，培养科学精神。

练习题

1. 方向回路的作用是什么？它有哪几种类型？
2. 简述换向回路的工作原理。
3. 简述锁紧回路的工作原理。
4. 简述方向回路常见故障诊断及排除方法。

学习评价

评价形式	比例	评价内容	评价标准	得分
自我评价	30%	（1）出勤情况； （2）学习态度； （3）任务完成情况	（1）好（30分）； （2）较好（24分）； （3）一般（18分）	
小组评价	10%	（1）团队合作情况； （2）责任学习态度； （3）交流沟通能力	（1）好（10分）； （2）较好（8分）； （3）一般（6分）	
教师评价	60%	（1）学习态度； （2）交流沟通能力； （3）任务完成情况	（1）好（60分）； （2）较好（48分）； （3）一般（36分）	
汇总				

任务 3.3 速度回路故障诊断及排除

速度回路是通过控制流入执行元件或流出执行元件的流量，使执行元件获得满足

 学习笔记

工作需要运动速度的回路。其可分为调速回路、速度转换回路和增速回路。速度回路常见故障有"节流阀前后压差小致使液压缸速度不稳定""无法实现快速运动"等。

1．弄清调速回路、速度转换回路和快速运动回路的工作原理。
2．学会调速回路、速度转换回路和快速运动回路故障诊断及排除方法。

1．调速回路的工作原理

调速回路是调节执行元件运动速度的回路。其可分为节流调速回路、容积调速回路和容积节流调速回路三种。

（1）节流调速回路的工作原理。节流调速回路是指在定量泵供油液压系统中，用节流阀或调速阀调节执行元件运动速度的调速回路。根据节流阀或调速阀的安装位置不同，节流调速回路可分为进油路节流调速回路、回油路节流调速回路和旁油路节流调速回路三种。它们的组成、工作原理和特点见表 3-1。

采用节流阀的节流调速回路，速度负载特性都比较"软"，负载变化下的运动平稳性都比较差，回路中的节流阀可用调速阀来代替，由于调速阀本身能在负载变化的条件下保证节流阀进出油口间的压力差基本不变，因而使用调速阀后，节流调速回路的速度负载特性将得到可大大改善。

表 3-1　三种节流调速回路的组成、工作原理和特点

项目 \ 形式	进油路的节流调速回路	回油路节流调速回路	旁油路的节流调速回路
图示			
调速范围	较大	比进油路的稍大些	较小

项目 \ 形式	进油路的节流调速回路	回油路节流调速回路	旁油路的节流调速回路
速度负载特性	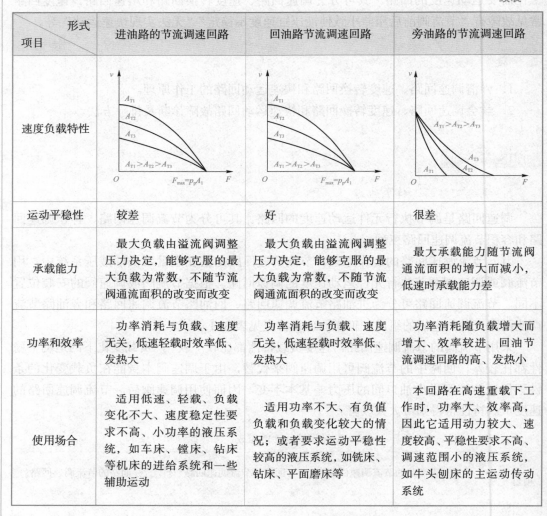		
运动平稳性	较差	好	很差
承载能力	最大负载由溢流阀调整压力决定，能够克服的最大负载为常数，不随节流阀通流面积的改变而改变	最大负载由溢流阀调整压力决定，能够克服的最大负载为常数，不随节流阀通流面积的改变而改变	最大承载能力随节流阀通流面积的增大而减小，低速时承载能力差
功率和效率	功率消耗与负载、速度无关，低速轻载时效率低、发热大	功率消耗与负载、速度无关，低速轻载时效率低、发热大	功率消耗随负载增大而增大、效率较进、回油节流调速回路的高、发热小
使用场合	适用低速、轻载、负载变化不大、速度稳定性要求不高、小功率的液压系统，如车床、镗床、钻床等机床的进给系统和一些辅助运动	适用功率不大、有负值负载和负载变化较大的情况；或者要求运动平稳性较高的液压系统，如铣床、钻床、平面磨床等	本回路在高速重载下工作时，功率大、效率高，因此它适用动力较大、速度较高、平稳性要求不高、调速范围小的液压系统，如牛头刨床的主运动传动系统

（2）容积调速回路的工作原理。容积调速回路是利用改变变量泵或变量液压马达的排量来调节执行元件运动速度的调速回路。这种调速回路无溢流损失和节流损失，故效率高、发热少，但低速稳定性较差，变量泵和变量液压马达的结构复杂，成本高，因此，适用于高压大流量且对低速稳定性要求不高的大型机床、液压机、工程机械等大功率设备的液压系统。

容积调速回路按油液循环方式的不同，可分为开式和闭式两种。在开式回路中，液压泵从油箱吸油，执行元件的回油直接回到油箱，油箱容积大，油液能得到较充分冷却，但空气和脏物易进入回路。在闭式回路中，液压泵将油输出进入执行元件的进油腔，又从执行元件的回油腔吸油，闭式回路结构紧凑，只需要很小的补油箱，但冷却条件差。为了补偿工作中油液的泄漏，一般设补油泵，补油泵的流量为主泵流量的10%～15%。

容积调速回路按液压泵与执行元件组合方式不同，可分为定量泵—变量液压马达容积调速回路、变量泵—定量液压马达（或液压缸）容积调速回路和变量泵—变量液压马达容积调速回路。它们的组成、工作原理和特点见表3-2。

表3-2　几种容积调速回路的组成、工作原理和特点

项目 \ 类型	定量泵—变量液压马达容积调速回路	变量泵—定量液压马达（或液压缸）容积调速回路	变量泵—变量液压马达容积调速回路
图示	1、4—液压泵；2、5—溢流阀；3—液压马达	1、3—液压泵；2—单向阀；4、6—溢流阀；5—液压马达	3—液压泵；4、5、6、7—单向阀；8—溢流阀
特性曲线			
电动机转速（或液压缸速度）n_M	n_M 与液压马达排量 V_M 成反比	n_M 与泵排量 V_P 成正比	在恒转矩段，电动机排量 V_M 最大不变，由泵排量 V_P 调节 n_M，采用恒转矩调速；在恒功率段，泵排量 V_P 最大不变，由大到小改变电动机的排量 V_M，使电动机的转速 n_M 继续升高，采用恒功率调速
电动机的转矩 T_M	与液压马达排量 V_M 成正比	恒定	在恒转矩段，电动机的转矩 T_M 恒定；在恒功率段，由大到小改变电动机的排量 V_M，使电动机的转速继续升高，但其输出转矩 T_M 随之降低
电动机的功率 P_M	恒定最大	与泵排量 V_P 成正比	在恒转矩段，电动机的功率 P_M 与泵排量 V_P 成正比；在恒功率段，电动机的功率 P_M 恒定

类型 项目	定量泵—变量液压马达 容积调速回路	变量泵—定量液压马达 （或液压缸）容积调速回路	变量泵—变量液压马达容积 调速回路
功率损失	小	小	小
系统效率	高	高	高
调速范围	小	较大	大
价格	高	高	高
使用场合	调节不方便，很少单独 使用	大功率的场合	大功率且调速范围大的场合

（3）容积节流调速回路的工作原理。容积节流调速回路是通过改变变量泵排量和调节调速阀或节流阀流量配合工作来调节执行元件速度的调速回路。这种调速回路无溢流损失，有节流损失，其效率比节流调速回路高，但比容积调速回路低。采用流量阀调节进入执行元件的流量，克服了变量泵在负荷大、压力高时漏油大，运动速度不平稳的缺点，因此，这种回路常用于空载需要快速运动，承载时需要稳定的低速的各种中等功率设备的液压系统，如组合机床、车床、铣床等设备的液压系统。它可分为限压式变量泵和调速阀组成的容积节流调速回路与差压式变量泵和节流阀组成的容积节流调速回路两种。它们的组成、工作原理和特点见表 3-3。

表 3-3　两种容积节流调速回路的组成、工作原理和特点

类型 项目	限压式变量泵和调速阀组成的 容积节流调速回路	差压式变量泵和节流阀组成的 容积节流调速回路
图示	 1—液压泵；2—调速阀；3、4—换向阀； 5—压力继电器；6—溢流阀	 1、2—控制缸；3—差压式变量泵；4—换 向阀；5—可调节流阀；6—液压缸；7、 9—溢流阀；8—不可调节流阀
泵的供油 压力	可使泵的供油压力基本恒定	泵的供油压力与节流阀开口相适应

项目 \ 类型	限压式变量泵和调速阀组成的容积节流调速回路	差压式变量泵和节流阀组成的容积节流调速回路
泵的供油流量	泵的供油流量与液压缸所需要的流量相适应	泵的供油流量节流阀两端压力差控制，始终与节流阀的调节流量相适应
速度稳定性	好	好
调速范围	较大	较大
承载能力	好	好
发热	较小	小
价格	较高	较高
使用场合	适用速度范围大的中小功率场合	适用速度范围大的中小功率场合

（4）三种调速回路的比较和选用。节流调速回路、容积调速回路和容积节流调速回路主要性能比较见表 3-4。

表 3-4　节流调速回路、容积高速回路和容积节流调速回路主要性能比较

主要性能	回路类	节流调速回路				容积调速回路	容积节流调速回路	
		用节流阀		用调速阀			限压式	差压式
		进、回油	旁路	进、回油	旁路			
机械特性	速度稳定性	较差	差	好	好	较好	好	好
	承载能力	较好	较差	好	好	较好	好	好
调速范围		较大	小	较大	较大	大	较大	较大
功率特性	效率	低	较高	低	较高	最高	较高	较高
	发热	大	较小	大	较小	最小	较小	小
适用范围		适用于小功率、轻载的中、低压系统				适用于大功率、重载高速的中、高压系统	适用于速度范围大的中小功率场合	

调速回路的选用原则如下：

①负载小，且工作中负载变化也小的系统可采用节流阀节流调速回路；在工作中负载变化较大且要求低速稳定性好的系统，宜采用调速阀节流调速或容积节流调速回路；负载大、运动速度高、油的温升要求小的系统，宜采用容积调速回路。

一般来说，功率在 3 kW 以下的液压系统宜采用节流调速回路；3～5 kW 范围宜采用容积节流调速回路；功率在 5 kW 以上的宜采用容积调速回路。

②处于温度较高的环境下工作，且要求整个液压装置体积小、质量轻的情况，宜

采用闭式容积调速回路。

③节流调速回路的成本低，功率损失大，效率也低；容积调速回路因变量泵、变量电动机的结构较复杂，所以价格高，但其效率高、功率损失小；而容积节流调速回路则介于两者之间。所以选用哪种回路时需要综合分析。

2. 速度转换回路的工作原理

速度转换回路是使液压执行机构在一个循环中从一种速度转换成另一种运动速度的速度回路。常用速度转换回路有快慢速转换回路和两种慢速的转换回路。

（1）快慢速转换回路的工作原理。图 3-11 所示为用行程阀控制的快慢速转换回路的工作原理。在图示位置时，液压油经换向阀 2 进入液压缸 3 左腔，而液压缸 3 右腔的液压油经行程阀 4 和换向阀 2 流回油箱，使活塞快速向右运动。当快速运动到达所需位置时，活塞上挡块压下行程阀 4，将其通路关闭，这时液压缸 3 右腔的回油就必须经过调速阀 6 流回油箱，活塞的运动转换为工作进给运动（简称工进）。当操纵换向阀 2 使活塞换向后，压力油可经换向阀 2 和单向阀 5 进入液压缸 3 右腔，其左腔的油直接回油箱，使活塞快速向左退回。

在这种速度转换回路中，因为行程阀的通油路是由液压缸活塞的行程控制阀芯移动而逐渐关闭的，所以转换时的位置精度高，冲出量小，运动速度的变换也比较平稳。这种回路在机床液压系统中应用较多，它的缺点是行程阀的安装位置受一定限制，所以有时管路连接稍复杂。

（2）两种慢速的转换回路的工作原理。常见的两种慢速的转换回路有两个调速阀串联的速度转换回路和两个调速阀并联的速度转换回路两种。

①两个调速阀串联的速度转换回路的工作原理。两个调速阀串联的速度转换回路的工作原理如图 3-12 所示。在图示位置时，液压泵输出的压力油经调速阀 2 和电磁

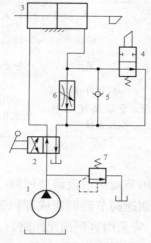

图 3-11　用行程阀控制的快慢速转换回路的工作原理

1—液压泵；2—换向阀；3—液压缸；4—行程阀；

5—单向阀；6—调速阀；7—溢流阀

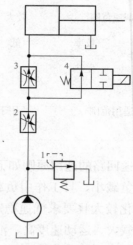

图 3-12　两个调速阀串联的速度转换回路的工作原理

1—溢流阀；2、3—调速阀；4—换向阀

阀4左位进入液压缸，这时的流量由调速阀2控制，当需要第二种工作进给速度时，电磁阀4通电，其右位接入回路，电磁阀4不能通油，则液压泵输出的压力油先经调速阀2，再经调速阀3进入液压缸，这时的流量应由调速阀3控制，回路中调速阀3的节流口应调得比调速阀2小，否则调速阀3速度转换回路将不起作用。这种回路在工作时调速阀2一直工作，它限制着进入液压缸或调速阀3的流量，因此，在速度转换时不会使液压缸产生前冲现象，转换平稳性较好。在调速阀3工作时，油液需要经两个调速阀，故能量损失较大，系统发热也较大。

②两个调速阀并联的速度转换回路的工作原理。两个调速阀并联的速度转换回路的工作原理如图3-13所示。在这种回路中，两个调速阀可以独立地调节各自的流量，互不影响，但一个调速阀工作时，另一个调速阀内无油通过，它的减压阀不起减压作用而处于最大开度状态，当速度切换时，在减压阀阀口还未来得及关小时，已有大量油液通过阀口而进入液压缸，从而使工作部件出现突然前冲现象，速度换接不平稳。因此，它不适用于工作过程中实现速度换接，只可用于速度预选的场合。

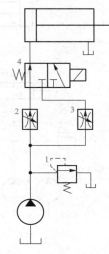

图3-13　两个调速阀并联的速度
转换回路的工作原理

1—溢流阀；2、3—调速阀；4—换向阀

3. 快速运动回路的工作原理

快速运动回路又称为增速回路，是一种使执行元件获得必要的高速，以提高系统的工作效率的速度回路。常用的快速运动回路有双泵供油的快速运动回路和液压缸差动连接的快速运动回路两种。

（1）双泵供油的快速运动回路的工作原理。双泵供油的快速运动回路的工作原理如图3-14所示。回路中高压小流量泵10与低压大流量泵1并联构成双泵供油回路。液压缸快速运动时，由于系统压力低，液控顺序阀2处于关闭状态，单向阀3打开，低压大流量泵1与高压小流量泵泵10同时向系统供油，实现快速运动；液压缸工作进给时，负载增大，系统压力升高，使液控顺序阀2打开，低压大流量泵1卸荷，这时单向阀3关闭，系统由高压小流量泵10单独供油，实现慢速运动。

双泵供油的快速运动回路功率利用合理、效率高，并且速度换接较平稳，在快、慢速度相差较大的液压系统中应用很广泛，缺点是要用一个双联泵，系统也稍复杂。

（2）液压缸差动连接的快速运动回路的工作原理。液压缸差动连接的快速运动回路的工作原理如图3-15所示。当1YA通电，3YA断电时，换向阀1和3处于左位工作，液压缸形成差动连接，实现快速运动；当1YA通电，3YA通电时，换向阀1处于左位工作，而换向阀3处于右位工作，液压缸的差动连接被切断，液压缸回油经过调速阀2，流回油箱，实现工进；当1YA断电，2YA，3YA通电时，换向阀1处于右位工作，而换向阀 3 处于右位工作，液压缸快速退回。

这种快速运动回路结构简单，价格低，应用普遍。但要注意此回路的阀和管道应按差动连接时的较大流量选用，否则压力损失过大，使溢流阀在快进时也开启，则无法实现差动。

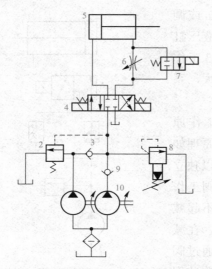 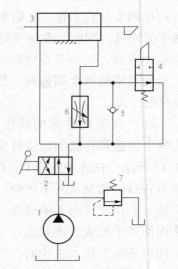

图 3-14 双泵供油快速运动回路的工作原理
1—低压大流量泵；2、8—液控顺序阀；3—单向阀；
4、7—换向阀；5—液压缸；6—节流阀；10—高压小流量泵

图 3-15 液压缸差动连接快速运动回路
的工作原理
1、3—换向阀；2—单向调速阀

4. 速度回路常见故障诊断及排除

（1）"节流阀前后压差小致使液压缸速度不稳定"故障诊断及排除。图 3-16 所示为节流调速回路。换向阀采用电磁换向阀，溢流阀的调节压力比液压缸工作压力高 0.3 MPa，在工作过程中常开，起定压与溢流作用。液压缸推动负载运动时，运动速度达不到调定值。

引起这一故障的原因是溢流阀调节压力较低。在进油路节流调速回路中，液压缸的运动是通过节流阀的流量决定的，通过节流阀的流量又取决于节流阀的过流断面的横截面面积和节流阀前后压力差，这个压力差达 0.2 ～ 0.3 MPa，再调节节流阀就能使通过节流阀的流量稳定。在上述回路中，油液通过节流阀前后的压力差为 0.2 MPa，这样就造成节流阀前后压力差低于允许值，通过节流阀的流量就达不到设计要求的值，为保证液压缸的运动速度，需要提高溢流阀的调节压力到 0.5 ～ 0.8 MPa。

需要指出的是，在使用调速阀时，同样需要保证调速阀前后的压力差 0.5 ～ 0.8 MPa 范围内，若小于 0.5 MPa，调速阀的流量很可能会受外负载的影响，随外负载的变化而变化。

（2）"系统中进了空气，机床工作台爬行"故障诊断及排除。图 3-17 所示为磨床工作台进给调速回路。采用出口节流调速回路，在工作过程中，当速度降到一定值时，工作台速度会产生周期性变化，甚至时动时停，即工作台相对于床身导轨做黏着滑动

交替的运动，也就是所说的"爬行"，检查油箱内油液表面出现大量针状气泡，压力表显示系统存在小范围的压力波动。

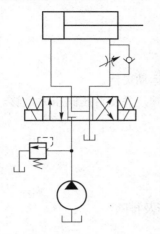 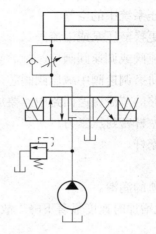

图 3-16　节流调速回路　　　　图 3-17　磨床工作台进给液压调速回路

液压传动以液压油为工作介质，当空气进入液压系统后，一部分溶解于压力油中；另一部分形成气泡浮游在压力油中。由于工作台的液压缸位于所有液压元件的最高处，空气极易集聚在这里，因此直接影响工作台的平稳性，产生爬行现象。

当采用适当措施排除了系统中的空气后，液面的针状气泡消失，压力表波动减小，但全行程的爬行现象变成了不规则的间断爬行。引起这种现象的原因：当工作台低速运动时，节流阀的通流面积极小，油中杂质及污物极易聚集在这里，液流速度高，引起发热，将油析出的沥青等杂物黏附在节流口处，致使通过节流阀的流量减小；同时，因节流口压力差增大，将杂质从节流口处冲走，使通过节流口的流量又增加，如此反复，致使工作台出现间歇性的跳跃。还应当指出的是，在同样速度要求下回油路节流调速回路中节流阀的通流面积要调得比进油路节流调速回路中节流阀的小，因此，低速时前者的节流阀更容易堵塞，产生爬行现象。

（3）"执行元件爬行"故障诊断及排除。

故障原因：

①液压系统中进了空气。

②液压泵流量脉动大，溢流阀振动造成系统压力脉动，引起液压缸或液压马达速度变化。

③节流阀或调速阀阀口堵塞，系统泄漏不稳定。

④调速阀中减压阀阀芯不灵活造成流量不稳定而引起爬行。

⑤在进油路的节流调速回路中，无背压或背压不足时，外负载变化时导致执行元件速度变化而引起爬行。

⑥活塞杆密封压得过紧。

⑦活塞杆弯曲。

⑧导轨与缸的轴线不平行。

学习笔记

⑨导轨润滑不良。

排除方法：

①排净液压系统中的空气。

②检修或更换液压泵或溢流阀。

③清洗节流阀或调速阀阀口。

④清洗或研磨调速阀中减压阀阀芯，使其运动灵活。

⑤在进油路的节流调速回路中，要加背压阀，并使背压阀压力足够。

⑥调整活塞杆密封压紧力。

⑦校正活塞杆。

⑧校正。

⑨加强导轨的润滑。

（4）"负载增加时速度显著下降"故障诊断及排除。

故障原因：

①液压缸（或液压泵）或液压系统中其他元件的泄漏随着负载压力增大而显著增大。

②液压油的温度异常升高，其黏度下降，导致泄漏增加。

③调速阀中减压阀阀芯卡死于打开位置，则负载增加时，通过节流的流量下降。

排除方法：

①检修或更换液压系统相关元件的密封。

②检修冷却器，加强液压系统散热。

③清洗或研磨调速阀中减压阀阀芯，使其运动灵活。

（5）"无法实现速度转换"故障诊断及排除。

故障原因：

①用行程阀控制的快慢速转换回路中单向阀故障。

②用行程阀控制的快慢速转换回路中行程阀故障。

③用调速阀控制的慢速转换回路中调速阀故障。

④用调速阀控制的慢速转换回路中换向阀故障。

⑤液压缸或液压马达卡死。

排除方法：

①检修或更换单向阀。

②检修或更换行程阀。

③检修或更换调速阀。

④检修或更换换向阀。

⑤检修或更换液压缸或液压马达。

（6）"无法实现快速运动"故障诊断及排除。

故障原因：

①双泵供油的增速回路中大流量的液压泵故障，无法工作。

②换向阀故障。

③液压缸或液压马达卡死。

排除方法：

①检修或更换大流量的液压泵。

②检修或更换换向阀。

③检修或更换液压缸或液压马达。

观察或实践

1. 现场观察或通过视频观察速度回路的组成。

2. 现场观察或通过视频观察速度回路常见故障诊断与排除过程；有条件时，可现场实践。

练习题

1. 调速回路有哪几种？

2. 如何选用调速回路？

3. 简述速度回路常见故障诊断及排除方法。

4. 简述速度转换回路的工作原理。

5. 简述增速回路的工作原理。

学习评价

评价形式	比例	评价内容	评价标准	得分
自我评价	30%	（1）出勤情况； （2）学习态度； （3）任务完成情况	（1）好（30分）； （2）较好（24分）； （3）一般（18分）	
小组评价	10%	（1）团队合作情况； （2）责任学习态度； （3）交流沟通能力	（1）好（10分）； （2）较好（8分）； （3）一般（6分）	
教师评价	60%	（1）学习态度； （2）交流沟通能力； （3）任务完成情况	（1）好（60分）； （2）较好（48分）； （3）一般（36分）	
汇总				

任务 3.4　顺序动作回路故障诊断及排除

顺序动作回路是使多执行元件液压系统中的各执行元件按设定顺序进行顺序动作的液压回路，可分为压力控制的顺序动作回路和行程控制的顺序动作回路两大类。顺序动作回路常见故障有"用顺序阀控制的顺序动作回路无法实现顺序动作""用压力继电器控制的顺序动作回路无法实现顺序动作"等。

学习要求

1. 弄清顺序动作回路的工作原理。
2. 学会顺序动作回路故障诊断及排除方法。

知识准备

1. 压力控制的顺序动作回路的工作原理

压力控制的顺序动作回路是用液压系统中的压力差别来控制多个执行元件先后动作的顺序动作回路。常见的有用顺序阀控制的顺序动作回路和用压力继电器控制的顺序动作回路两种。

（1）用顺序阀控制的顺序动作回路的工作原理。用顺序阀控制的顺序动作回路的工作原理如图 3-18 所示。这种回路用顺序阀 3 和 4 控制液压缸 1 和 2 实现①、②、③、④工作顺序动作。当 1YA 通电时，电磁换向阀处于左位工作，压力油进入液压缸 1 的左腔，液压缸的右腔中油液经顺序阀 3 中的单向阀流回油箱，此时由于压力较低，顺序阀 4 关闭，液压缸 1 的活塞先向右移动，实现动作①；当液压缸 1 的活塞运动至终点时，油压升高，达到单向顺序阀 4 的调定压力时，顺序阀 4 开启，压力油进入液压缸 2 的左腔，液压缸 2 右腔中油液流回油箱，液压缸 2 的活塞向右移动，实现动作②。当 2YA 通电时，电磁换向阀处于右位工作，此时压力油进入液压缸 2 的右腔，其左腔中的油液经顺序阀 4 中的单向阀流回油箱，使液压缸 2 的活塞向左返回，实现动作③；当液压缸 2 的活塞向左移动到达终点时，压力油升高打开顺序阀 3，再使液压缸 1 的活塞返回，实现动作④。

这种顺序动作回路的可靠性在很大程度上取决于顺序阀的性能及其压力调定值。顺序阀的调定压力应比先动作的液压缸的工作压力高 0.8 ～ 1.0 MPa，以防止在液压系统压力波动时发生误动作。

（2）用压力继电器控制的顺序动作回路的工作原理。用压力继电器控制的顺序动作回路的工作原理如图 3-19 所示。这种回路用压力继电器 3、4、5、6，控制液压缸 7

和8实现①、②、③、④工作顺序动作。当1YA通电时，换向阀1左位工作，液压油进入液压缸7的左腔，其右腔的油液流回油箱，液压缸7的活塞向右移动，实现动作①；当液压缸7的活塞向右移动到右端时，液压缸7左腔压力上升，达到压力继电器3的调定压力时发出信号，使电磁铁1YA断电，3YA通电，换向阀2左位工作，压力油进入液压缸8的左腔，其右腔中油液流回油箱，其活塞右移，实现动作②；当液压缸8的活塞向右移动到行程端点时，液压缸8左腔压力上升，达到压力继电器5的调定压力时发信号，使电磁铁3YA断电，4YA通电，换向阀2右位工作，压力油进入液压缸8的右腔，其左腔的油液流回油箱，其活塞左移，实现动作顺序③；当液压缸8的活塞向左移动到行程端点时，液压缸8右腔压力上升，达到压力继电器6的调定压力时发信号，使电磁铁4YA断电，2YA通电，换向阀1右位工作，液压缸7的活塞向左退回，实现动作④。当液压缸7的活塞向左退回到左端后，液压缸7右端压力上升，达到压力继电器4的调定压力时发出信号，使电磁铁2YA断电，1YA通电，换向阀1左位工作，压力油进入液压缸7左腔，自动重复上述动作循环，直到按下停止按钮为止。

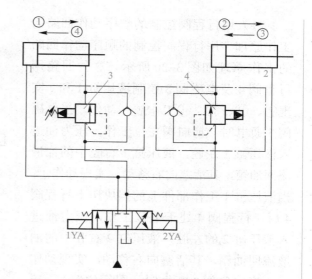

图 3-18　用顺序阀控制的顺序动作回路的工作原理

1、2—液压缸；3、4—顺序阀

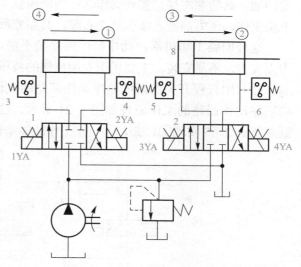

图 3-19　用压力继电器控制的顺序动作回路的工作原理

1、2—换向阀；3、4、5、6—压力继电器；7、8—液压缸

在这种顺序动作回路中，为了防止压力继电器在前一行程液压缸到达行程端点以前发生误动作，压力继电器的调定值应比前一行程液压缸的最大工作压力高 0.3～0.5 MPa，同时，为了能使压力继电器可靠地发出信号，其压力调定值又应比溢流阀的调定压力低 0.3～0.5 MPa。

2.　行程控制顺序动作回路的工作原理

行程控制顺序动作回路常见的有用行程阀控制的顺序动作回路和用行程开关控制的顺序动作回路两种。

（1）用行程阀控制的顺序动作回路的工作原理。用行程阀控制的顺序动作回路的工作原理如图3-20所示。这种回路用行程阀4及电磁阀3控制液压缸1和2实现①、②、③、④工作顺序动作。当电磁阀3通电时，换向阀左位工作，压力油进入液压缸1左腔，液压缸1右腔中的油液流回油箱，其活塞向右移动，实现动作①；当液压缸1工作部件上的挡块压下行程阀4后，行程阀4处于上位工作，压力油进入液压缸2的左腔，液压缸2右腔中的油液流回油箱，其活塞向右移动，实现动作②；当电磁阀3断电时（图示位置），压力油进入液压缸1右腔，液压缸1左腔中

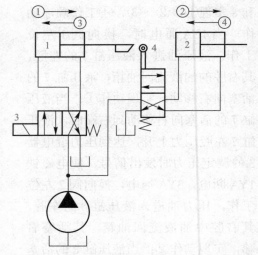

图3-20 用行程阀控制的顺序动作回路的工作原理

1、2—液压缸；3—电磁阀、4—行程阀

的回油，其活塞左移，实现动作③；当液压缸1工作部件上的挡块离开行程阀4，使其下位工作，压力油进入液压缸2右腔，其左腔回油，其活塞左移，实现动作④。

这种回路工作可靠，动作顺序的换接平稳，但改变工作顺序困难，且管路长，压力损失大，不易安装，主要用于专用机械的液压系统。

（2）用行程开关控制的顺序动作回路的工作原理。用行程开关和电磁换向阀控制的顺序动作回路的工作原理如图3-21所示。这种回路用行程开关控制电磁阀1、8控制液压缸2、5实现①、②、③、④工作顺序动作。

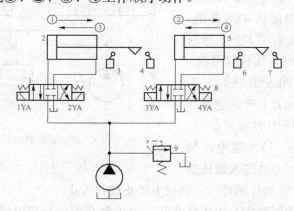

图3-21 用行程开关和电磁换向阀控制的顺序动作回路的工作原理

1、8—电磁阀；2、5—液压缸；3、4、6、7—行程开关

操作时，首先按动启动按钮，使电磁铁1YA得电，压力油进入液压缸2的左腔，其右腔的油流回油箱，使活塞按①所示方向向右运动，实现动作①；当活塞杆上的挡块压下行程开关4后，通过电气上的连锁使1YA断电，3YA得电，液压缸2的活塞停止运动，压力油进入液压缸5的左腔，使其按②所示的方向向右运动，实现动作②；当活塞

杆上的挡块压下行程开关 7，使 3YA 断电，2YA 得电，压力油进入液压缸 2 的右腔，使其活塞按③所示的方向向左运动，实现动作③；当活塞杆上的挡块压下行程开关 3，使 2YA 断电，4YA 得电，压力油进入油缸 5 右腔，使其活塞按④的方向返回，实现动作④。当挡块压下行程开关 6 时，4YA 断电，活塞停止运动，至此完成一个工作循环。

这种回路的优点是控制灵活方便、其动作顺序更换容易、液压系统简单、易实现自动控制。但顺序转换时有冲击，位置精度与工作部件的速度和质量有关，而可靠性则由电气元件的质量决定。

3. 顺序动作回路故障诊断及排除

（1）"用顺序阀控制的顺序动作回路无法实现顺序动作"故障诊断及排除。图 3-18 所示为用顺序阀控制的顺序动作回路的工作原理，这类回路产生不顺序动作的故障的主要原因是顺序阀的压力调整值不当或其性能故障。

当顺序阀压力调节不当时，就会出现这类故障，排除时，要将顺序阀 3 和 4 的压力调整好，后动的顺序阀 4 的调节压力应比液压缸 1 的工作压力调高 0.8 ～ 1 MPa，顺序阀 3 的调节压力应比液压缸 2 的后退动作③的工作压力调高 0.8 ～ 1 MPa，以免系统中的工作压力波动使顺序阀出现误动作。

当顺序阀 3 和 4 本身出现故障，也会顺序动作回路无法实现顺序动作，这类故障通过检修或更换顺序阀即可排除。

值得注意的是，往往要系统最高压力即溢流阀设定的最大压力已经确定的情况下，有时已无法再调高或安排各顺序阀的设定压力，此时宜改用行程控制方式来实现顺序动作。

（2）"用压力继电器控制的顺序动作回路无法实现顺序动作"故障诊断及排除。图 3-19 所示为用压力继电器控制的顺序动作回路的工作原理。这类回路产生不顺序动作的故障的原因是压力继电器的压力调节不当或压力继电器本身故障。

如果确定这类故障是因为压力继电器的压力调节不当引起的，只需要将正确调节压力继电器的压力即可。如图 3-19 中压力继电器 3，为防止未完成动作①之前应误发信号，压力继电器 3 的调节压力应比缸 7 的前进负载压力大 0.3 ～ 0.5 MPa，系统溢流阀的调节压力要大于压力继电器 3 的工作压力，另外，其他几个压力继电器的压力也应照此正确调节其工作压力。

如果确定这类故障是因为压力继电器的本身发生了故障，应检修或更换有故障的压力继电器。

（3）"用行程阀控制的顺序动作回路无法实现顺序动作"故障诊断及排除。图 3-20 所示为用行程阀控制的顺序动作回路的工作原理。这类回路产生不顺序动作的故障的原因：

①撞块松动或磨损。

②行程阀故障。

排除方法：

①要检修撞块，使其使压下的行程阀位置正确。

②检修或更换行程阀。

（4）"用行程开关控制的顺序动作回路无法实现顺序动作"故障诊断及排除。图 3-21 所示为用行程开关控制的顺序动作回路的工作原理。这类回路产生不顺序动作的故障原因：

①行程开关故障。

②电路故障。

③换向阀故障。

④活塞杆上撞块磨损或松动。

排除方法：

①检修或更换行程开关。

②检修电路。

③检修或更换换向阀。

④检修要检修撞块，使其使压下的行程开关位置正确。

 观察或实践

1．现场观察或通过视频观察顺序动作回路的组成。

2．现场观察或通过视频观察顺序动作回路常见故障诊断与排除过程；有条件时，可现场实践。

 练习题

1．简述顺序动作回路的作用和种类。

2．简述压力控制的顺序动作回路的工作原理。

3．简述"用顺序阀控制的顺序动作回路无法实现顺序动作"故障诊断与排除方法。

4．简述行程控制顺序动作回路的工作原理。

5．简述顺序动作回路故障诊断及排除方法。

 学习评价

评价形式	比例	评价内容	评价标准	得分
自我评价	30%	（1）出勤情况； （2）学习态度； （3）任务完成情况	（1）好（30分）； （2）较好（24分）； （3）一般（18分）	
小组评价	10%	（1）团队合作情况； （2）责任学习态度； （3）交流沟通能力	（1）好（10分）； （2）较好（8分）； （3）一般（6分）	

评价形式	比例	评价内容	评价标准	得分
教师评价	60%	（1）学习态度； （2）交流沟通能力； （3）任务完成情况	（1）好（60分）； （2）较好（48分）； （3）一般（36分）	
汇总				

任务 3.5　同步回路故障诊断及排除

同步回路是使两个或多个执行元件在运动中保持相同速度或位移同步运动的回路。同步回路常见故障有"用调速阀控制的单向同步回路无法实现同步""用等量分流阀控制的同步回路无法实现同步"等。

学习要求

1. 弄清同步回路的工作原理。
2. 学会同步回路故障诊断及排除方法。

知识准备

1. 同步回路的工作原理

常见的同步回路有用调速阀控制的同步回路、用等量分流阀控制的同步回路、液压缸串联或并联的同步回路和带补偿装置的串联液压缸的同步回路等。

（1）用调速阀控制的同步回路的工作原理。采用调速阀的单向同步回路的工作原理如图 3-22 所示。两个液压缸是并联的，在它们的进（回）油路上，分别串接一个调速阀，仔细调节两个调速阀的开口大小，便可控制或调节进入或自两个液压缸流出的流量，使两个液压缸在一个运动方向上实现同步，即单向同步。这种同步回路结构简单，但是两个调速阀的调节比较麻烦，而且还受油温、泄漏等的影响，故同步精度不高，不宜用于偏载或负载变化频繁的场合。

（2）带补偿装置的串联液压缸的同步回路的工

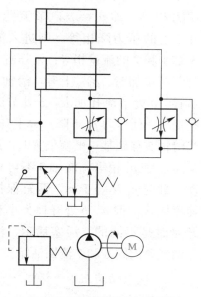

图 3-22　用调速阀控制的单向
同步回路的工作原理

作原理。带有补偿装置的两个液压缸串联的同步
回路的工作原理如图3-23所示。当两缸同时下行
时，若液压缸5活塞先到达行程端点，则挡块压
下行程开关4，电磁铁1YA得电，换向阀3左位
投入工作，压力油经换向阀3和液控单向阀6进
入液压缸5上腔，进行补油，使其活塞继续下行
到达行程端点。如果液控单向阀6活塞先到达端
点，行程开关8使电磁铁2YA得电，换向阀3右
位投入工作，压力油进入液控单向阀控制腔，打
开液控单向阀6，液压缸5下腔与油箱接通，使其
活塞继续下行达到行程端点，从而消除累积误差。
这种回路允许较大偏载，偏载所造成的压差不影
响流量的改变，只会导致微小的压缩和泄漏，因
此同步精度较高，回路效率也较高。

（3）用等量分流阀控制的同步回路的工作
原理。用等量分流阀的同步回路的工作原理如图
3-24所示。这种回路同步精度较高，能承受变动
负载和偏载。当换向阀左位工作时，压力为 p_Y 的
油液经两个尺寸完全相同节流孔4和5及分流阀
上 a、b 处两个可变节流孔进入液压缸1和2，两
缸活塞前进。当分流阀的滑轴3
处于某一平衡位置时，滑轴两端
压力相等，即 $p_1 = p_2$，节流孔4
和5上的压力降相等，则进入液
压缸1和2的流量相等；液压缸1
的负荷增加时，p_1' 上升，滑轴3
右移，a 处节流孔加大，b 处节流
孔变小，使压力 p_1 下降，p_2 上升；
当滑轴3移到某一平衡位置时，p_1
又重新和 p_2 相等，滑轴3不再移
动，此时 p_1 又等于 p_2，两缸保持
速度同步，但 a、b 处开口大小和
开始时是不同的，活塞后退，液
压油经单向阀6和7流回油箱。

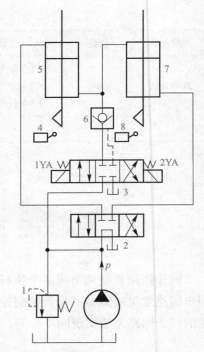

图3-23 带补偿装置的串联液压缸的同步
回路的工作原理

1—溢流阀；2、3—换向阀；4、8—行程
开关；5、7—液压缸；6—液控单向阀

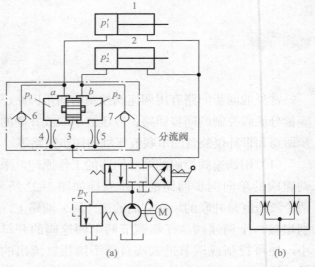

图3-24 用等量分流阀控制的同步回路的工作原理

1、2—液压缸；3—滑轴；4、5—节流孔；6、7—单向阀

2．双泵供油互不干扰回路的工作原理

在一泵多执行的液压系统中，往往其中一个执行元件快速运动时，会造成系统的
压力下降，影响其他执行元件工作进给的稳定性。因此，在工作进给要求比较稳定的

多执行元件液压系统中，必须采用快慢速互不干涉回路。

图 3-25 所示为双泵供油互不干扰回路的工作原理。各液压缸分别要完成快进、工作进给和快速退回的自动循环。回路采用双泵的供油系统，泵 1 为高压小流量泵，供给各缸工作进给所需的压力油；泵 12 为低压大流量泵，为各缸快进或快退时输送低压油，它们的压力分别由溢流阀 2 和 11 调定。当电磁铁 3YA、4YA 通电时，阀 5、8 处于左位工作，两缸都由低压大流量泵 12 供油供差动快进，小泵 1 供油在阀 5、8 处被堵截。假设液压缸 6 先完成快进，使 1YA 通电、3YA 断

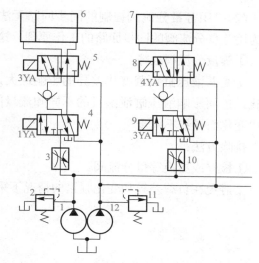

图 3-25　双泵供油互不干扰回路的工作原理

1—高压小流量泵；2、11—溢液阀；3、10—调速阀；4、5、8、9—换向阀；6、7—液压缸；12—低压大流量泵

电，而 4YA 仍通电，此时低压大流量泵 12 对液压缸 6 的进油路被切断，而小泵 1 的进油路打开，液压缸 6 由调速阀 3 调速做工作进给，液压缸 7 仍做快进，互不影响。当各缸都转为工进后，它们全由小泵 1 供油。此后如果液压缸 6 又先完成工进，行程开关使 1YA 通电、3YA 通电，液压缸 6 即由低压大流量泵 12 供油快退。当所有电磁阀都断开时，各缸都停止运动，并被锁于所在位置上。

3．同步回路故障诊断及排除

（1）"用调速阀控制的单向同步回路无法实现同步"故障诊断及排除。图 3-22 所示为用调速阀控制的单向同步回路的工作原理。这类回路无法实现同步的原因：

①液压油的清洁度影响，导致两调速阀节流小孔的局部阻塞情况各异和调速阀中减压阀的动作迟滞程度不一，影响输入缸的流量不一，产生不同步。

②受两液压缸负载变化差异的影响最大，负载的不同变化导致液压缸工作压力的变化，进而影响液压缸泄漏量的不同和流量阀进出口压力差的变化，使液压缸的流量发生变化而导致不同步。

③调速阀受油温变化影响，造成进入液压缸的流量差异。

④两调速阀因制造精度和灵敏度差异及其他差异导致输出流量不一致。

排除方法：

①加强油污管理，增设滤油器，必要时换油。

②避免在负载差异和变化频繁的情况下采用这种同步回路。

③要控制油温，并采用带温度补偿的调速阀。

④要提高调速阀的制造精度，所选用的调速阀性能尽可能一致，调速阀尽量安装得靠近液压缸。

（2）"用等量分流阀控制的同步回路无法实现同步"故障诊断及排除。图 3-24 所示为用等量分流阀的同步回路的工作原理，这类回路无法实现同步的原因：

①等量分流阀故障。

②受两液压缸负载变化差异的影响最大，负载的不同变化导致液压缸工作压力的变化，进而影响液压缸泄漏量的不同和流量阀进出口压力差的变化，使液压缸的流量发生变化而导致不同步。

排除方法：

①检修或更换等量分流阀。

②避免在负载差异和变化频繁的情况下采用这种同步回路。

1．现场观察或通过视频观察同步回路的组成。

2．现场观察或通过视频观察同步回路常见故障诊断与排除过程；有条件时，可现场实践。

1．简述"用调速阀控制的单向同步回路无法实现同步"故障诊断与排除方法。

2．简述同步回路的作用和种类。

3．简述用调速阀控制的同步回路的工作原理。

学习评价

评价形式	比例	评价内容	评价标准	得分
自我评价	30%	（1）出勤情况； （2）学习态度； （3）任务完成情况	（1）好（30分）； （2）较好（24分）； （3）一般（18分）	
小组评价	10%	（1）团队合作情况； （2）责任学习态度； （3）交流沟通能力	（1）好（10分）； （2）较好（8分）； （3）一般（6分）	
教师评价	60%	（1）学习态度； （2）交流沟通能力； （3）任务完成情况	（1）好（60分）； （2）较好（48分）； （3）一般（36分）	
汇总				

项目4　液压传动系统常见故障诊断及排除

液压传动系统在工作中发生故障是难免的，但决不会突然发生，因为无论是元件磨损、性能下降，还是寿命缩短等都是逐渐发生、发展的；而且在故障发生过程中，总会伴有一些征兆，如温升、振动、噪声等，待发展到一定程度，才会形成故障。如果这些征兆能及时发现并加以控制或排除，则系统的故障就可相对减少，甚至排除。所以，液压传动系统在其发生故障之前，进行早期预报，实现先进的"状态排除"使液压设备随时处于良好状态，保证安全生产。

 任务 4.1 **液压传动系统常见故障诊断及排除**

液压传动系统常见故障有"压力失控""速度失控""动作失控""温度异常升高""异常振动与噪声"及"系统泄漏"等。

 学习目标

1. 弄清液压传动系统发生故障的主要原因。
2. 学会对液压传动系统压力失控、速度失控、动作失控、温度异常升高、异常振动与噪声及系统泄漏等常见故障进行诊断和排除。

知识准备

1. 液压传动系统发生故障的主要原因

液压传动系统发生故障，主要是构成回路的元件本身产生的动作不良和系统回路的相互干涉，以及某元件单体异常动作而产生的。在液压元件故障中，液压泵的故障率最高，占液压元件故障率的30%左右，所以要引起足够的重视。另外，由于工作介质选用不当和管理不善而造成的液压传动系统故障也非常多。在液压传动系统的全部故障中有70%～80%是由液压油的污染物引起的，而在液压油引起的故障中约有90%是杂质造成的。杂质对液压传动系统十分有害，它能加剧元件磨损、泄漏增加、性能下降、寿命缩短，甚至导致元件损坏和系统失灵。

液压传动系统发生故障有些是渐发的，如设备年久失修、零件磨损、腐蚀和疲劳及密封件老化等；有些是突发性故障，如元件因异物突然卡死、动作失灵所引起的；也有些故障是综合因素所致，如元件规格选择、配置不合理等，因安装、调整及设定不当等；也有些是因机械、电气及外界因素影响而引起的。以上这些因素都给液压传动系统故障诊断增加了难度。另外，由于系统中各个液压元件的动作是相互影响的，所以一个故障排除了，往往还会出现另一个故障，因此，在检查、分析、排除故障时，必须注意液压传动系统的密封性。

2. 液压传动系统故障诊断步骤

近年来，随着设备管理水平的不断提高，在设备排除部门开始采用状态监测技术，用以预防设备故障的发生，给设备排除提供了可靠依据。可以在液压传动系统运行中或基本不拆卸零件的情况下，了解和掌握系统运行情况，判断故障的部位和原因，并能预测出液压传动系统未来的技术状态。液压传动系统故障诊断的方法有多种，但一般按以下步骤进行：

（1）熟悉性能和资料。在查找故障之前，首先要了解设备的性能，仔细研究弄清液压原理图。不但要弄清各元件的性能和在系统中的作用，还要弄清它们之间的相互联系，以及型号、生产厂家和出厂日期等。

（2）现场调查、了解情况。要向操作者询问设备发生故障前后的状况、大概部位和故障现象。如果还能动作，应亲自启动设备，查找故障部位并观察液压传动系统的压力变化和工作情况，检查是否漏油、有无异常噪声和振动等。

（3）归纳分析、排除故障。将现场观察到的情况，以及操作者提供的线索和原始记录，进行综合分析，查明故障原因。目前，排查液压传动系统故障大致有两种方法，即顺向分析法和逆向分析法。顺向分析法是从引起故障的各种原因出发，逐个分析各种原因对液压传动系统故障的影响。顺向分析法对预测和监测液压传动系统故障具有重要的作用。逆向分析法是从液压传动系统故障的结果出发，向引起液压传动系统故障的原因进行分析。它能准确地判断出故障的部位，然后拟订排除故障方案并组织实施。

（4）总结经验。将本次发生故障的现象、部位和排除方法归入设备档案，作为原始资料存档，积累设备排除工作经验。

3. 液压传动系统故障诊断方法

液压传动系统故障的诊断方法很多，如感官诊断法、对换诊断法、仪表测量检查法、基于信号处理与建模分析法、基于人工智能的诊断方法等。

（1）感官诊断法。感官诊断法是直接通过排除人员的感觉器官去检查、识别和判断液压传动系统故障部位、现象和性质，然后依靠排除人员的经验作出判断和处理的一种方法。对于一些较为简单的故障，可以通过眼看、手摸、耳听和嗅闻等手段对零部件进行检查。

①视觉诊断法是用眼睛来观察液压传动系统工作情况，观察液压传动系统各测压点的压力值、温度变化情况，检查油液是否清洁、油量是否充足。观察液压阀及管路接头处、液压缸端盖处、液压泵传动轴处等是否有漏油现象。观察从设备加工出的产品或所进行的性能试验，鉴别运动机构的工作状态、系统压力和流量的稳定性及电磁阀的工作状态等。

②听觉诊断法是用耳朵来判断液压传动系统或元件的工作是否正常等。听液压泵和液压传动系统噪声是否过大；听溢流阀等元件是否有异常声音；听工作台换向时冲击声是否过大；听活塞是否有冲撞液压缸底的声音等。

③触觉诊断法是用手触摸运动部件的温度和工作状态，用手触摸液压泵外壳、油箱外壁和阀体外壳的温度。若手指触摸感觉较凉时，说明所触摸件温度为 5 ℃～10 ℃；若手指触摸感觉温而不烫时，说明所触摸件温度为 20 ℃～30 ℃；若手指触摸感觉热而烫但能忍受时，说明所触摸件温度为 40 ℃～50 ℃；若手指触摸感觉烫并只能忍受 2～3 s 时，说明所触摸件温度为 50 ℃～60 ℃；若手指触摸感觉烫并急速缩回时，说明所触摸件温度为 70 ℃以上；如果超过 60 ℃以上就应查明原因。

用手触摸运动部件和油管，感觉有无明显振动。一般用食指、中指、无名指一起接触振动体，以判断其共振情况，若手指略有微脉振动感时，说明该振动为微弱振动；若手指有波颤抖振动感时，说明该振动为一般振动；若手指有颤抖振动感时，说明该振动为中等振动；若手指有跳抖振动感时，说明该振动为强振动。用手指摸油管，可判断管内有无油流动。若手指没有任何振动感，说明该管内无油流动；若手指有不间断的连续微振动感，说明该管内有压力油流动；若手指有无规则振颤感，说明该管内有少量油流动。用手摸工作台，可判断其慢速移动时有无爬行现象。用手摸挡铁、微动开关等控制元件，可判断其紧固螺钉的松紧程度。

④嗅觉诊断法是用鼻子闻液压油是否有异味，若闻到液压油局部有焦臭味，说明液压泵等液压元件局部发热，导致液压油被烤焦冒烟，据此可判断其发热部位。闻液压油是否有恶臭味或刺鼻的辣味，若有说明液压油已严重污染，不能再继续使用。

（2）对换诊断法。在排除现场缺乏诊断仪器或被查元件比较精密不宜拆开时，应采用此法。先将怀疑出现故障地元件拆下，换上新件或其他机器上工作正常、同型号的元件进行试验，看故障能否排除即可做出诊断。如某一液压传动系统工作压力不正常，根据经验怀疑是主安全阀出了故障，遂将现场同一型号的挖掘机上的主安全阀与该安全阀进行了对换，试机时工作正常，证实怀疑正确。用对换诊断法检查故障，尽管受到结构、现场元件储备或拆卸不便等因素的限制，操作起来也可能比较麻烦，但对于如平衡阀、溢流阀、单向阀之类的体积小、易拆装的元件，采用此法还是较方便的。对换诊断法可以避免因盲目拆卸而导致液压元件的性能降低。对上述故障如果不用对换法检查，而直接拆下可疑的主安全阀并对其进行拆解，若该元件无问题，装复后有可能会影响其性能。

（3）仪表测量检查法。仪表测量检查法就是借助对液压传动系统各部分液压油的压力、流量和油温的测量来判断该系统的故障点。在一般的现场检测中，由于液压传动系统的故障往往表现为压力不足，容易察觉；而流量的检测则比较困难，流量的大小只可通过执行元件动作的快慢做出粗略的判断。因此，在现场检测中，更多地采用检测系统压力的方法。

（4）基于信号处理与建模分析法。基于信号处理与建模分析的诊断法实质是以传感器技术和动态测试技术为手段，以信号处理和建模为基础的诊断技术。其主要包括基于信号处理的方法、基于状态估计的方法、基于参数估计的方法等。

（5）基于人工智能的诊断方法。液压故障的多样性、突发性、成因的复杂性和进行故障诊断所需要的知识对领域专家实践经验和诊断策略的依赖，使研制智能化的液压故障诊断系统成为当前的趋势。智能诊断技术在知识层次上实现了辩证逻辑与数理逻辑的集成、符号逻辑与数值处理的统一、推理过程与算法过程的统一、知识库与数据库的交互等功能，为构建智能化的液压故障诊断系统提供了坚实的基础。目前，基于人工智能技术的故障诊断法主要有基于神经网络的诊断法、基于专家系统的诊断法、基于模糊逻辑的诊断法等。

①基于神经网络的诊断法是利用神经网络具有非线性和自学习及并行计算能力，使其在液压传动系统故障诊断方面具有很大的优势。其具体应用方式有从模式识别角度应用神经网络作为分类器进行液压传动系统故障诊断；从故障预测角度应用神经网络作为动态模型进行液压传动系统故障预测；从检测故障的角度应用神经网络得到残差进行液压传动系统故障检测。

②基于专家系统的诊断法是利用知识的永久性、共享性和易于编辑等特点，广泛应用于液压传动系统故障诊断。基于专家系统的诊断法，由于知识是显式地表达的，具有很好的解释能力，虽然在知识获取上遇到发展的"瓶颈""窄台阶"等困难，但由于神经网络所具有的容错能力、学习功能、联想记忆功能、分布式并行信息处理较好地解决了这些困难。可见，将专家系统和神经网络互相结合是智能诊断的发展趋势之一。

③基于模糊逻辑的诊断法是借助模糊数学中的模糊隶属关系提出的一种新的诊断方法。由于液压传动系统故障既有确定性的，也有模糊性的，而且这两种不同形式的故障相互交织、密切相连，通过探讨液压传动系统故障的模糊性，寻找与之相适应的诊断方法，有利于正确描述故障的真实状态，揭示其本质特征。

4."液压传动系统压力失控"故障诊断及排除

液压传动系统压力失控是最为常见的故障。其主要表现在系统无压力、压力不可调、压力波动及卸荷失控等。

（1）"系统无压力"故障诊断及排除。

①设备在运行过程中，系统突然压力下降至零并无法调节。发生这种故障多数情况是调压系统本身的问题。发生这种故障可能的原因：溢流阀阻尼孔被堵住；溢流阀的密封端面上的异物；溢流阀主阀阀芯在开启位置卡死；卸荷换向阀的电磁铁烧坏，电线断掉或电信号未发出；对于比例溢流阀还有可能是电控制信号中断。

排除方法：清洗或更换溢流阀；检修或更换卸荷换向阀；检修或更换比例溢流阀。

②设备在停开一段时间后，重新启动，压力为零。发生这种故障可能的原因：溢流阀在开启位置锈结；液压泵电动机反转；液压泵因滤油器阻塞或吸油管漏气吸不上来油。

排除方法：装紧或检修液压泵；正确安装换向阀阀芯。

③设备经检修元件装拆更换后出现压力为零现象。发生这种故障可能的原因：液压泵未装紧，不能形成工作容积；液压泵内未装油，不能形成密封油膜；换向阀阀芯装反，如果系统中装有 M 型中位的换向阀，一旦装反，便使系统泄压。

排除方法：装紧或检修液压泵；正确安装换向阀阀芯。

（2）"系统压力升不高，且调节无效"故障诊断及排除。

"系统压力升不高，且调节无效"故障一般由内泄漏引起，主要原因：

①液压泵磨损，形成间隙，系统压力调不上去，同时也使输出流量下降。

②液压缸或液压马达磨损或密封损坏，使系统下降或保持不住原来的压力，如果系统中存在多个执行元件，某一执行元件动作压力不正常，其他执行元件压力正常，则表明此执行元件有问题。

③系统中有关阀、阀板存在缝隙，会形成泄漏，也会使系统压力下降。

排除方法：

①检修或更换液压泵。

②检修或更换液压缸或液压马达。

③检修或更换有关阀、阀板。

（3）"系统压力居高不下，且调节无效"故障诊断及排除。"系统压力居高不下，且调节无效"故障一般是由溢流阀失灵引起的。当溢流阀主阀阀芯在关闭位置上被卡死或锈结住，必然会出现系统压力上升且无法调节的症状。当溢流阀的先导阀油路被堵死时，控制压力剧增，系统压力也会突然升高。

排除方法：清洗、检修或更换溢流阀。

（4）"系统压力波动"故障诊断及排除。

故障原因：

①液压油内混入空气，系统压力较高时气泡破裂，引起系统压力波动。

②液压泵磨损，引起系统压力波动；导轨安装及润滑不良，引起负载不均，进而引起压力波动。

③溢流阀内混入异物，其内部状态不确定，引起压力不稳定。

④溢流阀磨损，内泄漏严重。

排除方法：

①排净系统中的空气。

②检修或更换液压泵。

③重新安装导轨，加强润滑。

④检修或更换溢流阀。

（5）"卸荷失控"故障诊断及排除。对于通过溢流阀卸荷的液压传动系统，"卸荷失控"故障的主要症状是卸荷压力不为零，引起这类故障的原因：溢流阀主弹簧预压缩量太大，弹簧过长或主阀阀芯卡滞等都会造成卸荷不彻底。

排除方法：检修或更换溢流阀。

5."速度失控"故障诊断及排除

液压传动系统的速度失控主要表现在爬行、速度慢、速度不可调、速度不稳定等。

（1）"爬行"故障诊断及排除。爬行是液压传动系统执行元件在低速运动时产生时断时续的运动现象，它是液压传动系统较常见的问题。引起这种故障的原因：

①油内混入空气，引起执行元件动作迟缓，反应滞后。

②压力调得过低，或调不高，或漂移下降时，同时负载加上各种阻力的总和与液压力大致相当，执行元件表现为似动非动。

③系统内压力与流量过大的波动引起执行元件运动不均。

④液压传动系统磨损严重，工作压力增高则引起内泄漏显著增大，执行元件在未带负载时运动速度正常，一旦带负载，速度立即下降。

⑤导轨与液压缸运动方向不平行，或导轨拉毛，润滑条件差，阻力大，使液压缸运动困难且不稳定。

⑥电路失常也会引起执行元件运动状态不良。

排除方法：

①排除液压油中的空气。

②将系统压力调至合适的值。

③使系统内压力与流量过大的波动在合理范围。

④检修或更换过度磨损的元件。

⑤检修导轨和液压缸。

⑥检修相关电路。

（2）"速度不可调"故障诊断及排除。故障原因是节流阀或调速阀故障。

排除方法：检修或更换节流阀或调速阀。

（3）"速度不稳定"故障诊断及排除。

故障原因：

①液压传动系统混入空气后，在高压下气体受压缩，当负载解除之后系统压力下降，压缩气体急速膨胀，使液压执行元件速度剧增。

②节流阀的节流口有一个低速稳定性的问题，这与节流口结构形式、液压油污染等相关。

③温度的变化，引起泄漏量的变化，致使供给负载的流量变化，这与温度变化引起系统压力变化的情形相似。

排除方法：

①排净系统中的空气。

②更换合适的节流阀。

③加强系统散热。

（4）"速度慢"的故障诊断及排除。

故障原因：

①液压泵磨损，容积效率下降。

②换向阀磨损，产生内泄漏。

③溢流阀调节压力过低，使大量的油经溢流阀流回油箱。

④执行元件磨损，产生内泄漏。

⑤系统中存在未被发现的泄漏口。

⑥串联在回路中的节流阀或调速阀未充分打开。

⑦油路不畅通。

⑧系统的负载过大，难以推动。

排除方法：

①检修或更换液压泵。

②检修或更换换向阀。

③将溢流阀压力调到合适的值。

④检修或更换磨损过度的执行元件。

⑤堵住泄漏口。

⑥要充分打开串联在回路中的节流阀或调速阀。

⑦畅通油路。

⑧将系统的负载减到合理的范围。

6. "动作失控"故障诊断及排除

液压传动系统执行元件的动作失控主要表现在不能按设定的秩序起始动作与结束动作、出现意外动作及动作不平稳等。

（1）"不能按设定的秩序起始动作"故障诊断及排除。"不能按设定的秩序起始动作"故障的是由换向阀没有正常开启引起的。可能的原因：

①换向阀阀芯卡死。

②换向阀顶杆弯曲。

③换向阀电磁铁烧坏。

④电线松脱。

⑤控制继电器失灵，使电信号不能正常传递，以及电路方面的其他原因使电信号中断。

⑥操作不当。有的开关与按钮没有处在正确的位置便会切断控制信号。

⑦串联在回路中的节流阀、调速阀卡死，无法实现正常动作，油液通道中任何一处出现意外堵塞，便不能正常启动。

⑧由于其他原因，液压动力源不能由泄卸状态转入工作状态，也不能正常推动执

行元件运动。

⑨当负载部分出现故障,无法推动的情况也是偶有出现的。

排除方法:

①检修或更换换向阀。

②检修或更换换向阀顶杆。

③检修或更换换向阀电磁铁。

④重新连接好松脱的电线。

⑤检修或更换有问题的继电器。

⑥正确操作系统中的开关与按钮。

⑦检修或更换节流阀或调速阀。

⑧查明原因,使液压动力源正常由泄卸状态转入工作状态。

⑨查明原因,排除负载部分出现的故障。

(2)"不能按设定的秩序结束动作"故障诊断及排除。"不能按设定的秩序结束动作"故障的是由于换向阀没有正常关闭引起的,主要原因:

①换向阀阀芯卡死,不能复位。

②换向阀弹簧折断,阀芯不能复位。

③换向阀的电信号没有及时消失。

排除方法:

①检修换向阀的阀芯。

②更换换向阀弹簧。

③检修换向阀电磁铁。

(3)"出现意外动作"故障诊断及排除。"出现意外动作"故障主要由换向阀故障和电信故障引起。主要原因:

①换向阀阀芯装反。

②换向阀严重磨损。

③换向阀的电信号错误。

排除方法:

①按正确方向重装阀芯。

②更换换向阀。

③检修换向阀电路。

7."温度异常升高"故障诊断及排除

"温度异常升高"故障的主要原因:设计不当、制造不当、使用不良和磨损。

(1)因设计不当引起的温度异常升高。

①油箱容量太小,散热面积不够。

②系统中没有卸荷回路,在停止工作时液压泵仍然在高压溢流。

③油管太细太长,弯曲过多。

④或者液压元件选择不当，使压力损失太大。

恪守工程伦理：因设计不当引起的温度异常升高

解析： 因设计不当引起的温度异常升高。

启示： 在设计液压传动系统时，一定恪守工作伦理，工程师的首要义务是对客户或雇主的忠诚，处理好设计应注意的各种问题，做好设计，防止因设计不当引起的温度异常升高等问题。

排除方法：要改进设计。

①油箱容量要足够，散热面积合理。

②系统中要设卸荷回路，液压泵在停止工作时卸荷。

③油管直径要合理，弯曲不能太多。

④液压元件选择要合适。

（2）因制造上的问题引起的温度异常升高。例如，元件加工装配精度不高，相对运动件间摩擦发热过多；或者泄漏严重，容积损失过大。

排除方法：重新装配液压元件，使精度达到要求。

（3）"因使用不良引起的温度异常升高"故障诊断及排除。

①液压传动系统混入异物引起堵塞，也会引起油温升高。

②环境温度高，冷却条件差，油的黏度太高或太低，调节的功率太高。

③液压泵内油污染等原因吸不上油引起摩擦，会使泵内产生高温，并传递液压泵的表面。

④电磁阀没有吸到位，使电流增大，引起电磁铁发热严重，并烧坏电磁铁。

排除方法：

①清洗系统，清除异物。

②降低环境温度，加强散热，选择黏度合适的液压油。

③清洗液压泵。

④检修或更换电磁阀。

（4）"因液压元件磨损或系统存在泄漏口引起的温度异常升高"故障诊断及排除。

①当液压泵磨损，有大量的泄漏油从排油腔流回吸油腔，引起节流发热，其他元件的情形与此相似。

②液压传动系统中存在意外泄漏口，造成节流发热也会使油温急剧升高。

排除方法：

①检修或更换液压泵等过度磨损的元件。

②堵住液压传动系统中的意外泄漏口。

8."液压传动系统异常振动与噪声"故障诊断及排除

"液压传动系统异常振动与噪声"故障原因如下：

（1）液压传动系统中的振动与噪声常以液压泵、液压马达、液压缸、压力阀为甚，方向阀次之，流量阀更次之。有时表现在泵、阀及管道之间的共振上，有关液压元件产生的振动与噪声可参阅本书相关内容。

（2）液压缸内存在空气产生活塞的振动。

（3）油的流动噪声，回油管的振动。

（4）油箱的共鸣声。

（5）双泵供油回路，在两泵出油口汇流区产生的振动与噪声。

（6）阀换向引起压力急剧变化和产生冲击等产生管道的冲击振动与噪声。

（7）在使用蓄能器的保压压力继电器发信的卸荷回路中，系统中的压力继电器、溢流阀、单向阀等会因压力的频繁变化而引起振动和噪声。

（8）液控单向阀的出口有背压时，往往产生锤击声。

（9）电动机振动，轴承磨损引起振动。

（10）液压泵与电动机联轴器安装不同心。

（11）液压设备外界振源的影响，包括负载产生的振动。

（12）油箱强度刚度不好，例如，油箱顶盖板也常是安装"电动机—液压泵"装置的底板其厚度太薄，刚性不好，运转时产生振动。

（13）两个或两个以上的阀（如溢流阀与溢流阀、溢流阀与顺序阀等）的弹簧产生共振。

（14）阀弹簧与配管管路的共振：例如，溢流阀弹簧与先导遥控管（过长）路的共振，压力表内的波登管与其他油管的共振。

（15）阀的弹簧与空气的共振：如溢流阀弹簧与该阀遥控口（主阀弹簧腔）内滞留空气的共振，单向阀与阀内空气的共振等。

排除方法：

（1）检修或更换有关液压元件。

（2）排除液压缸内的空气。

（3）更换成合适的回油管。

（4）加厚油箱顶板，补焊加强筋；"电动机—液压泵"装置底座下填补一层硬橡胶板，或者将"电动机—液压泵"装置与油箱相分离。

（5）两泵出油口汇流处，多为紊流，可使汇流处稍微拉开一段距离，汇流时不要两泵出油流向成对向汇流，而是一小于90°的夹角。

（6）选用带阻尼的电液换向阀，并调节换向阀的换向速度。

（7）在使用蓄能器的保压压力继电器发信的卸荷回路中，采用压力继电器与继电器互锁联动电路。

（8）对于液控单向阀出现振动可采用增高液控压力、减少出油口背压及采用外泄式液控单向阀等措施。

（9）采用平衡电动机转子、电动机底座下安防振橡皮垫、更换电动机轴承等方法进行排除。

（10）安装液压泵与电动机联轴器时要确保同心度。

（11）与外界振源隔离或消除外界振源，增强与外负载的连接件刚度。

（12）加厚油箱顶板，补焊加强筋；或者将"电动机－液压泵"装置与油箱相分离。

（13）改变两个共振阀中一个阀的弹簧刚度或使其调节压力适当改变。

（14）采用管夹和适当改变管路长度与粗细等方法，或者在管路中加入一段阻尼。

（15）采用消振器。

9."系统泄漏"故障诊断及排除

系统泄漏可分为内漏和外漏。根据泄漏的程度有油膜刮漏、渗漏、滴漏和喷漏等多种表现形式。油膜刮漏发生在相对运动部件之间，如回转体的滑动副、往复运动副；渗漏发生在端盖阀板接合处；滴漏多发生在管接头等处；喷漏多发生在管子破裂漏装密封处。

系统泄漏的原因：

（1）密封件质量不好、装配不正确而破损、使用日久老化变质、与工作介质不相容等原因造成密封失效。

（2）相对运动副磨损使间隙增大、内泄漏增大，或者配合面拉伤而产生内外泄漏。

（3）油温太高。

（4）系统使用压力过高。

（5）密封部位尺寸设计不正确、加工精度不良、装配不好产生内外泄漏。

排除方法：

（1）更换质量好的密封件。

（2）调整相对运动副间隙，使它们的配合间隙在正常值。

（3）加强冷却，使油温维持在合适的温度。

（4）调节系统压力至正常压力。

（5）重新设计、制造和装配密封件。

观察或实践

现场观察或通过视频观察液压传动系统常见故障并进行诊断和排除；有条件的，可现场实践。

练习题

1. 简述液压传动系统压力失控故障诊断和排除方法。

2．简述液压传动系统速度失控故障诊断和排除方法。

3．简述液压传动系统温度异常升高故障诊断和排除方法。

4．简述液压传动系统异常振动与噪声等常见故障诊断和排除方法。

5．简述液压传动系统泄漏等常见故障诊断和排除方法。

学习评价

评价形式	比例	评价内容	评价标准	得分
自我评价	30%	（1）出勤情况； （2）学习态度； （3）任务完成情况	（1）好（30分）； （2）较好（24分）； （3）一般（18分）	
小组评价	10%	（1）团队合作情况； （2）责任学习态度； （3）交流沟通能力	（1）好（10分）； （2）较好（8分）； （3）一般（6分）	
教师评价	60%	（1）学习态度； （2）交流沟通能力； （3）任务完成情况	（1）好（60分）； （2）较好（48分）； （3）一般（36分）	
汇总				

任务 4.2　液压传动系统安装、调试、使用及维护

学习目标

1．弄清液压传动系统的安装注意事项。

2．了解液压传动系统安装方法。

3．了解液压传动系统调试方法。

4．了解液压传动系统维护方法。

5．要严守职业规范。

知识准备

1．液压传动系统图的看图步骤

在液压传动系统安装、调试及维护时，必须要看懂液压传动系统图。为了看懂液压传动系统图，要掌握液压技术理论基本理论和知识；弄懂液压元件的外观、结构、

工作原理、图形符号；了解液压传动系统基本回路的工作原理；弄清系统图中的液压元件之间的各油路的连接关系和油路走向；了解液压传动系统工作程序、动作循环及动作循环中各种控制方式和动作转换方式。看液压传动系统图步骤如下：

（1）了解设备的功用、设备工况对液压传动系统的要求及液压设备的工作循环。

（2）初步阅读液压传动系统图，了解系统中包含的液压元件，并按执行元件数将系统分解为若干个子系统。

（3）对每个子系统进行分析，了解每个子系统中的各液压元件与其执行元件与动力元件之间的关系以及各基本回路的作用，按照执行元件的工作循环分析实现每步动作的进油和回油路线。

（4）根据设备对系统中各子系统之间的顺序、同步、互锁和防干扰等要求，分析各子系统之间的联系及实现方法，最终读懂整个液压传动系统的工作原理图。

（5）归纳总结液压传动系统的特点，以加深对整个液压传动系统的理解。

2．液压传动系统的使用

液压传动系统性能的保持在很大程度取决于正确使用，在使用时应注意的事项如下：

（1）操作者应掌握液压传动系统的工作原理，熟悉各种操作要点、调节手柄的位置、旋向。

（2）启动设备前应检查系统上的各调节手柄、手柄是否被无关人员动过，电气开关和行程开关的位置是否正常，工具的安装是否正确、牢固等，再对导轨和活塞杆的外露部分进行擦拭后才可启动设备。

（3）启动设备前应检查油温，如果油温低于 10 ℃，则可将液压泵开开停停数次，进行升温，一般应空载运转 20 min 以上才能加载运转。如果室温在 0 ℃以下，则应采取加热措施后再启动。有条件，可根据季节更换不同黏度的液压油。

（4）液压传动系统温度不能超过设计要求，一般为 35 ℃ ~ 60 ℃，若温度过高，应找出原因，当油温超出设计要求的温度范围时，要有必要的升、降温措施。

（5）按设计要求选用合适的液压油，不能混合使用不同种类液压油。液压油要定期检查或更换，保持油液清洁，对于新投入使用的设备，使用 3 个月左右应更换新油，以后按设备使用说明书的要求进行换油。

（6）要注意过滤器的工作情况，滤芯应定期清洗或更换。

（7）如果设备长期不用，则应将各调节旋钮全部放松，以防弹簧发生永久变形而影响元件的性能，甚至导致液压故障发生。

3．液压传动系统的安装

液压设备除应按普通机械设备那样进行安装并注意有关（例如固定设备的地基、水平校正等）外，由于液压设备有其特殊性，还应注意下列事项。

（1）一般注意事项。

①液压传动系统的安装应按液压传动系统工作原理图，系统管道连接图，有关的

泵、阀、辅助元件使用说明书的要求进行。安装前应对上述资料进行仔细分析，了解工作原理，元件、部件、辅件的结构和安装使用方法等，按图样准备好所需的液压元件、部件、辅件。并要进行认真的检查，看元件是否完好、灵活，仪器仪表是否灵敏、准确、可靠。检查密封件型号是否合乎图样要求和完好。管件应符合要求，有缺陷应及时更换，油管应清洗，干燥。

②安装前，要准备好适用的工具，严禁用螺钉旋具、扳手等工具代替榔头，任意敲打等不符合操作规程的不文明的装配现象。

③安装装配前，对装入主机的液压元件和辅件必须进行严格清洗，先去除有害于液压油中的污物，液压元件和管道各油口所有的堵头、塑料塞子、管堵等随着工程的进展不要先卸掉，防止污物从油口进入液压元件内部。

④在油箱上或近油箱处，应提供说明油品类型及系统容量的铭牌，必须保证油箱的内外表面、主机的各配合表面及其他可见组成元件是清洁的。油箱盖、管口和空气滤清器必须充分密封，以保证未被过滤的空气不进入液压传动系统。

⑤将设备指定的工作液过滤到要求的清洁度，然后方可注入系统油箱。与工作液接触的元件外露部分（如活塞杆）应予以保护，以防止污物进入。

⑥液压装置与工作机构连接在一起，才能完成预定的动作，因此要注意两者之间的连接装配质量（如同心度、相对位置、受力状况、固定方式及密封好坏等）。

（2）液压泵和液压马达的安装。

①液压泵和液压马达支架或底座应有足够的强度和刚度，以防止振动。

②泵的吸油高度应不超过使用说明书的规定（一般为 500 mm），安装时尽量靠近油箱油面。

③泵的吸油管不得漏气，以免空气进入系统，产生振动各噪声。

④液压泵输入轴与电动机驱动轴的同轴度应不超过 $\phi0.1$ mm。安装好后用手转动时，应轻松无卡滞现象。

素养提升案例

严守职业规范：同轴度不超过 $\phi0.1$ mm

解析： 液压泵输入轴与电动机驱动轴的同轴度应不超过 $\phi0.1$ mm，这是液压泵安装的职业规范。如果不遵守，液压泵就无法正常工作。

启示： 我们在工作中一定要严守职业规范。

---

⑤液压泵的旋转方向要正确，液压泵和液压马达的进出油口不得接反，以免造成故障与事故。

（3）液压缸的安装。

①液压缸在安装时，先要检查活塞杆是否弯曲，特别对长行程液压缸。活塞杆弯

曲会造成缸盖密封损坏，导致泄漏、爬行和动作失灵，并且加剧活塞杆的偏磨损。

②液压缸的轴心线应与导轨平行，特别注意活塞杆全部伸出时的情况，若两者不平行，会产生较大的侧向力，造成液压缸别劲、换向不良、爬行和液压缸密封破损失效等故障，一般可以导轨为基准，用百分表调整液压缸，使伸出时的活塞杆的侧母线与 V 形导轨平行，上母线与平导轨平行，允许为 0.04 ～ 0.08 mm/m。

③活塞杆轴心线对两端支座的安装基面，其平行度误差不得大于 0.05 mm。

④对于行程长的液压缸，活塞杆与工作台的连接应保持浮动，以补偿安装误差产生的别劲和补偿热膨胀的影响。

（4）阀类元件的安装。

①阀类元件安装前后应检查各控制阀移动或转动是否灵活，若出现呆滞现象，应查明是否由于脏物、锈斑、平直度不好或紧固螺钉扭紧力不均衡使阀体变形等引起，应通过清洗、研磨、调整加以消除，如不符合要求应及时更换。

②对自行设计制造的专用阀应按有关标准进行性能试验、耐压试验等。

③板式阀类元件安装时，要检查各油口的密封圈是否漏装或脱落，是否突出安装平面而有一定压缩余量，各种规格同一平面上的密封圈突出量是否一致，安装 O 形密封圈各油口的沟槽是否拉伤，安装面上是否碰伤等，做出处置后再进行装配，O 形密封圈涂上少许黄油或防止脱落。

（5）液压管道的安装。管道安装应注意以下几个方面：

①管道的布置要整齐，油路走向应平直、距离短，直角转弯应尽量少，同时应便于拆装、检修。各平行与交叉的油管间距离应大于 10 mm，长管道应用支架固定。各油管接头要固紧可靠，密封良好，不得出现泄漏。

②吸油管与液压泵吸油口处应涂以密封胶，保证良好的密封；液压泵的吸油高度一般不大于 500 mm；吸油管路上应设置过滤器，过滤精度为 0.1 ～ 0.2 mm，要有足够的通油能力。

③回油管应插入油面以下有足够的深度，以防飞溅形成气泡，伸入油中的一端管口应切成 45°，且斜口向箱壁一侧，使回油平稳，便于散热；凡外部有泄油口的阀（如减压阀、顺序阀等），其泄油路不应有背压，应单独设置泄油管通油箱。

④溢流阀的回油管口与液压泵的吸油管不能靠得太近，以免吸入温度较高的油液。

4.液压传动系统的调试

（1）调试前的准备。

①要熟悉说明书等有关技术资料，力求全面了解系统的原理、结构、性能和操作方法。

②了解液压元件在设备上的实际位置，需要调整的元件的操作方法及调节旋钮的旋向。

③准备好调试工具和仪器、仪表等。

（2）调试前的检查。

①检查各手柄位置，确认"停止""后退"及"卸荷"等位置，各行程挡块紧固在合适位置。另外，溢流阀的调压手柄基本上全松，流量阀的手柄接近全开，比例阀的控制压力流量的电流设定值应小于电流值等。

②试机前对裸露在外表的液压元件和管路等再用海绵擦洗一次。

③检查液压泵旋向、液压缸、液压马达及液压泵的进出油管是否接正确。

④要按要求给导轨、各加油口及其他运动副加润滑油。

⑤检查各液压元件、管路等连接是否正确可靠。

⑥旋松溢流阀手柄，适当拧紧安全阀手柄，使溢流阀调至最低工作压力，流量阀调至最小。

⑦检查电动机电源是否与标牌规定一致，电磁阀上的电磁铁电流形式和电压是否正确，电气元件有无特殊的启动规定等，全弄清楚后才能合上电源。

（3）空载调试。空载调试的目的是全面检查液压传动系统各回路、各液压元件工作是否正常，工作循环或各种动作的自动转换是否符合要求。其步骤如下：

①启动液压泵，检查泵在卸荷状态下的运转。正常后，即可使其在工作状态下运转。

②调整系统压力，在调整溢流阀压力时，从压力为零开始，逐步提高压力使之达到规定压力值。

③调整流量控制阀，先逐步关小流量阀，检查执行元件能否达到规定的最低速度及平稳性，然后按其工作要求的速度来调整。

④将排气装置打开，使运动部件速度由低到高，行程由小至大运行，然后运动部件全程快速往复运动，以排出系统中的空气，空气排尽后应将排气装置关闭。

⑤调整自动工作循环和顺序动作，检查各动作的协调性和顺序动作的正确性。

⑥各工作部件在空载条件下，按预定的工作循环或工作顺序连续运转 2～4 h 后，应检查油温及液压传动系统所要求的精度（如换向、定位、停留等），一切正常后，方可进入负载调试。

（4）负载调试。负载调试是使液压传动系统在规定的负载条件下运转，进一步检查系统的运行质量和存在的问题，检查机器的工作情况，安全保护装置的工作效果，有无噪声、振动和外泄漏等现象，系统的功率损耗和油液温升等。

负载调试时，一般应先在低于最大负载和速度的情况下试车，如果轻载试车一切正常，才逐渐将压力阀和流量阀调节到规定值，以进行最大负载和速度试车，以免试车时损坏设备。若系统工作正常，即可投入使用。

5. 液压传动系统的维护保养

液压传动系统的维护保养包括日常检查、定期检查和综合检查三个阶段。

（1）日常检查。日常检查也称点检，是减少液压传动系统故障最重要的环节，主要是操作者在使用中经常通过目视、耳听及手触等比较简单的方法，在泵启动前、启动后和停止运转前检查油量、油温、油质、压力、泄漏、噪声、振动等情况。出现不正常现象应停机检查原因，及时排除。

（2）定期检查。定期检查也称定检，为保证液压传动系统正常工作提高其寿命与可靠性，必须进行定期检查，以便早日发现潜在的故障，及时进行修复和排除。定期检查的内容包括，调整日常检查中发现而又未及时排除的异常现象，潜在的故障预兆，并查明原因给予排除。对规定必须定期排除的基础部件，应认真检查加以保养，对需要排除的部位，必要时分解检修。定期检查的时间一般与滤油器检修间隔时间相同，约3个月。

（3）综合检查。综合检查大约每年一次，其主要内容是检查液压装置的各元件和部件，判断其性能和寿命，并对产生的故障进行检修或更换元件。

 观察或实践

现场观察或通过视频观看液压传动系统安装、调试、使用及维护过程；有条件的，可现场实践。

 练习题

1. 简述液压传动系统的安装与调试方法。
2. 简述液压传动系统的维护保养的三阶段。

 学习评价

评价形式	比例	评价内容	评价标准	得分
自我评价	30%	（1）出勤情况； （2）学习态度； （3）任务完成情况	（1）好（30分）； （2）较好（24分）； （3）一般（18分）	
小组评价	10%	（1）团队合作情况； （2）责任学习态度； （3）交流沟通能力	（1）好（10分）； （2）较好（8分）； （3）一般（6分）	
教师评价	60%	（1）学习态度； （2）交流沟通能力； （3）任务完成情况	（1）好（60分）； （2）较好（48分）； （3）一般（36分）	
汇总				

任务 4.3　YB32-200 型液压机液压传动系统故障诊断及排除

　　YB32-200 型液压机可以进行冲剪、弯曲、翻边、拉深、装配、冷挤、成型等多种加工工艺。这种液压机在它的 4 个圆柱导柱之间安置着上、下两个液压缸。上液压缸驱动上滑块，实现"快速下行→慢速加压→保压延时→泄压快速返回→原位停止"的动作循环；下液压缸驱动下滑块，实现"向上顶出→向下退回→原位停止"的动作循环。常见故障有"主缸活塞（滑块）不下行""主缸活塞（滑块）能下行，但无快速""主缸活塞（滑块）无慢速加压行程"等。

学习目标

　　1．弄清 YB32-200 型液压机液压传动系统的组成和工作原理。
　　2．学会 YB32-200 型液压机液压传动系统常见故障诊断与排除方法。

知识准备

　　1．YB32-200 型液压机液压传动系统的组成和工作原理

　　图 4-1 所示为 YB32-200 型液压机液压传动系统原理。

　　（1）液压机上滑块的工作原理。

　　①快速下行。电磁铁 1YA 通电，先导电磁换向阀 5 和上缸换向阀 6 左位接入系统，液控单向阀 11 被打开，上液压缸快速下行。这时，系统中油液流动的情况如下：

　　进油路：液压泵 1 →顺序阀 7 →上缸换向阀 6（左位）→单向阀 10 →上液压缸上腔；

　　回油路：上液压缸下腔→液控单向阀 11 →上缸换向阀 6（左位）→下缸换向阀 14（中位）→油箱。

　　上滑块在自重作用下迅速下降。由于液压泵的流量较小，这时油箱中的油经液控单向阀 12 也流入上液压缸上腔。

　　②慢速加压。从上滑块接触工件时开始，这时上液压缸上腔压力升高，液控单向阀 12 关闭，加压速度便由液压泵流量来决定，油液流动情况与快速下行时相同。

　　③保压延时。当系统中压力升高到压力继电器 9 起作用，这时发出电信号，控制电磁铁 1YA 断电，先导电磁换向阀 5 和上缸换向阀 6 都处于中位，此时系统进入保压。保压时间由电气控制线路中的时间继电器（图中未画出）控制，可在 0 ～ 24 min 内调节。保压时除了液压泵在较低压力下卸荷外，系统中没有油液流动。液压泵卸荷的油路如下。

　　液压泵 1 →顺序阀 7 →上液压缸换向阀 6（中位）→下液压缸换向阀 14（中位）→油箱。

　　④泄压快速返回。时间继电器延时到时后，保压结束，电磁铁 2YA 通电。但为了防止保压状态向快速返回状态转变过快，在系统中引起压力冲击引起上滑块动作不平

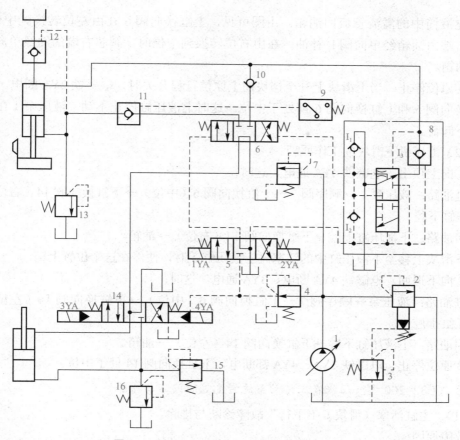

图 4-1　YB32-200 型液压机液压传动系统原理

1—液压泵；2—先导式减压阀；3、13、15、16—溢流阀；4、7—顺序阀；5—先导电磁换向阀；
6—上缸换向阀；8—预泄换向阀组；9—压力继电器；10—单向阀；11、12—液控单向阀；14—下缸换向阀

稳而设置了预泄换向阀组 8，它的主要功用：使上液压缸上腔释压后，压力油才能通入该缸下腔。其工作原理如下：在保压阶段，这个阀以上位接入系统；当电磁铁 2YA 通电，先导电磁换向阀 5 右位接入系统时，操纵油路中的压力油虽到达预泄换向阀组 8 阀芯的下端，但由于其上端的高压未曾释放，阀芯不动。由于液控单向阀 I_3 是可以在控制压力低于其主油路压力下打开的，因此有如下工作顺序。

上液压缸上腔→液控单向阀 I_3→预泄换向阀组 8（上位）→油箱。

于是上液压缸上腔的油压便被卸除，预泄换向阀组 8 向上移动，以其下位接入系统，操纵油路中的压力油输到上缸换向阀 6 阀芯右端，使该阀右位接入系统，以便实现上滑块的快速返回，预泄换向阀组 8 使上缸换向阀 6 也以右位接入系统。这时，液控单向阀 11 被打开，上液压缸快速返回。油液流动情况如下。

进油路：液压泵 1 →顺序阀 7 →上缸换向阀 6（右位）→液控单向阀 11 →上液压缸下腔；

回油路：上液压缸上腔→液控单向阀 12 →油箱。

所以，上滑块快速返回，从回油路进入充液筒中的油液，若超过预定位置时，可

以从充液筒中的溢流管流回油箱。由图可见，上缸换向阀 6 在由左位转换到中位时，阀芯右端由油箱经单向阀 I_1 补油；在由右位转换到中位时，阀芯右端的油经单向阀 I_2 流回油箱。

⑤原位停止。当上滑块上升至挡块撞上原位行程开关时，电磁铁 2YA 断电，先导电磁换向阀 5 和上缸换向阀 6 都处于中位。这时上液压缸停止不动，液压泵 1 在较低压力下卸荷。

（2）液压机下滑块的工作原理。

①向上顶出。电磁铁 4YA 通电，这时：

进油路：液压泵 1 →顺序阀 7 →上缸换向阀 6（中位）→下缸换向阀 14（右位）→下液压缸下腔；

回油路：下液压缸上腔→下缸换向阀 14（右位）→油箱。

下滑块上移至下液压缸中的活塞碰上液压缸盖时，便停在这个位置上。

②向下退回。电磁铁 4YA 断电、3YA 通电。这时：

进油路：液压泵→顺序阀 7 →上缸换向阀 6（中位）→下缸换向阀 14（左位）→下液压缸上腔；

回油路：下液压缸下腔→下缸换向阀 14（左位）→油箱。

③原位停止。电磁铁 3YA、4YA 都断电，下缸换向阀 14 处于中位。

2．YB32-200 型液压机液压传动系统常见故障诊断与排除

（1）"主缸活塞（滑块）不下行"故障诊断与排除。

故障原因：

①系统压力上不去。

②上缸换向阀 6 故障。

③液控单向阀 11 故障。

④主缸故障。

排除方法：

①排除引起系统压力上不去的液压泵等故障等。

②检修上缸换向阀 6。

③检修液控单向阀 11。

④检修主缸。

（2）"主缸活塞（滑块）能下行，但无快速"故障诊断与排除。

故障原因：

①主缸因安装不好别劲。

②液控单向阀 11 阀芯卡死在微小开度位置。

③液控单向阀 12 阀芯卡死在关闭位置。

④主缸密封破损，造成缸上下腔串腔，进入主缸上腔的压力油有一部分漏往下腔，使得主缸活塞（滑块）不能快速下行。

排除方法：

①重新安装主缸活塞和活塞杆，消除别劲情况。

②检修液控单向阀 11。

③检修液控单向阀 12。

④更换主缸密封装置。

（3）"主缸活塞（滑块）无慢速加压行程"故障诊断与排除。

故障原因：

①行程开关未压下。

②液控单向阀 12 未能关闭。

③液压泵流量调得过小。

④上缸换向阀 6 的主阀阀芯卡死在压力油与回油口各连通的位置上，加压行程时压力上不去，下行也很慢。

⑤主缸密封破损，造成主缸上腔压力油泄漏至油箱。

排除方法：

①检修或更换行程开关。

②检修或更换液控单向阀 12。

③检修或调节液压泵流量。

④检修或更换上缸换向阀 6。

⑤更换主缸密封装置。

（4）"保压时压力降低，不保压，保压时间短"故障诊断与排除。

故障原因：

①上缸换向阀 6 内泄漏量大，或主阀阀芯未换向到位，卡死在压力油与回油口各连通的位置上，主缸上腔会慢慢卸压而不能保压。

②液控单向阀 12 关闭不严，存在内泄漏。

③主缸密封破损，造成主缸上下腔串腔，进入主缸上腔的压力油有一部分漏往下腔，使得主缸活塞（滑块）不能快速下行。

④各管路接头处存在外泄漏。

排除方法：

①检修或更换上缸换向阀 6。

②检修或更换液控单向阀 12。

③更换主缸密封装置。

④排除各管路接头处存在外泄漏故障。

（5）"顶出缸顶出无力，或不能顶出"故障诊断与排除。

故障原因：

①溢流阀调节压力过低或主阀阀芯卡死在开启位置。

②下液压缸换向阀 14 的电磁铁未通电。

③顶出缸活塞密封破损或安装别劲。

排除方法：

①调节溢流阀 15 压力或检修溢流阀 15。

②检修下缸换向阀 14。

③更换顶出缸活塞密封装置。

 观察或实践

1．现场观察或通过视频观察 YB32-200 型液压机液压传动系统的组成和工作原理。

2．现场观察或通过视频观察 YB32-200 型液压机液压传动系统常见故障诊断与排除过程；有条件时，可现场实践。

 练习题

1．简述 YB32-200 型液压机液压传动系统的组成和工作原理。

2．简述 YB32-200 型液压机液压传动系统常见故障诊断与排除方法。

 学习评价

评价形式	比例	评价内容	评价标准	得分
自我评价	30%	（1）出勤情况； （2）学习态度； （3）任务完成情况	（1）好（30分）； （2）较好（24分）； （3）一般（18分）	
小组评价	10%	（1）团队合作情况； （2）责任学习态度； （3）交流沟通能力	（1）好（10分）； （2）较好（8分）； （3）一般（6分）	
教师评价	60%	（1）学习态度； （2）交流沟通能力； （3）任务完成情况	（1）好（60分）； （2）较好（48分）； （3）一般（36分）	
汇总				

任务 4.4 其他设备液压传动系统简介

液压传动系统是机电一体化设备中较常见的系统，本任务主要介绍 M1432A 型万能外圆磨床、MJ-50 型数控车床、汽车起重机等设备中液压传动系统的组成和工作原理。

学习目标

1. 弄清 M1432A 型万能外圆磨床液压传动系统的作用和组成。
2. 掌握 M1432A 型万能外圆磨床液压传动系统工作原理。

知识准备

1. M1432A 型万能外圆磨床液压传动系统工作原理

M1432A 型万能外圆磨床主要用于磨削 IT5 ～ IT7 精度的圆柱形或圆锥形外圆和内孔，表面粗糙度 Ra1.25 和 0.08 之间。图 4-2 所示为 M1432A 型外圆磨床液压传动系统原理。该液压传动系统可实现工作台的往复运动、工作台液动与手动的互锁、砂轮架的周期进给运动、尾架顶尖的松开与夹紧等。

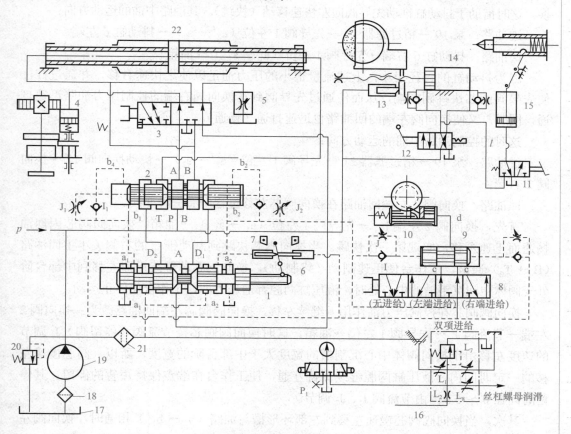

图 4-2　M1432A 型万能外圆磨床

1—先导阀；2—换向阀；3—开停阀；4—互锁缸；5—节流阀；6—抖动缸；7—挡块；8—选择阀；
9—进给阀；10—进给缸；11—尾架换向阀；12—快动换向阀；13—闸缸；14—快动缸；
15—尾架缸；16—润滑稳定器；17—油箱；18—粗过滤器；19—液压泵；
20—溢流阀；21—精过滤器；22—工作台进给缸

（1）工作台的往复运动。

①工作台右行。如图 4-2 所示，先导阀、换向阀阀芯均处于右端，开停阀处于右位。其主油路中油的运动方向：

进油路：液压泵 19 →换向阀 2 右位（P → A）→液压缸 22 右腔；

回油路：液压缸 22 左腔→换向阀 2 右位（B → T_2）→先导阀 1 右位→开停阀 3 右位→节流阀 5 →油箱。液压油推液压缸带动工作台向右运动，其运动速度由节流阀来调节。

②工作台左行。当工作台右行到预定位置，工作台上左边的挡块拨与先导阀 1 的阀芯相连接的杠杆，使先导阀阀芯左移，开始工作台的换向过程。先导阀阀芯左移过程中，其阀芯中段制动锥 A 的右边逐渐将回油路上通向节流阀 5 的通道（D_2 → T）关小，使工作台逐渐减速制动，实现预制动；当先导阀阀芯继续向左移动到先导阀阀芯右部环形槽，使 a_2 点与高压油路 a_2' 相通，先导阀阀芯左部环槽使 a_1 → a_1' 接通油箱时，控制油路被切换。这时借助于抖动缸推动先导阀向左快速移动（快跳）。其油路中油的运动方向：

进油路：泵 19 →精过滤器 21 →先导阀 1 左位（a_2' → a_2）→抖动缸 6 左端；

回油路：抖动缸 6 右端→先导阀 1 左位（a_1 → a_1'）→油箱。

因为抖动缸的直径很小，上述流量很小的压力油足以使之快速右移，并通过杠杆使先导阀阀芯快跳到左端，从而使通过先导阀到达换向阀右端的控制压力油路迅速打通，同时，又使换向阀左端的回油路也迅速打通（畅通）。

这时的控制油路中油的运动方向：

进油路：泵 19 →精过滤器 21 →先导阀 1 左位（a_2' → a_2）→快动换向阀 12 →换向阀 2 右端；

回油路：换向阀 2 左端回油路在换向阀芯左移过程中有三种变换。

首先，换向阀 2 左端 b_1' →先导阀 1 左位（a_1 → a_1'）→油箱。换向阀阀芯因回油畅通而迅速左移，实现第一次快跳。当换向阀芯快跳到制动锥 C 的右侧关小主回油路（B → T_2）通道，工作台便迅速制动（终制动）。换向阀阀芯继续迅速左移到中部台阶处于阀体中间沉割槽的中心处时，液压缸两腔都通压力油，工作台便停止运动。

换向阀阀芯在控制压力油作用下继续左移，换向阀阀芯左端回油路改为：换向阀 2 左端→节流阀 J_1 →先导阀 1 左位→油箱。这时换向阀阀芯按节流阀（停留阀）J_1 调节的速度左移由换向阀体中心沉割槽的宽度大于中部台阶的宽度，所以，阀芯慢速左移的一定时间内，液压缸两腔继续保持互通，使工作台在端点保持短暂的停留。其停留时间在 0 ～ 5 s 内由节流阀 J_1、J_2 调节。

其次，当换向阀阀芯慢速左移到左部环形槽与油路（b_1 → b_1'）相通时，换向阀左端控制油的回油路又变为换向阀 2 左端→油路 b_1 →换向阀 2 左部环形槽→油路 b_1' →先导阀 1 左位→油箱。这时由于换向阀左端回油路畅通，换向阀阀芯实现第二次快跳，使主油路迅速切换，工作台则迅速反向启动（左行）。这时的主油路中油的运动方向：

进油路：泵 19 →换向阀 2 左位（P → B）→工作台进给缸 22 左腔；

回油路：工作台进给缸 22 右腔→换向阀 2 左位（A → T_1）→先导阀 1 左位

（$D_1 \to T$）→开停阀 3 右位→节流阀 5 →油箱。

当工作台左行到位时，工作台上的挡块又碰杠杆推动先导阀右移，重复上述换向过程。实现工作台的自动换向。

（2）工作台液动与手动的互锁。工作台液动与手动的互锁是由互锁缸 4 来完成的。当开停阀 3 处于图 4-2 所示的位置时，互锁缸 4 的活塞在压力油的作用下压缩弹簧并推动齿轮 Z_1 和 Z_2 脱开，这样，当工作台液动（往复运动）时，手轮不会转动。

当开停阀 3 处于左位时，互锁缸 4 通油箱，活塞在弹簧力的作用下带着齿轮 Z_2 移动，Z_2 与 Z_1 啮合，工作台就可用手摇机构摇动。

（3）砂轮架的快速进、退运动。砂轮架的快速进退运动是由手动二位四通换向阀 12（快动阀）来操纵，由快动缸来实现的。在图 4-2 所示的位置时，快动阀右位接入系统，压力油经快动换向阀 12 右位进入快动缸 14 右腔，砂轮架快进到前端位置，快进终点是靠活塞与缸体端盖相接触来保证其重复定位精度；当快动缸左位接入系统时，砂轮架快速后退到最后端位置。为防止砂轮架在快速运动到达前后终点处产生冲击，在快动缸两端设缓冲装置，并设有抵住砂轮架的闸缸 13，用以消除丝杠和螺母间的间隙。

手动换向阀 12（快动阀）的下面安装一个自动启、闭头架电动机和冷却电动机的行程开关和一个与内圆磨具连锁的电磁铁（图上均未画出）。当手动换向阀 12（快动阀）处于右位使砂轮架处于快进时，手动阀的手柄压下行程开关，使头架电动机和冷却电动机启动。当翻下内圆磨具进行内孔磨削时，内圆磨具压另一行程开关，使连锁电磁铁通电吸合，将快动阀锁住在左位（砂轮架在退的位置），以防止误动作，保证安全。

（4）砂轮架的周期进给运动。砂轮架的周期进给运动是由选择阀 8、进给阀 9、进给缸 10 通过棘爪、棘轮、齿轮、丝杠来完成的。选择阀 8 根据加工需要可以使砂轮架在工件左端或右端时进给，也可以在工件两端都进给（双向进给），也可以不进给，共四个位置可供选择。

图 4-2 所示为双向进给，周期进给油路：压力油从 a_1 点→ J_4 →进给阀 9 右端；进给阀 9 左端→ I_3 → a_2 →先导阀 1 →油箱。进给缸 10 → d →进给阀 9 → c_1 →选择阀 8 → a_2 →先导阀 1 →油箱，进给缸柱塞在弹簧力的作用下复位。当工作台开始换向时，先导阀换位（左移）使 a_2 点变高压、a_1 点变为低压（回油箱）；此时周期进给油路为：压力油从 a_2 点→ J_3 →进给阀 9 左端；进给阀 9 右端→ I_4 → a_1 点→先导阀 1 →油箱，使进给阀右移；与此同时，压力油经 a_2 点→选择阀 8 → c_1 →进给阀 9 → d →进给缸 10，推进给缸柱塞左移，柱塞上的棘爪拨棘轮转动一个角度，通过齿轮等推砂轮架进给一次。在进给阀活塞继续右移时堵住 c_1 而打通 c_2，这时进给缸右端→ d →进给阀→ c_2 →选择阀→ a_1 →先导阀 a_1' →油箱，进给缸在弹簧力的作用下再次复位。当工作台再次换向，再周期进给一次。若将选择阀转到其他位置，如右端进给，则工作台只有在换向到右端才进给一次，其进给过程不再赘述。从上述周期进给过程可知，每进给一次是由一股压力油（压力脉冲）推进给缸柱塞上的棘爪拨棘轮转一角度。调节进给阀两端的节流阀 J_3、J_4 就可调节压力脉冲的时期长短，从而调节进给量的大小。

（5）尾架顶尖的松开与夹紧。尾架顶尖只有在砂轮架处于后退位置时才允许松开。

为操作方便，采用脚踏式二位三通阀11（尾架阀）来操纵，由尾架缸15来实现。由图可知，只有当快动换向阀12处于左位、砂轮架处于后退位置，脚踏尾架阀处于右位时，才能有压力油通过尾架阀进入尾架缸推杠杆拨尾顶尖松开工件。当快动换向阀12处于右位（砂轮架处于前端位置）时，油路L为低压（回油箱），这时误踏尾架阀11也无压力油进入尾架缸14，顶尖也就不会推出。

尾顶尖靠弹簧力夹紧。

2．MJ-50型数控车床液压传动系统的工作原理

图4-3所示为MJ-50型数控车床液压传动系统原理。数控车床上由液压传动系统实现的动作有卡盘的夹紧与松开、刀架的换与刀架的正反转、尾座套筒的伸出与缩回。

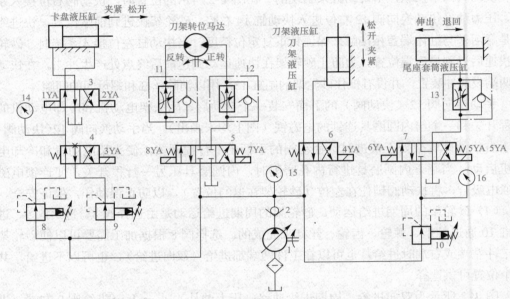

图4-3　MJ-50型数控车床液压传动系统原理

1—油泵；2—单向阀；3、4、5、6、7—换向阀；8、9、10—减压阀；

11、12、13—单向调速阀；14、15、16—压力计

（1）卡盘的夹紧与松开。当卡盘处于正卡（或称外卡）且在高压夹紧状态下，夹紧力的大小由减压阀8来调整，夹紧压力由压力计14来显示。当1YA通电时，换向阀3左位工作，系统压力油经减压阀8、换向阀4、换向阀3到液压缸右腔，液压缸左腔的油液经阀3直接回油箱。这时，活塞杆左移，卡盘夹紧。反之，当2YA通电时，换向阀3右位工作，系统压力油经阀8、阀4、阀3到液压缸左腔，液压缸右腔的油液经换向阀3直接回油箱。这时，活塞杆右移，卡盘松开。

当卡盘处于正卡且在低压夹紧状态下，夹紧力的大小由减压阀9来调整。这时，3YA通电，换向阀4右位工作。换向阀3的工作情况与高压夹紧时相同。卡盘反卡时的工作情况与正卡相似。

（2）回转刀架的换刀与正反转。回转刀架换刀时，首先是刀架松开，然后刀架转

位到指定位置，最后刀架复位夹紧。当4YA通电时，换向阀6开始工作，刀架松开，当8YA通电时，液压马达带动刀架正转，转速由单向调速阀11控制。若7YA通电，则液压马达带动刀架反转，转速由单向调速阀12控制，当4YA断电时，换向阀6左位工作，液压缸使刀架夹紧。

（3）尾座套筒缸的伸出与缩回。当6YA通电时，换向阀7左位工作，系统压力油经减压阀10、换向阀7到尾座套筒液压缸的左腔，液压缸右腔油经单向调速阀13、换向阀7回油箱，缸筒带动尾座套筒伸出，伸出时的预紧力大小通过压力计16显示。反之，当5YA通电时，换向阀7右位工作，系统压力油经减压阀10、换向阀7、单向调速阀13到尾座套筒液压缸的右腔，液压缸左腔油经阀7回油箱，缸筒带动尾座套筒缩回。

3. 汽车起重机液压传动系统的组成和工作原理

汽车起重机是一种自行式起重设备，它将起重机安装在汽车底盘上。它可与装运的汽车编队行驶，机动性好，应用广泛。它主要由起升、回转、变幅、伸缩和支腿等工作机构组成，这些工作机构动作通常由液压传动系统来实现。

图4-4所示为Q2-8型汽车起重机的外形。它主要由载重汽车1、回转机构2、支腿3、吊臂变幅缸4、吊臂伸缩缸5、起升机构6、基本臂7等部分组成。起重装置可连续回转，最大起重量为80 kN（幅度为3 m时），最大起重高度为11.5 m。当装上附加臂时，可用于建筑工地吊装预制件。这种起重机的作业操作，主要通过手动操纵来实现多缸各自动作。起重作业时一般为单个动作，少数情况下有两个缸的复合动作，为简化结构，系统采用一个液压泵给各执行元件串联供油方式。在轻载情况下，各串联的执行元件可任意组合，使几个执行元件同时动作，如伸缩和回转，或伸缩和变幅同时进行等。

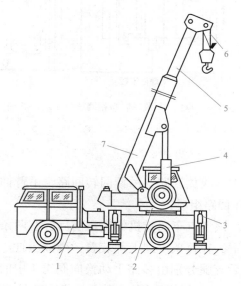

图4-4　Q2-8型汽车起重机的外形

1—载重汽车；2—回转机构；3—支腿；4—吊臂变幅缸；5—吊臂伸缩缸；6—起升机构；7—基本臂

图 4-5 所示为该型汽车起重机液压传动系统原理，该系统的液压泵由汽车发动机通过装在汽车底盘变速箱上的取力箱传动，系统中的液压泵、安全阀、手动换向阀组 1 及前后支腿部分装在下车（汽车起重机车体部分），其他液压元件都装在上车（汽车起重机旋转部分），其中油箱兼配重。上车和下车之间的油路通过中心回转接头 9 连通。

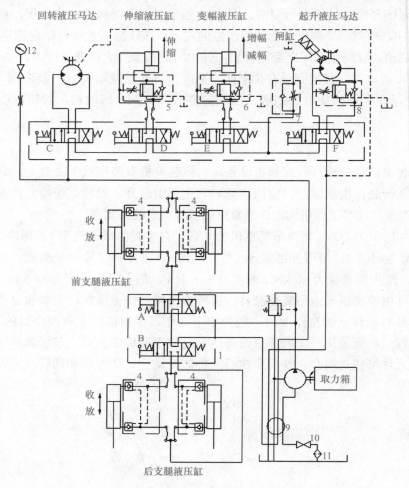

图 4-5　Q2-8 型汽车起重机液压传动系统原理

1、2—手动换向阀组；3—安全阀；4—双向液压锁；5、6、8—平衡阀；

7—节流阀；9—中心回转接头；10—开关；11—滤油器；12—压力表

该液压传动系统由支腿收放回路、吊臂回转回路、吊臂伸缩回路、吊臂变幅回路和起升机构回路五个工作回路组成。

（1）支腿收放回路。该型汽车起重机的底盘前后各有两条支腿，通过机械机构可以使每条支腿收起和放下。在每条支腿上都装着一个液压缸，支腿的动作由液压缸驱动。两条前支腿和两条后支腿分别由多路手动换向阀组 1 中的三位四通手动换向阀 A 和 B 控制其伸出或缩回。换向阀均采用 M 型中位机能，且油路采用串联方式。确保每条支腿伸出去的可靠性至关重要，因此，每个液压缸均设有双向锁紧回路，以保证支腿被可靠地锁住，防止在起重作业时发生"软腿"现象（液压缸上腔油路泄漏引起）或行车过程中支腿自行滑落（液压缸下腔油路泄漏引起）。

当多路手动换向阀组 1 中的阀 A 处于左位工作时，前支腿放下，其进、回油路中油的运动方向：

进油路：液压泵→多路手动换向阀组 1 中的阀 A 的左位→两个前支腿缸无杆腔；

回油路：两个前支腿缸有杆腔→液控单向阀→多路手动换向阀组 1 中的阀 A 左位→阀 B 中位→旋转接头 9→多路手动换向阀组 2 中阀 C、D、E、F 的中位→旋转接头 9→油箱。

当多路手动换向阀 1 组中的阀 B 处于左位工作时，后支腿放下，其进、回油路中油的运动方向：

进油路：液压泵→多路手动换向阀组 1 中的阀 A 的中位→阀 B 的左位→两个后支腿缸无杆腔；

回油路：两个后支腿缸回油腔→多路手动换向阀组 1 中的阀 A 的中位→阀 B 左位→旋转接头 9→多路手动换向阀 2 中阀 C、D、E、F 的中位→旋转接头 9→油箱。

当多路手动换向阀组 1 中的阀 A、B 处于右位工作时，前、后支腿收回。

（2）吊臂回转回路。该型汽车起重机吊臂回转机构采用液压马达作为执行元件。液压马达通过蜗轮蜗杆减速箱和一对内啮合的齿轮传动来驱动转盘回转。由于转盘转速较低，每分钟仅为 1～3Y，故液压马达的转速也不高，因此没有必要设置液压马达制动回路。系统中用多路手动换向阀组 2 中的一个三位四通手动换向阀 C 来控制转盘正、反转和锁定不动三种工况。阀 C 左位工作时，吊臂正转，其油路中油的运动方向：

进油路：液压泵→多路手动换向阀组 1 中的阀 A、阀 B 中位→旋转接头 9→多路手动换向阀组 2 中的阀 C→回转液压马达左腔；

回油路：回转液压马达右腔→多路手动换向阀组 2 中的阀 C→多路手动换向阀组 2 中的阀 D、E、F 的中位→旋转接头 9→油箱。

阀 C 右位工作时，回转液压马达反转，吊臂反转。阀 C 中位工作时，吊臂回转机构锁定不动。

（3）吊臂伸缩回路。该型汽车起重机的吊臂由基本臂和伸缩臂组成。伸缩臂套在基本臂之中，用一个由三位四通手动换向阀 D 控制的伸缩液压缸来驱动吊臂的伸出、缩回和停止。为防止因自重而使吊臂下落，油路中设有平衡回路。当阀 D 右位工作时，吊臂伸出，其油路中油的运动方向：

进油路：液压泵→多路手动换向阀组 1 中的阀 A、阀 B 中位→旋转接头 9→多路手动换向阀组 2 中的阀 C 中位→换向阀 D 右位→伸缩缸无杆腔；

回油路：伸缩缸有杆腔→多路手动换向组 2 中的阀 D 右位→多路手动换向组 2 中的阀 E、F 的中位→旋转接头 9→油箱。

当阀 D 左位工作时，吊臂缩回。当阀 D 中位工作时，吊臂停止伸缩。

（4）吊臂变幅回路。吊臂变幅是用一个液压缸来改变起重臂的俯角角度。变幅液压缸由三位四通手动换向阀 E 控制。同样，为防止在变幅作业时因自重而使吊臂下落，在油路中设有平衡回路。当阀 E 右工作时，吊臂增幅，其油路中油的运动方向：

进油路：液压泵→阀 A 中位→阀 B 中位→旋转接头 9→阀 C 中位→阀 D 中位→阀 E 右位→变幅缸无杆腔；

回油路：变幅缸有杆腔→阀 E 右位→阀 F 中位→旋转接头 9→油箱。

当阀 E 左工作时，吊臂减幅，当阀 E 中工作时，吊臂停止变幅。

（5）起升机构回路。起升机构是汽车起重机的主要工作机构，它由一个低速大转矩定量液压马达来带动卷扬机工作。液压马达的正、反转由三位四通手动换向阀 F 控制。起重机起升速度的调节是通过改变汽车发动机的转速从而改变液压泵的输出流量和液压马达的输入流量来实现的。在液压马达的回油路上设有平衡回路，以防止重物自由落下；在液压马达上还设有单向节流阀的平衡回路，设有单作用闸缸组成的制动回路，当系统不工作时通过闸缸中的弹簧力实现对卷扬机的制动，防止起吊重物下滑；当起重机负重起吊时，利用制动器延时张开的特性，可以避免卷扬机起吊时发生溜车下滑现象。当阀 F 左位工作时，起升机构起升重物，其油路中油的运动方向：

进油路：液压泵→阀 A 中位→阀 B 中位→旋转接头 9→阀 C 中位→阀 D 中位→阀 E 中位→阀 F 左位→卷扬机电动机左腔；

回油路：卷扬机电动机右腔→阀 F 左位→旋转接头 9→油箱。

当阀 F 右位工作时，卷扬机电动机反转，起升机构放下重物，当阀 F 中位工作时，卷扬机电动机不转，起升机构停止作业。

4. 卧式镗铣加工中心液压传动系统的组成和工作原理

加工中心是一种带刀库，且机械、电气、液压、气动技术一体化的高效自动化程度高的数控机床。它可在一次装夹中完成铣、钻、扩、镗、锪、铰、螺纹加工、测量等多种工序。在大多数加工中心中，其液压传动系统可实现刀库、机械手自动进行刀具交换及选刀的动作、加工中心主轴箱、刀库机械手的平衡、加工中心主轴箱的齿轮拨叉变速、主轴松夹刀动作、交换工作台的松开、夹紧及其自动保护等。

图 4-6 所示为某卧式镗铣加工中心液压传动系统原理。各部分组成和工作原理如下：

（1）液压源。该系统采用变量叶片泵和蓄能器联合供油的方式，接通机床电源，启动电动机 1，变量叶片泵 2 运转，调节单向节流阀 3，构成容积节流调速系统。溢流阀 4 起安全阀作用，手动阀 5 起卸荷作用。调节变量叶片泵 2，使其输出压力达到 7 MPa，并把安全阀 4 调至 8 MPa。回油滤油器过滤精度 10 μm，滤油器两端压力差超过 0.3 MPa 时系统报警，此时应更换滤芯。

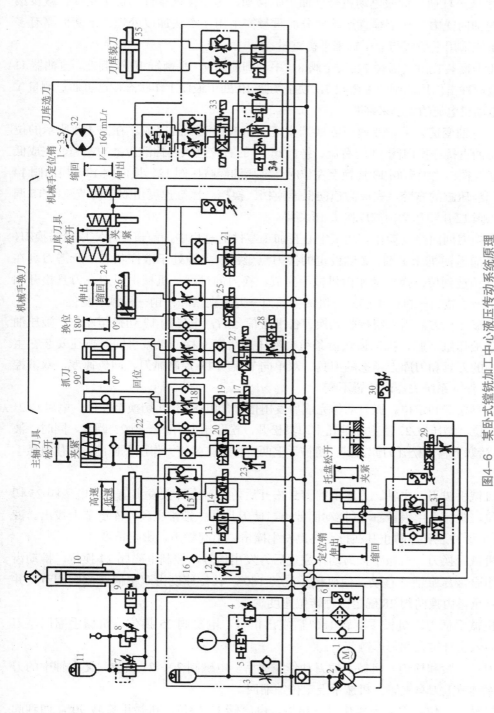

图4-6 某卧式镗铣加工中心液压传动系统原理

1—电动机; 2—变量叶片泵; 3—单向节流阀; 4—溢流阀; 5—手动阀; 6—、30压力继电器; 7—平衡阀; 8—安全阀; 9—手动卸荷阀; 10—平衡缸; 11—蓄能器; 12、23—减压阀; 13、14、28—换向阀; 15、18—节流阀; 16—测压接头; 17、20、21、25、27、31、33—电磁阀; 19—双液控单向阀; 22—双液控单向阀; 24、26、35—液压缸; 32—增压缸; 34—液压电动机控制单元

（2）液压平衡装置。加工中心的主轴、垂直拖板、变速箱、主电动机等连成一体，由 Y 轴滚珠丝杠通过伺服电动机带动而上下移动，为了保证零件的加工精度，减少滚珠丝杠的轴向受力，整个垂直运动部分的重量需采用平衡法加以处理。平衡回路有多种，本系统采用平衡阀与液压缸来平衡重量。

液压平衡装置由平衡阀 7、安全阀 8、手动卸荷阀 9、平衡缸 10 等组成，蓄油器 11 起吸收液压冲击作用。调节平衡阀 7，使平衡缸 10 处于最佳工作状态，这可通过测量 Y 轴伺服电动机电流的大小来判断。

（3）主轴变速。主轴变速箱需换挡变速时由换挡液压缸完成。在图 4-4 所示的位置，液压油直接经换向阀 13 的右位、换向阀 14 的右位进入换挡液压缸的左腔，完成低速向高速换挡；当换向阀 13 切换至左位时，液压油经减压阀 12、换向阀 13、换向阀 14 进入换挡液压缸的右腔，完成高速向低速换挡。换挡液压缸速度由双单向节流阀 15 调整，减压阀 12 出口压力由测压接头 16 测得。

（4）换刀回回路及动作。加工中心在加工零件的过程中，前道工序完成后需换刀，此时主轴应返回机床 Y 轴、Z 轴设定的换刀点坐标，主轴处于准停状态，所需刀具在刀库上已预选到位。换刀动作由机械手完成，换刀的过程：机械手抓刀→刀具松开和定位→机械手拔刀→机械手换刀→机械手插刀→刀具夹紧和松销→机械手复位。

①机械手抓刀。当系统接收到换刀各准备信号后，电磁阀 17 切换至左位，液压油进入齿条液压缸下腔，推动齿轮齿条组合液压缸活塞上移，机械手同时抓住安装在主轴锥孔中的刀具和刀库上预选的刀具。双单向节流阀 18 控制抓刀、回位速度，双液控单向阀 19 保证系统失压时位置不变。

②刀具松开和定位。抓刀动作完成后发出信号，电磁阀 20 切换至左位、电磁阀 21 切换至右位，增压缸 22 使主轴锥孔中刀具松开，松开压力由减压阀 23 调节。同时，液压缸 24 活塞上移，松开刀库刀具；机械手上两定位销在弹簧力作用下伸出，卡住机械手上的刀具。

③机械手拔刀。主轴、刀库上的刀具松开后，无触点开关发出信号，电磁阀 25 切换至右位，机械手由液压缸 26 推动而伸出，使刀具从主轴锥孔和刀库链节上拔出。液压缸 26 带缓冲装置，防止其在行程终点发生撞击，引起噪声，影响精度。

④机械手换刀。机械手拔刀动作完成后，发出信号，控制电磁阀 27 换位，推动齿条传动组合液压缸活塞移动，使机械手旋转 180°，转位速度由双单向节流阀调节，并根据刀具重量由换向阀 28 确定两种转位速度。

⑤机械手插刀。机械手旋转 180° 后发出信号，电磁阀 25 换位，机械手缩回，刀具分别插入主轴锥孔和刀库链节。

⑥刀具夹紧和松销。机械手插刀动作完成后，电磁阀 20、21 换位，使主轴中的刀具和刀库链节上刀具夹紧，机械手上定位销缩回。

⑦机械手复位。刀具夹紧信号发出后，电磁阀 17 换位，机械手旋转 90°，回到起始位置。

至此，整个换刀动作结束，主轴启动进入零件加工状态。

（5）NC 旋转工作台液压回路。

① NC 工作台夹紧。零件连续旋转加工进入固定位置加工时，电磁阀 29 换至左位，使工作台夹紧，并由压力继电器 30 发出夹紧信号。

②托盘交换。交换工件时，电磁阀 31 处于右位，定位销缩回，同时松开托盘，由交换工作台交换工件，结束后电磁阀 31 换位，定位销伸出定位，托盘夹紧，即可进入加工状态。

（6）刀库选刀、装刀。零件在加工过程中，刀库需要将下道工序所需刀具预选到位。首先判断所需刀具所在刀库中的位置，确定液压马达 32 旋转方向，使电磁阀 33 换位，液压马达控制单元 34 控制电动机启动、中间状态、到位、旋转速度，刀具到位后由旋转编码器组成的闭环系统控制发出信号。液压缸 35 用于刀库装刀位置上下装卸刀具。

 观察或实践

现场观察或通过视频观察 M1432A 型万能外圆磨床等设备液压传动系统的组成和工作原理。

 练习题

1．简述 M1432A 型万能外圆磨床等设备液压传动系统的组成和工作原理。
2．简述 MJ-50 型数控车床液压传动系统的组成和工作原理。
3．简述 Q2-8 型汽车起重机液压传动系统的组成和工作原理。

 学习评价

评价形式	比例	评价内容	评价标准	得分
自我评价	30%	（1）出勤情况； （2）学习态度； （3）任务完成情况	（1）好（30分）； （2）较好（24分）； （3）一般（18分）	
小组评价	10%	（1）团队合作情况； （2）责任学习态度； （3）交流沟通能力	（1）好（10分）； （2）较好（8分）； （3）一般（6分）	
教师评价	60%	（1）学习态度； （2）交流沟通能力； （3）任务完成情况	（1）好（60分）； （2）较好（48分）； （3）一般（36分）	
汇总				

项目5　气动元件故障诊断及排除

气压传动是以压缩空气为工作介质传递运动和动力的一种传动方式。它与液压传动一样，都是利用流体作为工作介质来实现传递运动和动力的。气压传动与液压传动在基本工作原理、系统组成、元件结构及图形符号等方面有很多相似之处。气压传动系统简称气动系统，是利用压缩空气的压力能为主来传递运动和动力的系统。气动元件是构成气动系统不可或缺的部分，如果气动元件出现了故障，气动系统就无法正常工作，所以要及时诊断和排除气动元件故障。

任务5.1　气源装置故障诊断及排除

气源装置的作用是产生具有足够压力和流量的压缩空气，同时，将其净化、处理及储存，它由气压发生装置（如空气压缩机）、压缩空气的净化装置和输送压缩空气的管道组成。气源装置包括空气压缩机、空气干燥器、空气过滤器、油水分离器等元件。往复式空气压缩机常见故障有"启动不良""压缩不足""运转声音异常""压缩机过热""润滑油消耗过量"等。空气干燥器常见故障有"干燥器不启动""干燥器运转，但不制冷""干燥器运转，但制冷不足，干燥效果不好""噪声大"等。空气过滤器常见故障有"压力过大""从输出端逸出冷凝水""输出端出现异物""塑料水杯破损"等。

学习要求

1. 弄清空气压缩机、空气过滤器等动力元件的工作原理和结构。
2. 学会拆卸及装配空气压缩机、空气过滤器等元件。
3. 弄懂气源装置故障诊断及排除。
4. 养成恪守工程伦理的习惯。

知识准备

1. 气动系统的组成和工作原理

气动剪切机气动系统的组成和工作原理如图 5-1 所示。气动剪切机的驱动系统是典型的气动系统，由空气压缩机 1、冷却器 2、分水排水器 3、储气罐 4、空气过滤器 5、减压阀 6、油雾器 7、行程阀 8、换向阀 9、气缸 10 等组成。

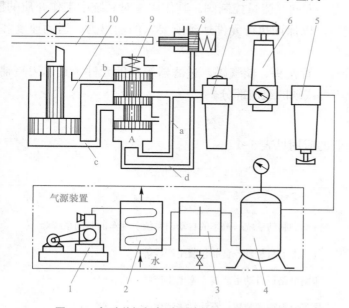

图 5-1　气动剪切机气动系统的组成和工作原理

气动剪切机工作过程

1—空气压缩机；2—冷却器；3—分水排水器；4—储气罐；5—空气过滤器；

6—减压阀；7—油雾器；8—行程阀；9—换向阀；10—气缸；11—工料

当空气压缩机 1 产生的压缩空气经冷却器 2、分水排水器 3、储气罐 4、空气过滤器 5、减压阀 6、油雾器 7 到达换向阀 9，部分气体经节流通路 a 进入换向阀 9 的下腔，使上腔弹簧压缩，换向阀阀芯位于上端；大部分压缩空气经换向阀 9 后由 b 路进入气缸 10 上腔，而气缸的下腔的气体经 c 路、换向阀与大气相通，因此气缸活塞处于下端位置。当上料装置把工料 11 送入剪切机并到达规定位置时，工料压下行程阀 8，此时换向阀阀芯下腔的压缩空气经 d 路、行程阀排入大气，在弹簧的推动下换向阀阀芯向下运动至下端；压缩空气则经换向阀后由 c 路进入气缸的下腔，上腔经 b 路、换向阀与大气相通，气缸活塞向上运动，剪刀刃随之上行剪断工料。工料剪下后，即与行程阀脱开，行程阀阀芯在弹簧作用下复位，d 路堵死，换向阀阀芯上移，气缸活塞向下运动，又恢复到剪断前的状态。

由此可见，气压传动与液压传动的工作原理相似，它们都是先将机械能转换成压力能，再将压力能转换成机械能的转换过程。

一个完整的气动系统组成与液压传动系统也相似，它由工作介质（压缩空气）、动力元件（气源装置）、执行元件、控制元件和辅助元件组成。

（1）工作介质是压缩空气，其作用是实现运动和动力的传递。

（2）动力元件也称气源装置，其作用是将原动机所输出的机械能转换成气体的压力能，向气动系统提供压缩空气，是气动系统的心脏部分。

（3）执行元件包括气缸和气动马达。其作用是将气体的压力能转换成机械能以驱动工作机构进行工作。

（4）控制元件包括压力、方向、流量控制阀。其作用是对系统中工作介质的压力、流量、方向进行控制和调节，以保证执行元件达到所要求的输出力、运动速度和运动方向。

（5）辅助元件包括管道、管接头、储气罐、过滤器等辅助元件。其作用是辅助气动系统正常工作，是系统不可或缺的组成部分。

2．气压传动技术的应用

气压传动技术在各行业的应用见表5-1。

表5-1 气压传动技术在各行业的应用

行业	应用举例
交通运输业	汽车的制动系统、汽车的自动门系统、列车的制动系统等
轻工、纺织、食品业	气动上下料装置、食品包装生产线等
电子工业	印刷电路板自动生产线、家电生产线
石油化学业	化工原料输送装置、石油钻采装置等
机械工业	各类机械制造的生产线、工业机械人

3．气压传动技术的发展

早在公元前，埃及人就开始采用风箱产生压缩空气助燃，气压传动技术从18世纪的产业革命开始逐渐应用于各类行业。1829年出现了多级空气压缩机，为气压传动的发展创造了条件，1871年开始在采矿业使用风镐，1868年美国人G. 威斯汀豪斯发明了气动制动装置，并于1872年用于铁路车辆的制动，显示了气压传动简单、快速、安全和可靠的优点，开创了气压传动早期的应用局面。第二次世界大战后，随着各国生产的迅速发展，气压传动以它的低成本优势，广泛用于工业自动化产品和生产流水线。目前，气动技术正向小型化、模块化、高集成化、低能耗、无油化、智能化及机电液气相结合的综合控制技术等方面发展。

4．气压传动的优点及缺点

（1）优点。

①工作介质是空气，来源方便，成本低，无污染。与液压传动相比，不必设置回收的油箱和管道。

②与液压传动相比，气压传动动作迅速、反应快、可在较短的时间内达到所需的压力和速度。

③安全可靠，在易燃、易爆场所不需要昂贵的防爆设施。压缩空气不会爆炸或着火，特别是在易燃、易爆、多尘埃、强磁、辐射、振动、冲击等恶劣工作环境中，比液压、电子、电气控制优越。

素养提升案例

恪守工程伦理：气压传动对环境无污染

解析：气压传动的工作介质是空气，来源方便，成本低，无污染，对环境无害。

启示：工程伦理问题是一个关乎工程本身、社会、人类和自然的复杂问题。我们在工作中，恪守工程伦理，不仅要考虑工程本身、社会、人类，也要考虑自然环境。气压传动的工作介质是空气，对环境无害，这正是我们追求的。

④因空气的黏度很小，其损失也很小，所以便于集中供气、远距离输送，并且不易发生过热现象。

（2）缺点。

①有可压缩性，不易准确地进行速度控制并缺乏很高的定位精度，稳定性不够。但采用气液联动装置会得到较满意的效果。

②空气提供的压强较低（一般为 0.3 ～ 1 MPa），只适用压力较小（一般不宜大于 10 ～ 40 kN）的场合。

③排气噪声大，在高速排气时要加消声器。

④气动装置中的气信号传递速度在声速以内比电子及光速慢，因此气动控制系统不宜用于元件级数过多的复杂回路。

5. 气源装置的结构和工作原理

（1）空气压缩机的结构和工作原理。气压传动系统中最常用的空气压缩机是往复活塞式空气压缩机，其结构和工作原理如图 5-2 所示。它由排气阀 1、气缸 2、活塞 3、活塞杆 4、十字头 5、滑道 6、连杆 7、曲柄 8、吸气阀 9、弹簧 10 等组成。当活塞 3 向右运动时，气缸 2 内活塞左腔的压力低于大气压力，吸气阀 9 被打开，空气在大气压力作用下进入气缸 2，这个过程称为"吸气过程"。当活塞向左移动时，吸气阀 9 在缸内压缩气体的作用下而关闭，缸内气体被压缩，这个过程称为压缩过程。当气缸内空气压力增高到略高于输气管内压力后，排气阀 1 被打开，压缩空气进入输气管道，这个过程称为"排气过程"。活塞 3 的往复运动是由电动机（内燃机）带动曲柄转动，通过连杆、滑块、活塞杆转化为直线往复运动而产生的。图中只表示了一个活塞一个缸的空气压缩机，大多数空气压缩机是多缸多活塞的组合。

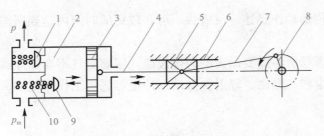

图 5-2　往复活塞式空气压缩机的结构和工作原理

1—排气阀；2—气缸；3—活塞；4—活塞杆；5—十字头；6—滑道；
7—连杆；8—曲柄；9—吸气阀；10—弹簧

活塞式空气压缩机工作原理

（2）压缩空气的净化装置的结构和工作原理。常见的压缩空气的净化装置有后冷却器、油水分离器、储气罐、空气干燥器和空气过滤器。

①后冷却器的结构和工作原理。后冷却器安装在空气压缩机出口处的管道上。它的作用是将空气压缩机排出的压缩空气温度由 140 ℃～170 ℃降至 40 ℃～50 ℃。这样就可使压缩空气中的油雾和水汽迅速达到饱和，使其大部分析出并凝结成油滴和水滴分离出来。后冷却器的结构形式有蛇形管式、列管式、散热片式、管套式。冷却方式有水冷和气冷两种方式。

蛇形管水冷式后冷却器的结构、工作原理和图形符号如图 5-3 所示。压缩空气在蛇形管内流动，冷却水在蛇形管外水套中流动，在管道壁面进行热交换。水冷式后冷却器散热面积比风冷式的大很多倍，热交换均匀，分水效率高。

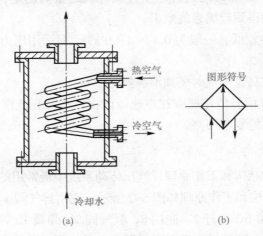

图 5-3　蛇形管水冷式后冷却器的结构、工作原理和图形符号

（a）结构、工作原理；（b）图形符号

②油水分离器的结构和工作原理。油水分离器安装在后冷却器出口管道上，它的作用是分离并排出压缩空气中凝聚的油分、水分和灰尘杂质等，使压缩空气得到初步净化。油水分离器的结构形式有环形回转式、撞击折回式、离心旋转式、水浴式及以上形式的组合使用等。图 5-4 所示为撞击折回并回转式油水分离器的撞击折回并回转

式油水分离器的结构、工作原理和图形符号。当压缩空气由入口进入分离器壳体后，气流先受到隔板阻挡而被撞击折回向下（图中箭头所示流向）；之后又上升产生环形回转，这样凝聚在压缩空气中的油滴、水滴等杂质受惯性力作用而分离析出，沉降于壳体底部，由放水阀定期排出。

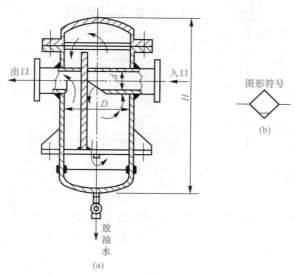

图 5-4　撞击折回并回转式油水分离器的结构、工作原理和图形符号

（a）结构、工作原理；（b）图形符号

为提高油水分离效果，应控制气流在回转后上升的速度不超过 0.5 m/s。

③储气罐的结构和工作原理。储气罐的主要作用是消除由于空气压缩机断续排气而对系统引起的压力脉动，保证输出气流的连续性和平稳性；储存一定数量的压缩空气，调节用气量或以备发生故障和临时需要应急使用；进一步分离压缩空气中的油、水等杂质。

储气罐一般采用圆筒状焊接结构，以立式居多。其结构如图 5-5 所示。立式储气罐的高度为其直径的 2 ~ 3 倍，同时应使进气管在下，出气管在上，并尽可能加大两管之间的距离，以利于进一步分离空气中的油质和水分。

④空气干燥器的结构和工作原理。空气干燥器有作用是吸收和排除压缩空气中的油质、水分与杂质。经过后冷却器、油水分离器和储气罐后得到初步净化的压缩空气，已满足一般气压传动的需要，但如果用于精密的气动装置、气动仪表等，上述压缩空气还必须进行干燥处理。

压缩空气干燥方法主要采用吸附法和冷却法。吸附法是利用具有吸附性能的吸附剂（如硅胶、铝胶或分子筛等）来吸附压缩空气中含有的水分，而使其干燥；冷却法是利用制冷设备使空气冷却到一定的露点温度，析出空气中超过饱和水蒸气部分的多余水分，从而达到所需的干燥度。吸附法是干燥处理方法中应用最为普遍的一种方法。

图 5-6 所示为不加热再生吸附式干燥器的结构和工作原理。这种干燥器有两个填满吸附剂的容器 1、2，当空气从容器 1 的下部流到上部时，将吸附剂中的水分带走并

放入大气。两容器定期的交换工作（5～10 min）使吸附剂产生吸附和再生，这样可得到连续输出的干燥压缩空气。

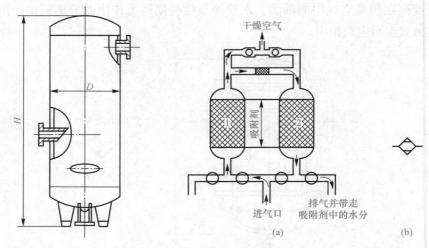

图 5-5　储气罐结构、工作原理　　图 5-6　不加热再生吸附式干燥器结构和工作原理图

（a）结构、工作原理；（b）图形符号

1、2—容器

⑤空气过滤器的结构和工作原理。空气过滤器也称分水滤气器，它的主要作用是除去压缩空气中的固态杂质、水滴和油污等污染物。

空气过滤器的结构、工作原理和图形符号如图 5-7 所示。这种空气过滤器由旋风叶子 1、滤芯 2、存水杯 3、挡水板 4、手动排水阀 5 等组成。压缩空气从输入口进入后，被引入旋风叶子1，旋风叶子上有很多成一定角度的小缺口，使空气沿切线反向产生强烈的旋转，这样夹杂在气体中的较大水滴、油滴和灰尘便获得较大的离心力，与存水杯 3 内壁碰撞，而从气体中分离出来，沉淀于存水杯 3 中，然后气体通过中间的滤芯 2，进一步过滤掉更加细微的杂质微粒，洁净的空气便从输出口输出。挡水板 4 是防止气体旋涡将杯中积存的污水卷起而破坏过滤作用。为保证分水滤气器正常工作，必须及时将存水杯中的污水通过手动排水阀 5 放掉。在某些人工排水不方便的场合，可采用自动排水式分水滤气器。

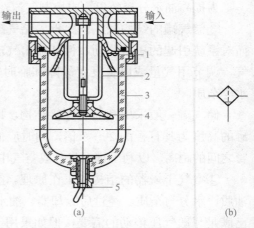

图 5-7　空气过滤器的结构、工作原理和图形符号

（a）结构、工作原理；（b）图形符号

1—旋风叶子；2—滤芯；3—存水杯；

4—挡水板；5—手动排水阀

存水杯由透明材料制成，便于观察工作情况、污水情况和滤芯污染情况。滤芯目

前采用铜粒烧结而成。发现油泥过多，可采用酒精清洗，干燥后再装上，可继续使用。但是这种过滤器只能滤除固体和液体杂质，因此，使用时应尽可能装在能使空气中的水分变成液态的部位或防止液体进入的部位，如气动设备的气源入口处。

6. 活塞式空气压缩机拆卸及装配的步骤和方法

（1）准备好内六角扳手一套、耐油橡胶板一块、油盘一个等其他器具。

（2）按先外后内的顺序拆下压缩机各零件，并将零件标号按顺序摆好。

（3）观察主要零件的作用和结构。

（4）按拆卸的反向顺序装配压缩机。装配前清洗各零部件，将活塞与气缸筒内壁之间、气阀与气阀导向套之间等配合表面涂润滑液，并注意各处密封的装配。

（5）将压缩机外表面擦拭干净，整理工作台。

7. 空气过滤器拆卸及的装配步骤和方法

（1）准备好内六角扳手一套、耐油橡胶板一块、油盘一个等其他器具。

（2）卸下手动排水阀 5。

（3）卸下存水杯 3。

（4）卸下挡水板。

（5）卸下滤芯 2。

（6）观察主要零件的作用和结构。

（7）按拆卸的反向顺序装配空气过滤器。装配前清洗各零部件，并注意各处密封的装配。

（8）将空气过滤器外表面擦拭干净，整理工作台。

8. 往复式空气压缩机常见故障诊断与排除

（1）"启动不良"故障诊断与排除。

故障原因：

①电压低。

②熔丝熔断。

③电动机单相运转。

④排气单向阀泄漏。

⑤卸流动作失灵。

⑥压力开关失灵。

⑦电磁继电器故障。

⑧排气阀损坏。

排除方法：

①与供电部门联系解决。

②测量电阻，更换熔丝。

③检修或更换电动机。

④检修或更换排气单向阀。

⑤拆修。

⑥检修或更换压力开关。

⑦检修或更换电磁继电器。

⑧检修或更换排气阀。

（2）"压缩不足"故障诊断与排除。

故障原因：

①吸气过滤器阻塞。

②阀的动作失灵。

③活塞环咬紧缸筒。

④气缸磨损。

⑤夹紧部分泄漏。

排除方法：

①清洗或更换过滤器。

②检修或更换阀。

③更换活塞环。

④检修或更换气缸。

⑤固紧或更换密封。

（3）"运转声音异常"故障诊断与排除。

故障原因：

①阀损坏。

②轴承磨损。

③皮带打滑。

排除方法：

①检修或更换阀。

②更换轴承。

③调整皮带张力。

（4）"压缩机过热"故障诊断与排除。

故障原因：

①冷却水不足、断水。

②压缩机工作场地温度过高。

排除方法：

①保证冷却水量。

②注意通风换气。

（5）"润滑油消耗过量"故障诊断与排除。

故障原因：

①曲柄室漏油。

②气缸磨损。

③压缩机倾斜。

排除方法：

①更换密封件。

②检修或更换气缸。

③修正压缩机位置。

9. 空气干燥器常见故障诊断与排除

（1）"干燥器不启动"故障诊断与排除。

故障原因：

①电源断电或熔丝断开。

②控制开关失效。

③电源电压过低。

④风扇电动机故障。

⑤压缩机卡住或电动机烧毁。

排除方法：

①检查电源有无短路，更换熔丝。

②检修或更换开关。

③检查排除电源故障。

④更换电扇电动机。

⑤检修压缩机或更换电动机。

（2）"干燥器运转，但不制冷"故障诊断与排除。

故障原因：

①制冷剂严重不足或过量。

②蒸发器冻结。

③蒸发器、冷凝器积灰太多。

④风扇轴或传动带打滑。

⑤风冷却器积灰太多。

排除方法：

①检查制冷剂有无泄漏，测高、低压力，按规定充灌制冷剂，如果制冷剂过多则放出。

②检查低压压力，若低于 0.2 MPa 会结冻。

③清除积灰。

④更换轴或传动带。

⑤清除积灰。

（3）"干燥器运转，但制冷不足，干燥效果不好"故障诊断与排除。

故障原因：

①电源电压过不足。

②制冷剂不足、泄漏。

③蒸发器冻结、制冷系统内混入其他气体。

④干燥器空气流量不匹配，进气温度过高，放置位置不当。

排除方法：

①检查电源。

②补足制冷剂。

③检查低压压力，重充制冷剂。

④正确选择干燥实际流量，降低进气温度，合理选址。

（4）"噪声大"故障诊断与排除。

故障原因：机件安装不紧或风扇松脱。

排除方法：紧固机件或风扇。

10. 空气过滤器常见故障诊断与排除

（1）"压力过大"故障诊断与排除。

故障原因：

①使用过细的滤芯。

②滤清器的流量范围太小。

③流量超过滤清器的容量。

④滤清器滤芯网眼堵塞。

排除方法：

①更换适当的滤芯。

②更换流量范围大的滤清器。

③更换大容量的滤清器用净化液清洗（必要时更换）滤芯。

④清理滤清器滤芯。

（2）"从输出端逸出冷凝水"故障诊断与排除。

故障原因：

①未及时排出冷凝水。

②自动排水器发生故障。

③超过滤清器的流量范围。

排除方法：

①养成定期排水习惯或安装自动排水器。

②修理或更换自动排水器。

③在适当流量范围内使用或者更换大容量的滤清器。

（3）"输出端出现异物"故障诊断与排除。

故障原因：

①滤清器滤芯破损。

②滤芯密封不严。

③使用了有机溶剂清洗塑料件。

排除方法：

①更换滤芯。

②更换滤芯的密封，紧固滤芯。

③用清洁的热水或煤油清洗。

（4）"塑料水杯破损"故障诊断与排除。

故障原因：

①在有有机溶剂的环境中使用。

②空气压缩机输出某种焦油。

③压缩机从空气中吸入对塑料有害的物质。

排除方法：

①使用不受有机溶剂侵蚀的材料（如使用金属杯）。

②更换空气压缩机的润滑油，使用无油压缩机。

③使用金属杯。

（5）"漏气"故障诊断与排除。

故障原因：

①密封不良。

②因物理（冲击）、化学原因使塑料杯产生裂痕。

③泄水阀，自动排水器失灵。

排除方法：

①更换密封件。

②参看塑料杯破损栏改进操作以防塑料杯产生裂痕。

③检修或更换泄水阀。

 观察或实践

1. 现场观察或通过视频观察气源装置拆装步骤及方法；有条件时，可现场实践。

2. 现场观察或通过视频观察气源装置故障排除过程；有条件时，可现场实践。

 练习题

1. 解释气压传动和气压传动系统。

2. 简述气压传动系统的组成和工作原理。

3. 简述气压传动的优点及缺点。

4. 简述空气压缩机的结构和工作原理。

5. 简述空气过滤器的拆装步骤和方法。

学习评价

评价形式	比例	评价内容	评价标准	得分
自我评价	30%	（1）出勤情况； （2）学习态度； （3）任务完成情况	（1）好（30分）； （2）较好（24分）； （3）一般（18分）	
小组评价	10%	（1）团队合作情况； （2）责任学习态度； （3）交流沟通能力	（1）好（10分）； （2）较好（8分）； （3）一般（6分）	
教师评价	60%	（1）学习态度； （2）交流沟通能力； （3）任务完成情况	（1）好（60分）； （2）较好（48分）； （3）一般（36分）	
汇总				

任务 5.2　执行元件故障诊断及排除

执行元件的作用是将压缩空气的压力能转换成机械能以驱动工作机构进行工作。执行元件包括气缸和气动马达。气缸常见故障有"输出力不足""动作不稳定""速度过慢""活塞杆和衬套之间泄漏""活塞两端窜气"等。叶片式气动马达常见故障有"叶片严重磨损""前后气缸盖磨损严重""定子内孔有纵向波浪槽""叶片折断""叶片卡死"等。活塞式气动马达常见故障有"运行中突然不转""功率转速显著下降""耗气量大"等。

学习要求

1．弄清气缸、气动马达的工作原理和结构。
2．学会拆卸及装配气缸和气动马达。
3．弄懂气缸、气动马达故障诊断及排除方法。
4．养成实际动手和吃苦耐劳的习惯。

知识准备

1．气缸的结构和工作原理

气缸用于实现直线往复运动，输出力和直线位移。气缸按照结构特点可分为活塞式、薄膜式、柱塞式；按作用方式可分为单作用式和双作用式；按功能可分为普通气缸和特殊气缸；按安装方式可分为耳座式、法兰式、轴销式和凸缘式。

（1）普通型单活塞杆式双作用气缸的结构和工作原理。普通型单活塞杆式双作用气缸结构和工作原理如图 5-8 所示。这种气缸由后缸盖 1、前缸盖 11、活塞 5、活塞杆 7、缸筒 8 等组成。气缸由活塞分成两个腔，即无杆腔和有杆腔。当压缩空气进入无杆腔时，压缩空气作用在活塞右端面上的力克服各种反向作用力，推动活塞前进，有杆腔内的空气排入大气，使活塞杆伸出；当压缩空气进入有杆腔时，压缩空气作用在活塞左端面上的力克服各种反向作用力，推动活塞向右运动，无杆腔内的空气排入大气，使活塞杆退回。气缸的无杆腔和有杆腔的交替进气和排气，使活塞杆伸出和退回，气缸实现往复运动。

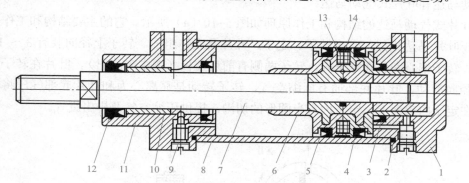

图 5-8　普通型单活塞杆式双作用气缸结构和工作原理

1—后缸盖；2—密封圈；3—缓冲密封圈；4—活塞密封圈；5—活塞；6—缓冲柱塞；7—活塞杆；
8—缸筒；9—缓冲节流阀；10—导向套；11—前缸盖；12—防尘密封圈；13—磁铁；14—导向环

（2）薄膜式气缸。薄膜式气缸是一种利用压缩空气通过膜片推动活塞杆作往复直线运动的气缸。它由缸体 1、膜片 2、膜盘 3 和活塞杆 4 等主要零件组成。其功能类似活塞式气缸，它可分为单作用式和双作用式两种，如图 5-9 所示。

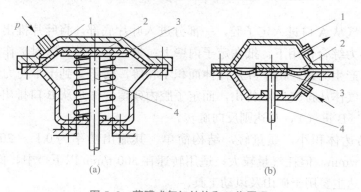

(a)　　　　　　　　　(b)

图 5-9　薄膜式气缸结构和工作原理

（a）单作用式；（b）双作用式

1—缸体；2—膜片；3—膜盘；4—活塞杆

薄膜式气缸的膜片可以做成盘形膜片和平膜片两种形式。膜片材料为夹织物橡胶、钢片或磷青铜片。常用的是夹织物橡胶，橡胶的厚度为 5～6 mm，有时也可用 1～3 mm。

金属式膜片只用于行程较小的薄膜式气缸。

薄膜式气缸和活塞式气缸相比较，具有结构简单、紧凑、制造容易、成本低、排除方便、寿命长、泄漏小、效率高等优点。但是膜片的变形量有限，故其行程短（一般不超过 50 mm），且气缸活塞杆上的输出力随着行程的加大而减小。

2．马达的结构和工作原理

气动马达是将压缩空气的压力能转换旋转运动的机械能装置。气动马达按结构形式可分为叶片式气动马达、活塞式气动马达和齿轮式气动马达等。最为常见的是活塞式气动马达和叶片式气动马达。

叶片式气动马达的结构和工作原理如图 5-10（a）所示。它的主要结构和工作原理与液压叶片马达相似，它由转子、定子、叶片及壳体组成。转子上径向装有 3 ~ 10 个叶片，转子偏心安装在定子内，转子两侧有前后盖板（图中未画出），叶片在转子的槽内可径向滑动，叶片底部通有压缩空气，转子转动是靠离心力和叶片底部气压将叶片紧压在定子内表面上。定子内有半圆形的切沟，提供压缩空气及排出废气。

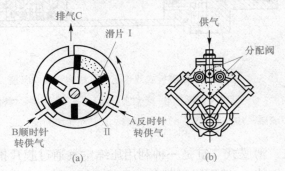

图 5-10　气动马达结构和工作原理

（a）叶片式；（b）径向活塞式

当压缩空气从 A 口进入定子腔，一部分进入叶片底部，将叶片推出，使叶片在气压推力和离心力综合作用下，抵在定子内壁上；另一部分进入密封工作腔作用在叶片的外伸部分，产生力矩。由于叶片外伸面积不相等，转子受到不平衡力矩而逆时针旋转。做功后的气体从排气口 C 排出，而定子腔内残留气体则从 B 口排出。改变压缩空气输入进气孔（B 进气），马达则反向旋转。

叶片式马达体积小，质量轻，结构简单，其输出功率为 0.1 ~ 20 kW，转速为 500 ~ 25 000 r/min，但耗气量较大，适用转速在 500 r/min 以下、中、低功率的机械，叶片式气动马达主要用于矿山及风动工具。

径向活塞式马达的结构和工作原理图如图 5-10（b）所示。压缩空气经进气口进入分配阀（又称配气阀）后再进入气缸，推动活塞及连杆组件运动，再使曲柄旋转。曲柄旋转的同时，带动固定在曲轴上的分配阀同步转动，使压缩空气随着分配阀角度位置的改变而进入不同的缸内，依次推动各个活塞运动，由各活塞及连杆带动曲轴连续运转。与此同时，与进气缸相对应的气缸则处于排气状态。

活塞式气动马达在低速情况下有较大的输出功率，它的低速性能好，适宜荷载较大和要求低速转矩的机械，如起重机、绞车、绞盘、拉管机等。

3. 气缸的拆卸及装配步骤和方法

素养提升案例

养成劳动习惯：气缸的拆卸及装配

解析："一切从实践出发，实践是检验真理的唯一标准"，引导学生培养实际动手能力的重要性。

启示： 我们只有亲自拆卸及装配气缸，才能更好地了解气缸的结构，所以我们要养成劳动的习惯，亲自动手拆卸及装配各元件，弄清元件的结构。

图 5-8 所示为普通型单活塞杆式双作用气缸结构和工作原理。以这种气缸为例说明气缸的拆卸及装配步骤和方法。

（1）准备好内六角扳手一套、耐油橡胶板一块、油盘一个等其他器具。

（2）卸下后缸盖 1。

（3）卸下前缸盖 11。

（4）卸下活塞杆 7 卡簧和活塞 5 组件。

（5）卸下活塞密封圈 4。

（6）观察主要零件的作用和结构。

（7）按拆卸的反向顺序装配气缸。装配前清洗各零部件，将活塞与气缸筒内壁之间配合表面涂润滑液，并注意各处密封的装配。

（8）将气缸外表面擦拭干净，整理工作台。

4. 气动马达的拆卸及装配步骤和方法

（1）准备好内六角扳手一套、耐油橡胶板一块、油盘一个等其他器具。

（2）按先外后内的顺序拆下气动马达各零件，并将零件标号按顺序摆好。

（3）观察主要零件的作用和结构。

（4）按拆卸的反向顺序装配气动马达。装配前清洗各零部件，将配合表面涂润滑液，并注意各处密封的装配。

（5）将气动马达外表面擦拭干净，整理工作台。

5. 气缸常见故障诊断与排除

（1）"输出力不足"故障诊断与排除。

故障原因：

①压力不足。

②活塞密封件磨损。

排除方法：

①检查压力是否正常。

②更换密封件。

（2）"动作不稳定"故障诊断与排除。

故障原因：

①活塞杆被咬住。

②缸筒生锈、划伤。

③混入冷凝液、异物。

④产生爬行现象。

排除方法：

①检查安装情况，去掉横向荷载。

②检修，伤痕过大则更换。

③拆卸、清扫、加设过滤器。

④速度低于 50 mm/s 时，使用气－液缸或气－液转换器。

（3）"速度过慢"故障诊断与排除。

故障原因：

①排气通路受阻。

②负载与气缸实际输出力相比过大。

③活塞杆弯曲。

排除方法：

①检查单向节流阀、换向阀、配管的尺寸。

②提高使用压力。

③更换活塞杆。

（4）"活塞杆和衬套之间泄漏"故障诊断与排除。

故障原因：

①活塞杆密封件磨损。

②混入了异物。

③活塞杆被划伤。

排除方法：

①更换密封件。

②清除异物，加装防尘罩。

③修补或更换活塞杆。

（5）"活塞两端窜气"故障诊断与排除。

故障原因：

①活塞密封圈损坏。

②润滑不良。

③活塞被卡住。

④密封面混入了杂质。

排除方法：

①更换密封圈。

②检查油雾器是否失灵。

③重新安装调整使活塞杆不受偏心和横向荷载。

④清洗除去杂质，加装过滤器。

（6）"缓冲效果不良"故障诊断与排除。

故障原因：

①缓冲密封圈磨损。

②调节螺钉损坏。

③气缸速度太快。

排除方法：

①更换密封圈。

②更换调节螺钉。

③注意缓冲机构是否合适。

6．叶片式气动马达常见故障诊断与排除

（1）"叶片严重磨损"故障诊断与排除。

故障原因：

①空气中混入了杂质。

②长期使用造成严重磨损。

③断油或供油不足。

排除方法：

①清除杂质。

②更换叶片。

③检查供油器，保证润滑。

（2）"前后气缸盖磨损严重"故障诊断与排除。

故障原因：

①轴承磨损，转子轴向窜动。

②衬套选择不当。

排除方法：

①更换轴承。

②更换衬套。

（3）"定子内孔有纵向波浪槽"故障诊断与排除。

故障原因：

①长期使用。

②杂质混入了配合面。

排除方法：

①更换定子。

②清除杂质或更换定子。

（4）"叶片折断"故障诊断与排除。

故障原因：转子叶片槽喇叭口太大。

排除方法：更换转子。

（5）"叶片卡死"故障诊断与排除。

故障原因：叶片槽间隙不当或变形。

排除方法：更换叶片。

7. 活塞式气动马达常见故障诊断与排除

（1）"运行中突然不转"故障诊断与排除。

故障原因：

①润滑不良。

②气阀卡死、烧伤。

③曲轴、连杆和轴承磨损。

④气缸螺钉松动。

⑤配气阀堵塞、脱焊。

排除方法：

①加强润滑。

②更换气阀。

③更换磨损的零件。

④拧紧气缸螺钉。

⑤清洗配气阀，重焊。

（2）"功率转速显著下降"故障诊断与排除。

故障原因：

①气压低。

②配气阀装反。

③活塞环磨损。

排除方法：

①调整压力。

②重装。

③更换活塞环。

（3）"耗气量太"故障诊断与排除。

故障原因：

①缸、活塞环、阀套磨损。

②管路系统漏气。

排除方法：

①更换磨损的零件。

②检修气路。

 观察或实践

1. 现场观察或通过视频观察气缸拆装步骤及方法；有条件时，可现场实践。
2. 现场观察或通过视频观察气缸常见故障排除过程；有条件时，可现场实践。

 练习题

1. 简述普通型单活塞杆式双作用气缸的结构和工作原理。
2. 简述叶片式气动马达的结构和工作原理图。
3. 简述普通型单活塞杆式双作用气缸的拆装步骤和方法。

 学习评价

评价形式	比例	评价内容	评价标准	得分
自我评价	30%	（1）出勤情况； （2）学习态度； （3）任务完成情况	（1）好（30分）； （2）较好（24分）； （3）一般（18分）	
小组评价	10%	（1）团队合作情况； （2）责任学习态度； （3）交流沟通能力	（1）好（10分）； （2）较好（8分）； （3）一般（6分）	
教师评价	60%	（1）学习态度； （2）交流沟通能力； （3）任务完成情况	（1）好（60分）； （2）较好（48分）； （3）一般（36分）	
汇总				

任务 5.3 压力阀故障诊断及排除

压力阀是压力控制阀的简称，是控制气压传动系统的压力或利用压力的变化来实现某种动作的阀。这种阀的共同点是利用作用在阀芯上的气压力和弹簧力相平衡的原理来工作的。压力阀按用途不同，可分为减压阀、溢流阀和顺序阀等。减压阀常见故障有"输出压力升高""压力降过大""外部总是漏气""异常振动""拧动手轮但不能减压"等。溢流阀常见故障有"压力虽超过调定值，但不溢流""压力虽没有超过调定值，但在出口溢流空气""溢流时发生振动（主要发生在膜片式阀上），其启闭压力差较小""从阀体或阀盖向外漏气"等。

 学习要求

1. 弄清减压阀、溢流阀和顺序阀的结构和工作原理。
2. 学会减压阀、溢流阀和顺序阀的拆卸及装配方法。
3. 学会减压阀、溢流阀故障诊断及排除方法。
4. 学会心理减压，保持心理健康。

 知识准备

1. 减压阀的结构和工作原理

气动系统不同于液压系统，一般每个液压系统都自带液压源（液压泵）；而在气动系统中，一般来说，由空气压缩机先将空气压缩，储存在储气罐，然后经管路输送给各个气动系统使用。而储气罐的空气压力往往比各台设备实际所需要的压力高些，同时，其压力波动值也较大。因此，需要用减压阀将其压力减到每台装置所需的压力，并使减压后的压力稳定在所需压力值上。

素养提升案例

学会心理减压：减压阀的作用

解析： 气动减压阀的作用是将系统的压力减到每台装置所需的压力。

启示： 我们在生活和工作中要具备"减压阀"的能力，通过适当改变一下自己的生活习惯等方法减少因生活和工作中产生内心压力过大等心理问题，保持心理健康。

减压阀有直动式和先导式两种。先导式减压阀又可分为内部先导式减压阀和外部先导式减压阀两种。

（1）直动式减压阀结构和工作原理。QTY 型直动式减压阀结构、工作原理和图形符号如图 5-11 所示。它由手柄 1，调压弹簧 2、3，溢流口 4，膜片 5，膜片室 6，阻尼孔 7，阀杆 8，复位弹簧 9。阀口 10，排气孔 11 等组成。

当阀处于工作状态时，压缩空气从左端输入，经阀口 10 节流减压后再从阀出口流出。调节手柄 1，压缩弹簧 2、3 推动膜片 5 下凹，并通过阀杆 8 使阀芯下移，打开进气阀口 10，压缩空气通过阀口节流作用，使输出空气压力低于输入压力，以实现减压作用。与此同时，输出气流的一部分由阻尼孔 7 进入膜片室 6，在膜片 5 的下方产生一个向上的推力，这个推力总是企图把阀口开度关小，使其输出压力下降。当作用于膜片上的推力与弹簧力相平衡后，减压阀的输出压力便保持一定。阀口 10 开度越小，节流作用越强，压力下降也越多。

当输入压力发生波动时，如输入压力瞬时升高，经阀口 10 以后的输出压力也随之升高，使膜片室内的压力也升高，破坏了原来的力的平衡，使膜片 5 向上移动，有少量气体经溢流口 4、排气孔 11 排出。在膜片上移的同时，因复位弹簧 9 的作用，使输出压力下降，直到新的平衡为止。重新平衡后的输出压力又基本上恢复至原值。反之，输出压力瞬时下降，膜片下移，进气口开度增大，节流作用减小，输出压力又基本上回升至原值。

调节手柄 1 使调压弹簧 2、3 恢复自由状态，输出压力降至零，阀芯在复位弹簧 9 的作用下，关闭进气阀口，这样，减压阀便处于截止状态，无气流输出。

QTY 型直动式减压阀的调压范围为 0.05 ～ 0.63 MPa。为限制气体流过减压阀所造成的压力损失，规定气体通过阀内通道的流速在 15 ～ 25 m/s 范围。

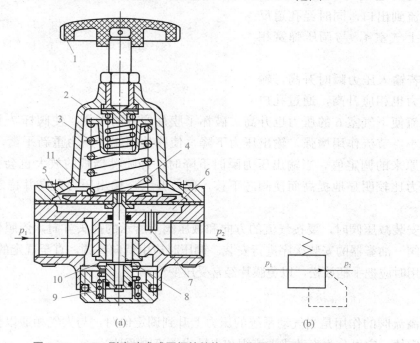

图 5-11　QTY 型直动式减压阀的结构、工作原理和图形符号

（a）结构、工作原理；（b）图形符号

1—手柄；2、3—调压弹簧；4—溢流口；5—膜片；6—膜片室；

7—阻尼孔；8—阀杆；9—复位弹簧；10—阀口；11—排气孔

（2）先导式减压阀的结构和工作原理。先导式减压阀结构、工作原理和图形符号如图 5-12 所示。它由固定节流孔 1、喷嘴 2、挡板 3、上气室 4、中气室 5、下气室 6、阀杆7、排气孔8、阀口9等组成。

当气流从左端流入阀体后，一部分经进气阀口9流向输出口；另一部分经固定节流口1进入中气室5，然后经喷嘴2、挡板3、孔道反馈至下气室6，再经阀杆7中心孔及排气孔8排至大气。

把手柄旋到一定位置，使喷嘴挡板的距离在工作范围，减压阀进入工作状态。中气室5的压力随喷嘴与挡板间的距离的减小而增大，于是推动阀芯打开进气阀口9，立即有气流流到出口，同时经孔道反馈到上气室4，与调压弹簧相平衡。

若输入压力瞬时升高，输出压力也相应升高，通过孔口

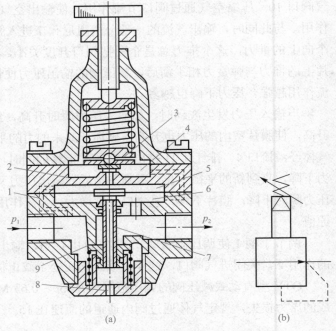

图 5-12　内部先导式减压阀的结构、工作原理和图形符号

(a) 结构、工作原理；(b) 图形符号

1—固定节流孔；2—喷嘴；3—挡板；4—上气室；5—中气室；
6—下气室；7—阀杆；8—排气孔；9—阀口

的气流使下气室6的压力也升高，破坏了膜片原有的平衡，使阀杆7上升，节流阀口减小，节流作用增强，输出压力下降，使膜片两端作用力重新平衡，输出压力恢复到原来的调定值。当输出压力瞬时下降时，经喷嘴挡板的放大也会引起中气室5的压力比较明显地提高而使阀芯下移，阀口开大，输出压力升高并稳定在原来的数值上。

安装减压阀时，要按气流的方向和减压阀上所示的箭头方向，依照分水滤气器—减压阀—油雾器的安装次序进行安装。调压时应由低向高调，直至规定的调压值为止。阀不用时应把手柄放松，以免膜片经常受压变形。

2. 溢流阀的结构和工作原理

溢流阀的作用是当气动系统的压力上升到调定值时，与大气相通以保持系统压力的调定值。它可分为直动式溢流阀和先导式溢流阀两种。

直动式溢流阀结构、工作原理和图形符号如图5-13所示。它由调节螺钉1、弹簧2、活塞3、阀体等组成。

当系统中气体压力在调定范围内时，作用在活塞3上的压力小于弹簧2的力，活塞处于关闭状态［图5-13（a）］。当系统压力升高，作用在活塞3上的压力大于弹簧的预定压力时，活塞3向上移动，阀门开启排气［图5-13（b）］。直到系统压力降到调定

范围以下，活塞又重新关闭。开启压力的大小与弹簧的预压量有关。

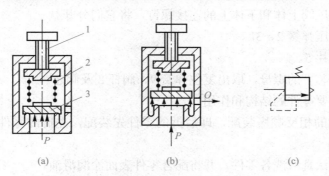

图 5-13　直动式溢流阀结构、工作原理和图形符号

（a）关闭状态时的结构、工作原理；（b）开启状态时的结构、工作原理；（c）图形符号

1—调节螺钉；2—弹簧；3—活塞

3. 顺序阀的结构和工作原理

顺序阀是依靠气路中压力大小来控制气动回路中各执行元件动作先后顺序的压力控制阀。顺序阀一般很少单独使用，往往与单向阀配合在一起，构成单向顺序阀。图 5-14所示为单向顺序阀的结构、工作原理和图形符号。当压缩空气由左端进入阀腔后，作用于活塞 3 上的气压力超过压缩弹簧 2 上的张力时，将活塞顶起，压缩空气从 A 输出，如图 5-14（a）所示，此时单向阀 4 在压差力及弹簧力的作用下处于关闭状态。反向流动时，输入侧变成排气口，输出侧压力将顶开单向阀 4 由 O 口排气，如图 5-14（b）所示。调节旋钮就可改变单向顺序阀的开启压力，以便在不同的开启压力下，控制执行元件的顺序动作。

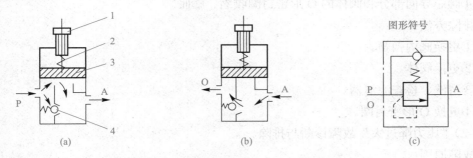

图 5-14　单向顺序阀结构、工作原理和图形符号

（a）关闭状态时的结构、工作原理；（b）开启状态时的结构、工作原理；（c）图形符号

1—调节手柄；2—压缩弹簧；3—活塞；4—单向阀

4. 减压阀的拆卸及装配步骤和方法

图 5-11 所示为 QTY 型直动式减压阀的结构、工作原理和图形符号。以这种阀为例说明减压阀的拆卸及装配步骤和方法。

（1）准备好内六角扳手一套、耐油橡胶板一块、油盘一个等其他器具。

（2）将调压手柄 1 完全松开，再卸下手柄 1 及推杆。

（3）卸下减压阀上体和下体上的连接螺钉，将它们分开。

（4）卸下调压弹簧 2、3。

（5）卸下膜片 5。

（6）卸下阀芯下的螺母，取出复位弹簧 9、阀杆 8 及阀芯。

（7）观察主要零件的结构和作用。

（8）按拆卸的相反顺序装配，即后拆的零件先装配，先拆的零件后装配。装配时应注意：

①装配前应认真清洗各零件，并将配合零件表面涂润滑油。

②检查各零件的油孔、油路是否畅通、是否有尘屑，若有重新清洗。

③装配中注意两根弹簧及溢流阀阀座之间的装配关系。

④阀芯、阀杆装入阀体后，应运动自如。

⑤阀体上体和下体平面应完全贴合后，才能用螺钉连接，螺钉要分两次拧紧，并按对角线顺序进行。

（9）将阀外表面擦拭干净，整理工作台。

5．减压阀常见故障诊断与排除

（1）"输出压力升高"故障诊断与排除。

故障原因：

①阀内弹簧损坏。

②阀座有伤痕，或阀座橡胶剥离损坏。

③阀体中央进入灰尘，阀导向部分黏附异物。

④阀芯导向部分和阀体的 O 形密封圈收缩、膨胀。

排除方法：

①更换阀内弹簧。

②更换阀体。

③清洗、检查滤清器。

④更换 O 形密封圈。

（2）"压力降过大"故障诊断与排除。

故障原因：

①阀口径偏小。

②阀低部积存冷凝水；阀内混入异物。

排除方法：

①更换口径大的减压阀。

②清洗、检查滤清器。

（3）"外部总是漏气"故障诊断与排除。

故障原因：

①溢流阀座有伤痕。

②膜片破裂。

③由出口处进入背压空气。

④密封垫片损坏。

⑤手轮止动弹簧螺母松动。

排除方法：

①更换溢流阀座。

②更换膜片。

③检查出口处的装置。

④更换密封垫片。

⑤拧紧手轮止动弹簧螺母松动。

（4）"异常振动"故障诊断与排除。

故障原因：

①弹簧的弹力减弱，弹簧错位。

②阀体的中心、阀杆的中心错位。

③因空气消耗量周期变化使阀不断开启、关闭，与减压阀引起共振。

排除方法：

①把弹簧调整到正常位置，更换弹力减弱的弹簧。

②检查并调整位置偏差。

③和制造厂协商或更换。

（5）"拧动手轮但不能减压"故障诊断与排除。

故障原因：

①溢流阀溢流孔堵塞。

②使用了非溢流式减压阀。

排除方法：

①清扫、检查过滤器。

②更换溢流式减压阀。

6. 溢流阀常见故障诊断与排除

（1）"压力虽超过调定值，但不溢流"故障诊断与排除。

故障原因：

①阀内部的孔堵塞。

②阀的导向部分进入了异物。

排除方法：

①清洗或疏通堵塞孔。

②清洗阀的导向部分。

（2）"压力虽没有超过调定值，但在出口溢流空气"故障诊断与排除。

故障原因：

①阀内进入异物。

②阀座损坏。

③调压弹簧失灵。

排除方法：

①清洗。

②更换阀座。

③更换调压弹簧。

（3）"溢流时发生振动（主要发生在膜片式阀上），其启闭压力差较小"故障诊断与排除。

故障原因：

①压力上升速度很慢，溢流阀放出流量多，引起阀振动。

②因从气源到溢流阀之间被节流，溢流阀进口压力上升慢而引起振动。

排除方法：

①出口侧安装针阀微调溢流量，使其与压力上升量匹配。

②增大气源到溢流阀的管道口径，以消除节流。

（4）"从阀体或阀盖向外漏气"故障诊断与排除。

故障原因：

①膜片破裂。

②密封件损坏。

排除方法：

①更换膜片。

②更换密封件。

观察或实践

1. 现场观察或通过视频观察压力阀的结构和工作原理。

2. 现场观察或通过视频观察压力阀常见故障诊断与排除过程；有条件时，可现场实践。

练习题

1. 简述 QTY 型直动式减压阀结构和工作原理。

2. 简述 QTY 型直动式减压阀的拆装步骤和方法。

3. 简述减压阀常见故障诊断与排除方法。

4. 简述溢流阀常见故障诊断与排除方法。

学习评价

评价形式	比例	评价内容	评价标准	得分
自我评价	30%	（1）出勤情况； （2）学习态度； （3）任务完成情况	（1）好（30分）； （2）较好（24分）； （3）一般（18分）	
小组评价	10%	（1）团队合作情况； （2）责任学习态度； （3）交流沟通能力	（1）好（10分）； （2）较好（8分）； （3）一般（6分）	
教师评价	60%	（1）学习态度； （2）交流沟通能力； （3）任务完成情况	（1）好（60分）； （2）较好（48分）； （3）一般（36分）	
汇总				

任务 5.4　方向阀故障诊断及排除

方向阀是控制压缩空气的流动方向和气路的通断，以控制执行元件动作的一类气动控制元件。它是气动系统中应用最多的一种控制元件，可分为单向型方向阀和换向型方向阀。换向型方向阀常见故障有"不能换向""阀产生振动""交流电磁铁有蜂鸣声""电磁铁动作时间偏差大，或有时不能动作""线圈烧毁""切断电源，活动铁芯不能复位"等。

学习要求

1．弄清常见方向阀的结构和工作原理。
2．学会常见方向阀的拆卸及装配方法。
3．弄清常见方向阀故障诊断及排除方法。

知识准备

1．单向型方向阀的结构和工作原理

单向型的方向阀包括单向阀、或门型梭阀、与门型梭阀和快速排气阀。

（1）单向阀的结构和工作原理。单向阀可分为普通单向阀和气控单向阀。

①普通单向阀的结构和工作原理。普通单向阀只许气流在一个方向上流过，而在

相反方向上则完全关闭。

普通单向阀的结构、工作原理和图形符号如图 5-15 所示。它由阀体 1、阀芯 2、弹簧 3 等组成。图示位置为阀芯在弹簧力作用下关闭的情形。当压缩空气从 P 口进入时，作用在阀芯上的气压力克服弹簧张力和摩擦力将阀芯向左推开，P 与 A 接通，气流从 P 口流向 A 口，这种流动称为正向流动。为了保证气流从 P 口到 A 口稳定流动，应在 P 口到 A 口之间保持一定的压力差，使阀保持在开启位置，若在 A 口加入气压，由于气压力和弹簧张力同向，P 与 A 不通，即气流不能反向流动。

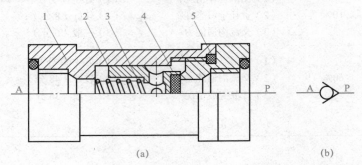

图 5-15　普通单向阀的结构、工作原理和图形符号

（a）结构、工作原理；（b）图形符号

1—阀体；2—阀芯；3—弹簧；4、5—密封件

②气控单向阀的结构和工作原理。气控单向阀的结构、工作原理、图形符号和应用示例如图 5-16 所示。这种阀在 X 控制口无控制气流时，与普通单向阀一样，只允许气流从 P 口流向 A 口，不允许气流反向流动；在 X 控制口有控制气流时，气流可从 A 口向 P 口流动。

这种单向阀可用来封住气缸的排气口，使气缸运动停在任意位置，如图 5-16（c）所示。

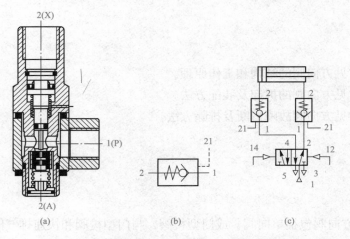

图 5-16　气控单向阀的结构、工作原理、图形符号和应用示例

（a）结构、工作原理；（b）图形符号；（c）应用示例

（2）或门型梭阀的结构和工作原理。或门型梭阀的结构、工作原理和图形符号如图 5-17 所示。它有两个输入口 P_1 和 P_2，一个输出口 A，阀芯在两个方向上起单向阀的作用。其中，P_1 和 P_2 都可与 A 口相通，但 P_1 与 P_2 不相通。当 P_1 口进气时，阀芯右移，封住 P_2 口，使 P_1 与 A 相通，A 口输出。反之，P_2 口进气时，阀芯左移，封住 P_1 口，使 P_2 与 A 相通，A 口也有输出。若 P_1 口与 P_2 口都进气时，阀芯移向低压侧，则高压口的通道打开，低压口则被封闭，高压气流从 A 口输出。如果两侧压力相等，先加入压力一侧与 A 相通，后加入一侧关闭。

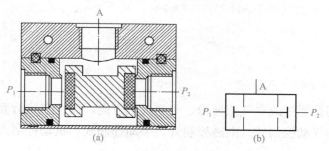

图 5-17　或门型梭阀的结构、工作原理和图形符号图

（a）结构、工作原理；（b）图形符号

或门型梭阀工作原理

（3）与门型梭阀的结构和工作原理。与门型梭阀又称双压阀，其结构、工作原理和图形符号如图 5-18 所示。它有两个输入口 P_1 和 P_2，一个输出口 A，只有 P_1 和 P_2 同时有输入时，A 才有输出，否则 A 无输出；当 P_1 和 P_2 压力不相等时，则关闭高压侧，低压侧与 A 相通。

与门型梭阀工作原理

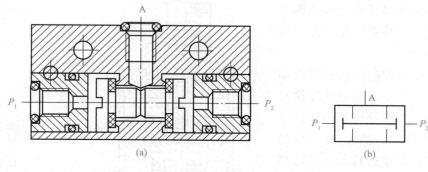

图 5-18　与门型梭阀的结构、工作原理和图形符号

（a）结构、工作原理；（b）图形符号

（4）快速排气阀的结构和工作原理。快速排气阀简称排气阀，它可使气缸快速排气。

快速排气阀的结构、工作原理和图形符号如图 5-19 所示。它常安装在气缸排气口，当 P 腔有压力时，膜片 1 被压下，堵住排气口 O，气流经膜片 1 四周小孔流向 A 腔；当 P 腔排空时，A 腔压力将膜片顶起，接通 A 和 O 通路，A 腔气体可快速排出。

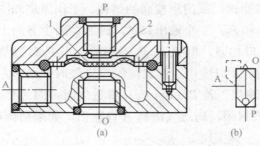

图 5-19　快速排气阀的结构、工作原理和图形符号图　　　　快速排气阀工作原理

（a）结构、工作原理；（b）图形符号

1—膜片；2—阀体

2. 换向型方向阀的结构和工作原理

换向型方向阀的作用是通过改变气流通道，改变气流方向，以改变执行元件运动方向。按控制方式可分为气动控制式、电磁控制式、手动控制式、机动控制式换向型方向阀等。

（1）单气控换向阀的结构和工作原理。二位三通单气控换向阀的结构、工作原理和图形符号如图 5-20 所示。当 K 控口无气控信号时（图示状态），阀芯在弹簧的作用下处于上端位置，使阀口 A 与 O 相通，A 口排气；当 K 控口有气控信号时，由于气压力的作用，阀芯压缩弹簧下移，使阀口 A 与 O 断开，P 与 A 接通，A 口有气体输出。

这种结构简单、紧凑、密封可靠、换向行程短，但换向力大。若将气控接头换成电磁头（即电磁先导阀），可变气控阀为先导式电磁换向阀。

（2）双气控换向阀的结构和工作原理。二位五通双气控换向阀的结构、工作原理和图形符号如图 5-21 所示。当 K_2 有气控信号时，阀芯向左边移动，其通路状态是 P 与 A，B 与 O 相通；当 K_1 有气控信号时，阀芯向右移动，其通路状态变为 P 与 B，A 与 O 相通。双气控滑阀具有记忆功能，即气控信号消失后，阀仍能保持在有信号时的工作状态。

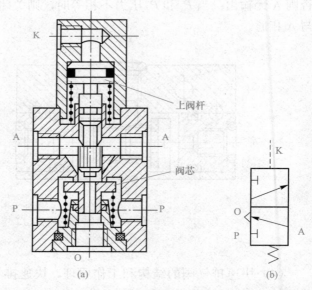

图 5-20　二位三通单气控换向阀的结构、工作原理和图形符号

（a）结构、工作原理；（b）图形符号

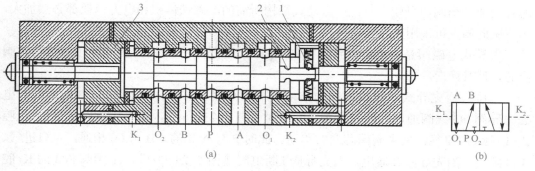

(a)

(b)

图 5-21　二位五通双气控换向阀的结构、工作原理和图形符号

（a）结构、工作原理；（b）图形符号

1—钢球；2—定位环；3—限位环

（3）电磁换向阀的结构和工作原理。二位三通直动式电磁换向阀的结构、工作原理和图形符号如图 5-22 所示。它由阀体 1、复位弹簧 2、动铁芯 3、连接板 4、线圈 5、隔磁套管 6、分磁环 7、静铁芯 8、接线盒 9 等组成。图示位置为阀处于关闭状态的情形，动铁芯在弹簧力作用下，使铁芯上的密封垫与阀座保持良好的密封，此时，P 与 A 不通，A 与 O 相通，阀没有输出。当电磁铁通电时，动铁芯受电磁力作用被吸向上来，于是 P 与 A 相通，排气口封闭，阀有输出。

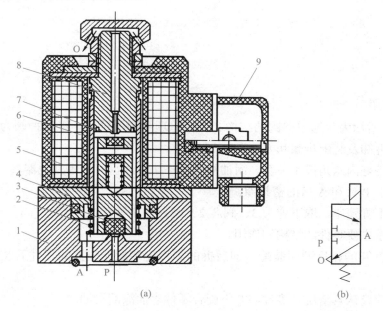

(a)

(b)

图 5-22　二位三通直动式电磁换向阀的结构、工作原理和图形符号

（a）结构、工作原理；（b）图形符号

1—阀体；2—复位弹簧；3—动铁芯；4—连接板；5—线圈；6—隔磁套管；7—分磁环；

8—静铁芯；9—接线盒

（4）先导式电磁换向阀的结构和工作原理。直动式电磁阀是由电磁铁直接推动阀芯移动的，当阀通径较大时，用直动式结构所需的电磁铁体积和电力消耗都必然加大，为克服此弱点可采用先导式结构。

先导式电磁阀是由电磁铁首先控制气路，产生先导压力，再由先导压力推动主阀阀芯，使其换向。

二位五通先导式电磁换向阀的结构、工作原理和图形符号如图 5-23 所示。当电磁先导阀 1 的线圈通电，而先导阀 2 断电时〔图 5-23（a）〕，由于主阀阀芯 3 的 K_1 腔进气，K_2 腔排气，使主阀阀芯向右移动。此时 P 与 A 相通，B 与 O_2 相通，A 口进气、B 口排气。当先导阀 2 通电，而先导阀 1 断电时〔图 5-23（b）〕，主阀阀芯 3 的 K_2 腔进气，K_1 腔排气，使主阀阀芯向左移动。此时 P 与 B 相通，A 与 O_1 相通，B 口进气、A 口排气。先导式双电控电磁阀具有记忆功能，即通电换向，断电保持原状态。为保证主阀正常工作，两个电磁阀不能同时通电，电路中要考虑互锁。

先导式电磁换向阀便于实现电、气联合控制，所以应用广泛。

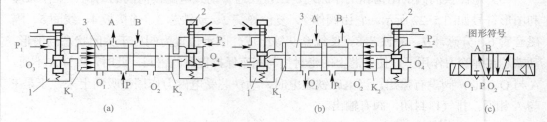

图 5-23　二位五通先导式电磁换向阀的结构、工作原理和图形符号图

（a）先导阀 1 通电，先导阀 2 断电的状态；（b）先导阀 1 断电，先导阀 2 通电的状态；（c）图形符号

1、2—先导阀；3—主阀阀芯

3．单向阀的拆卸及装配步骤和方法

图 5-15 所示为普通单向阀的结构、工作原理和图形符号。以这种阀为例说明单向型方向阀的拆卸及装配步骤和方法。

（1）准备好内六角扳手一套、耐油橡胶板一块、油盘一个等其他器具。

（2）卸下 P 口和 A 口的密封圈。

（3）卸下弹簧座，取下弹簧 3、阀芯 2、密封件 4 等。

（4）观察主要零件的结构和作用。

（5）按拆卸的相反顺序装配，即后拆的零件先装配，先拆的零件后装配。装配时应注意：

①装配前应认真清洗各零件，并将配合零件表面涂润滑油。

②检查各零件的油孔、油路是否畅通、是否有尘屑，若有重新清洗。

③阀芯装入阀体后，应运动自如。

（6）将阀外表面擦拭干净，整理工作台。

4．换向型方向阀的拆卸及装配步骤和方法

图 5-22 所示为二位三通直动式电磁换向阀的结构、工作原理和图形符号。以这种

阀为例说明换向型方向阀的拆卸及装配步骤和方法。

（1）准备好内六角扳手一套、耐油橡胶板一块、油盘一个等其他器具。

（2）卸下接线盒 9。

（3）卸下电磁铁。

（4）卸下动铁芯 3。

（5）卸下 P 口密封圈。

（6）卸下复位弹簧 2。

（7）观察主要零件的结构和作用。

（8）按拆卸的相反顺序装配，即后拆的零件先装配，先拆的零件后装配。装配时应注意：

①装配前应认真清洗各零件，并将配合零件表面涂润滑油。

②检查各零件的油孔、油路是否畅通、是否有尘屑，若有重新清洗。

③阀芯装入阀体后，应运动自如。

（9）将阀外表面擦拭干净，整理工作台。

5．换向型方向阀常见故障诊断与排除

（1）"不能换向"故障诊断与排除。

故障原因：

①阀的滑动阻力大，润滑不良。

②O 形密封圈变形。

③粉尘卡住滑动部分。

④弹簧损坏。

⑤阀操纵力小。

⑥活塞密封圈磨损。

⑦膜片破裂。

排除方法：

①加强润滑。

②更换密封圈。

③清除粉尘。

④更换弹簧。

⑤检查阀操纵部分。

⑥更换密封圈。

⑦更换膜片。

（2）"阀产生振动"故障诊断与排除。

故障原因：

①空气压力低（对于先导式电磁换向阀）。

②电源电压低（对于直动式电磁阀）。

学习笔记

排除方法：

①提高操纵压力，采用直动式电磁阀。

②提高电源电压，使用低电压线圈。

（3）"交流电磁铁有蜂鸣声"故障诊断与排除。

故障原因：

①活动铁芯的铆钉脱落、铁芯叠层分开不能吸合。

②粉尘进入铁芯的滑动部分，使活动铁芯不能密切接触。

③短路环损坏。

④电源电压低。

⑤外部导线拉得太紧。

排除方法：

①更换铁芯组件。

②清除粉尘，必要时更换铁芯组件。

③更换短路环。

④提高电源电压。

⑤引线应宽裕。

（4）"电磁铁动作时间偏差大，或有时不能动作"故障诊断与排除。

故障原因：

①活动铁芯锈蚀，不能移动。

②在湿度高的环境中使用气动元件时，由于密封不完善而向磁铁部分泄漏空气。

③电源电压低。

④粉尘等进入活动铁芯的滑动部分，使运动恶化。

排除方法：

①铁芯除锈。

②维护好对外部的密封，更换坏的密封件。

③提高电源电压或使用符合电压的线圈。

④清除粉尘。

（5）"线圈烧毁"故障诊断与排除。

故障原因：

①环境温度高。

②换向过于频繁。

③因为吸引时电流大，单位时间耗电多，温度升高，使绝缘损坏而短路。

④粉尘夹在阀和铁芯之间，不能吸引活动铁芯。

⑤线圈上残余电压。

排除方法：

①按产品规定温度范围使用。

②使用高频电磁阀。

③使用气动逻辑回路。

④清除粉尘。

⑤使用正常电源电压，使用符合电压的线圈。

（6）"切断电源，活动铁芯不能复位"故障诊断与排除。

故障原因：粉尘夹入活动铁芯滑动部分。

排除方法：清除粉尘。

观察或实践

1. 现场观察或通过视频观察方向阀的结构和工作原理。

2. 现场观察或通过视频观察方向阀常见故障诊断与排除过程；有条件时，可现场实践。

练习题

1. 简述普通单向阀的结构和工作原理。

2. 简述普通单向阀的拆装步骤和方法。

3. 简述二位三通直动式电磁换向阀的结构和工作原理。

4. 简述二位三通直动式电磁换向阀的拆装步骤和方法。

学习评价

评价形式	比例	评价内容	评价标准	得分
自我评价	30%	（1）出勤情况； （2）学习态度； （3）任务完成情况	（1）好（30分）； （2）较好（24分）； （3）一般（18分）	
小组评价	10%	（1）团队合作情况； （2）责任学习态度； （3）交流沟通能力	（1）好（10分）； （2）较好（8分）； （3）一般（6分）	
教师评价	60%	（1）学习态度； （2）交流沟通能力； （3）任务完成情况	（1）好（60分）； （2）较好（48分）； （3）一般（36分）	
汇总				

任务 5.5 流量阀故障诊断及排除

在气动系统中，通常需要对压缩空气的流量进行控制，如控制气缸的运动速度、控制换向阀的切换时间和气动信号的传递速度等，这些都需要调节压缩空气的节流量来实现。流量控制阀就是通过改变阀的通流截面面积来实现流量控制的元件。流量控制阀包括节流阀、单向节流阀、排气节流阀等。单向节流阀常见故障有"气缸虽然能动，但运动不圆滑""气缸运动速度慢""微调困难""产生振动"等。

 学习要求

1. 弄清流阀、单向节流阀、排气节流阀的结构和工作原理。
2. 学会节流阀、单向节流阀、排气节流阀的拆卸及装配方法。
3. 弄懂单向节流阀故障诊断及排除。

 知识准备

1. 节流阀的结构和工作原理

圆柱斜切型节流阀的结构、工作原理和图形符号如图 5-24 所示。它由圆柱斜切型阀芯、阀体等组成。压缩空气由 P 口进入，经过节流后，由 A 口流出。旋转阀芯螺杆，就可以改变节流口的开度，这样就调节了压缩空气的流量。由于这种节流阀的结构简单、体积小，故应用范围较广。

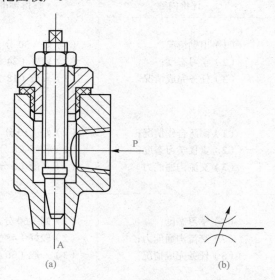

(a)　　　　　　　　　　(b)

图 5-24　圆柱斜切型节流阀的结构、工作原理和图形符号

（a）结构、工作原理；（b）图形符号

2．单向节流阀的结构和工作原理

单向节流阀的结构、工作原理和图形符号如图 5-25 所示。它是由单向阀和节流阀组合而成的流量阀，常用作气缸的速度控制阀，其节流阀阀口为针形结构。当气流从 A 流入时，顶开单向阀，气流从 O 口流出；当气流从 P 口进入时，单向阀关闭，气流经节流口流向 A 口。

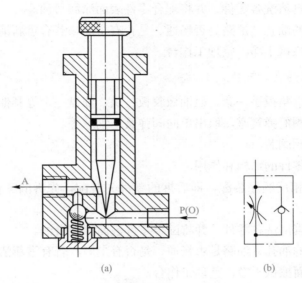

图 5-25　单向节流阀的结构、工作原理和图形符号

（a）结构、工作原理；（b）图形符号

3．排气节流阀的结构和工作原理

排气节流阀的结构、工作原理和图形符号如图 5-26 所示。排气节流阀安装在执行元件的排气口处气流进入阀内，由节流阀口 1 节流后经消声器 2 排出，因此它不仅能调节执行元件的运动速度，而且还能降低排气噪声。

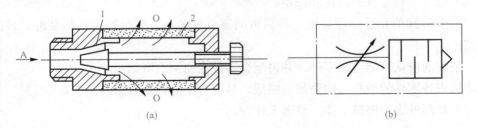

图 5-26　排气节流阀的结构、工作原理和图形符号

（a）结构、工作原理；（b）图形符号

1—节流阀；2—消声器

4．节流阀的拆卸及装配步骤和方法

（1）准备好内六角扳手一套、耐油橡胶板一块、油盘一个等其他器具。

（2）卸下斜切型阀芯上螺母。

（3）卸下圆柱斜切型阀芯。

（4）观察主要零件的结构和作用。

（5）按拆卸的相反顺序装配，即后拆的零件先装配，先拆的零件后装配。装配时应注意：

①装配前应认真清洗各零件，并将配合零件表面涂润滑油。

②检查各零件的油孔、油路是否畅通、是否有尘屑，若有重新清洗。

（6）阀外表面擦拭干净，整理工作台。

5．单向节流阀的拆卸及装配步骤和方法

（1）准备好内六角扳手一套、耐油橡胶板一块、油盘一个等其他器具。

（2）卸下单向阀的弹簧座，取出单向阀弹簧、钢球等。

（3）卸下节流阀阀芯。

（4）观察主要零件的结构和作用。

（5）按拆卸的相反顺序装配，即后拆的零件先装配，先拆的零件后装配。装配时应注意：

①装配前应认真清洗各零件，并将配合零件表面涂润滑油。

②检查各零件的油孔、油路是否畅通、是否有尘屑，若有重新清洗。

（6）将阀外表面擦拭干净，整理工作台。

6．排气节流阀的拆卸及装配步骤和方法

（1）准备好内六角扳手一套、耐油橡胶板一块、油盘一个等其他器具。

（2）卸下手轮。

（3）卸下左端盖。

（4）卸下节流阀阀芯和推杆。

（5）卸下消声器2。

（6）观察主要零件的结构和作用。

（7）按拆卸的相反顺序装配，即后拆的零件先装配，先拆的零件后装配。装配时应注意：

①装配前应认真清洗各零件，并将配合零件表面涂润滑油。

②检查各零件的油孔、油路是否畅通、是否有尘屑，若有重新清洗。

（8）将阀外表面擦拭干净，整理工作台。

7．单向节流阀常见故障诊断与排除

（1）"气缸虽然能动，但运动不圆滑"故障诊断与排除。

故障原因：

①单向节流阀的安装方向不对。

②气缸运动途中负载有变动。

③气缸用于超过低速极限的情况。

排除方法：

①按规定方向重安装。

②减少气缸的负载率。

③低速极限为 50 mm/s，超过此极限宜用气液缸或气液转换器。

（2）"气缸运动速度慢"故障诊断与排除。

故障原因：单向节流阀的有效截流面积过小。

排除方法：更换合适的单向节流阀。

（3）"微调困难"故障诊断与排除。

故障原因：

①节流阀有尘埃进入。

②选择了比规定大得多的单向节流阀。

排除方法：

①拆卸通路并清洗。

②按规定选用单向节流阀。

（4）"产生振动"故障诊断与排除。

故障原因：单向节流阀中单向阀的开启压力接近气源压力，导致单向阀振动。

排除方法：改变单向阀的开启压力。

 观察或实践

1. 现场观察或通过视频观察流量阀的结构和工作原理。

2. 现场观察或通过视频观察流量阀常见故障诊断与排除过程；有条件时，可现场实践。

 练习题

1. 简述节流阀的结构和工作原理。

2. 简述单向节流阀的结构和工作原理。

3. 简述节流阀的拆卸及装配方法。

4. 简述单向节流阀常见故障诊断与排除。

 学习评价

评价形式	比例	评价内容	评价标准	得分
自我评价	30%	（1）出勤情况； （2）学习态度； （3）任务完成情况	（1）好（30分）； （2）较好（24分）； （3）一般（18分）	

评价形式	比例	评价内容	评价标准	得分
小组评价	10%	（1）团队合作情况； （2）责任学习态度； （3）交流沟通能力	（1）好（10分）； （2）较好（8分）； （3）一般（6分）	
教师评价	60%	（1）学习态度； （2）交流沟通能力； （3）任务完成情况	（1）好（60分）； （2）较好（48分）； （3）一般（36分）	
汇总				

任务 5.6　气动辅助元件故障诊断及排除

气动辅助元件有油雾器、消声器、转换器、管道及管接头。油雾器的常见故障有"油不能滴下""油杯未加压""油滴数不能减少""空气向外泄漏""油杯破损"等。

学习要求

1. 弄清油雾器、消声器、转换器的结构和工作原理。
2. 学会拆卸及装配油雾器、消声器、转换器。
3. 弄懂油雾器的常见故障及排除方法。
4. 恪守工程伦理，利用消声器等部件减少设备（工程）对环境的影响。

知识准备

1. 油雾器的结构和工作原理

油雾器是一种特殊的注油装置。它以空气为动力，将润滑油喷射成雾状并混合于压缩空气中，随着压缩空气进入需要润滑的部件，达到润滑气动元件的目的。

油雾器可分为一次油雾器和二次油雾器两种。固定节流式普通型油雾器（一次油雾器）的结构、工作原理和图形符号如图 5-27 所示。它由立杆 1、截止阀 2、油杯 3、吸油管 4、单向阀 5、测量调节针阀 6、视油器 7、油塞 8 等组成。当压缩空气由输入口进入油雾器后，绝大部分经主管道输出，一小部分气流进入立杆 1 上正对气流方向小孔 a，经截止阀 2 进入油杯上腔 c，使油面受压。而立杆上背对气流方向的孔 b，由于其周围气流的高速流动，其压力低于气流压力，这样，油面气压与孔 b 压力间存在压力差，润滑油在此压力差的作用下，经吸油管 4、单向阀 5 和油量调节针阀 6 滴落到透明的视油器，并顺着油路被主管道中的高速气流从孔 b 引射出来，雾化后随压缩空气一同输出。

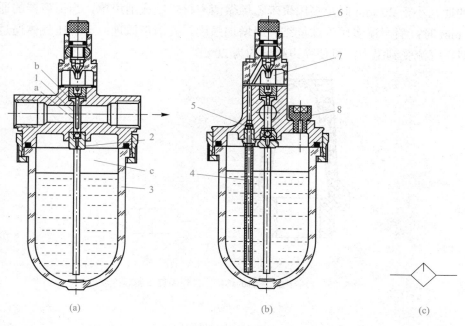

图 5-27　固定节流式普通型油雾器的结构、工作原理和图形符号

（a）主视图；（b）左视图；（c）图形符号

1—立杆；2—截止阀；3—油杯；4—吸油管；5—单向阀；6—测量调节针阀；7—视油器；8—油塞

2. 消声器的结构和工作原理

在气压传动系统之中，气缸、气阀等元件工作时，排气速度较高，气体体积急剧膨胀，会产生刺耳的噪声。排气的速度和功率越大，噪声也越大，一般可达 100 ~ 120 dB，为了降低噪声可以在排气口装消声器。

素养提升案例

恪守工程伦理：消声器的作用

解析：消声器的作用是降低噪声。

启示：我们要恪守工程伦理，要利用消声器等部件，减少设备（工程）对环境的影响。

消声器就是通过阻尼或增加排气面积来降低排气速度和功率，从而降低噪声的。气动元件使用的消声器一般有吸收型消声器、膨胀干涉型消声器和膨胀干涉吸收型消声器三种类型。常用的是吸收型消声器。

吸收型消声器的结构、工作原理和图形符号如图5-28所示。这种消声器主要依靠吸声材料消声。消声罩2为多孔的吸声材料，一般用聚苯乙烯或铜珠烧结而成。当消声器的通径小于20 mm时，多用聚苯乙烯做消声材料制成消声罩，当消声器的通径大于20 mm时，消声罩多用铜珠烧结，以增加强度。其消声原理：当有压气体通过消声罩1时，气流受到阻力，可使噪声降低约为20 dB。

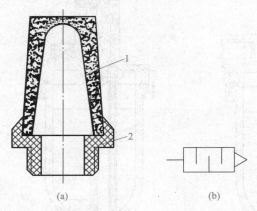

(a)   (b)

图5-28 吸收型消声器的结构、工作原理和图形符号

(a)结构、工作原理；(b)图形符号

1、2—消声罩

3. 转换器的结构和工作原理

转换器是一种可以将电、液、气信号发生相互转换的辅助元件。常用的有气电、电气和气液转换器几种。

气液转换器是一种将空气压力转换成相同液体压力的气动元件，根据气与油之间接触状况可分为隔离式和非隔离式两种结构。

非隔离式气液转换的结构、工作原理和图形符号如图5-29所示。当压缩空气由上部输入后，经过管道的缓冲装置使压缩空气作用在液压油油面上，由转换器主体下部的排油孔输出到气缸。

4. 管道及管接头的结构和工作原理

管道可分为硬管和软管两种。如总气管和支气管等一些固定不动的、不需要经常装拆的场合应使用硬管；连接运动部件和临时使用、

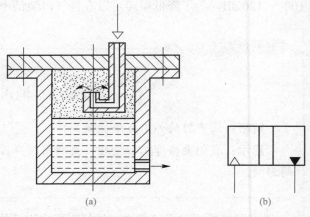

(a)   (b)

图5-29 非隔离式气液转换的结构、工作原理和图形符号

(a)结构、工作原理；(b)图形符号

希望装拆方便的管路应使用软管。硬管有铁管、铜管、黄铜管、紫铜管和硬塑料管等；软管有塑料管、尼龙管、橡胶管、金属编织塑料管及挠性金属导管等。常用的是紫铜管和尼龙管。

气动系统中使用的管接头的结构及工作原理与液压管接头基本相似，可分为卡套式、扩口螺纹式、卡箍式、插入快换式等。

5. 油雾器的拆卸及装配步骤和方法

（1）准备好内六角扳手一套、耐油橡胶板一块、油盘一个等其他器具。

（2）卸下油杯3。

（3）卸下油量调节针阀6。

（4）卸下视油器7。

（5）卸下油塞8。

（6）卸下立杆1。

（7）观察主要零件的结构和作用。

（8）按拆卸的相反顺序装配，即后拆的零件先装配，先拆的零件后装配。装配时应注意：

①装配前应认真清洗各零件，并将配合零件表面涂润滑油。

②检查各零件的油孔、油路是否畅通、是否有尘屑，若有重新清洗。

（9）将油雾器外表面擦拭干净，整理工作台。

6. 消声器的拆卸及装配步骤和方法

（1）准备好内六角扳手一套、耐油橡胶板一块、油盘一个等其他器具。

（2）卸下消声罩。

（3）观察主要零件的结构和作用。

（4）按拆卸的相反顺序装配，即后拆的零件先装配，先拆的零件后装配。

（5）将消声器外表面擦拭干净，整理工作台。

7. 转换器的拆卸及装配步骤和方法

（1）准备好内六角扳手一套、耐油橡胶板一块、油盘一个等其他器具。

（2）卸下转换器上盖。

（3）卸下通气管。

（4）观察主要零件的结构和作用。

（5）按拆卸的相反顺序装配，即后拆的零件先装配，先拆的零件后装配。

（6）将转换器外表面擦拭干净，整理工作台。

8. 油雾器常见故障诊断与排除

（1）"油不能滴下"故障诊断与排除。

故障原因：

①使用油的种类不对。

②油雾器反向安装。

③油道堵塞。

④油面未加压。

⑤因油质劣化流动性差。

⑥油量调节螺钉不良。

排除方法：

①更换正确的油品。

②改变安装方向。

③拆卸并清洗油道。

④因通往油杯的空气通道堵塞，需拆卸修理。

⑤清洗后换新的合适的油。

⑥拆卸并清洗油量调节螺钉。

（2）"油杯未加压"故障诊断与排除。

故障原因：

①通往油杯的空气通道堵塞。

②油杯大、油雾器使用频繁。

排除方法：

①拆卸修理。

②加大通往油杯空气通孔，使用快速循环式油雾器。

（3）"油滴数不能减少"故障诊断与排除。

故障原因：油量调整螺钉失效。

排除方法：检修或更换油量调整螺钉。

（4）"空气向外泄漏"故障诊断与排除。

故障原因：

①合成树脂罩壳龟裂。

②密封不良。

③滴油玻璃视窗破损。

排除方法：

①更换罩壳。

②更换密封圈。

③更换视窗。

（5）"油杯破损"故障诊断与排除。

故障原因：

①使用于有机溶剂气体环境。

②周围存在有机溶剂。

排除方法：

①使用金属杯。

②更换油杯，使用金属杯或耐有机溶剂油杯。

观察或实践

　1. 现场观察或通过视频观察油雾器、消声器、转换器，弄清油雾器、消声器、转换器拆卸和装配步骤及方法；有条件时，可现场实践。

　2. 现场观察或通过视频观察油雾器常见故障诊断与排除过程；有条件时，可现场实践。

练习题

　1. 简述固定节流式普通型油雾器的结构和工作原理。

　2. 简述固定节流式普通型油雾器的拆卸及装配步骤和方法。

学习评价

评价形式	比例	评价内容	评价标准	得分
自我评价	30%	（1）出勤情况； （2）学习态度； （3）任务完成情况	（1）好（30分）； （2）较好（24分）； （3）一般（18分）	
小组评价	10%	（1）团队合作情况； （2）责任学习态度； （3）交流沟通能力	（1）好（10分）； （2）较好（8分）； （3）一般（6分）	
教师评价	60%	（1）学习态度； （2）交流沟通能力； （3）任务完成情况	（1）好（60分）； （2）较好（48分）； （3）一般（36分）	
汇总				

任务 5.7　新型气动阀简介

学习要求

1. 弄清"与门"功能阀的结构和工作原理。

2. 了解电控喷嘴挡板式气动比例压力阀的结构和工作原理。

3. 了解力反馈式电 – 气动伺服阀的结构和工作原理。

4. 了解气动数字阀的结构和工作原理。

5. 了解带现场总线的阀岛系统结构。

知识准备

1. 气动逻辑阀简介

气动逻辑阀是用压缩空气为介质，通过元件内部的可动部分（如膜片、阀芯等）在气控信号作用下动作，来改变气流运动方向，从而实现各种逻辑功能，还可以与可编程控制器（PLC）匹配组成气 – 电混合控制系统。

气动逻辑阀按逻辑功能可分为"与门"功能阀、"或门"功能阀、"非门"功能阀、"或非门"功能阀、"与非门"功能阀等。图 5-30 所示为"与门"功能阀的结构和工作原理。

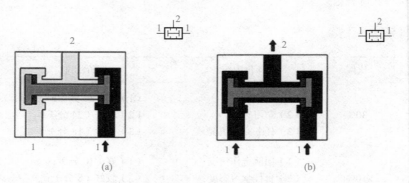

图 5-30 "与门"功能阀的结构和工作原理

（a）只有一个输入口有气信号，2 口无信号输出；（b）两个输入口的气信号，2 口有信号输出

如图 5-30（a）所示，当只有一个输入口有气信号输入时，输出口 2 口无信号输出；如图 5-30（b）所示，当两个输入口同时均有气信号时，输出口 2 才有信号输出。

这种双压阀主要用于互锁控制、安全控制、检查功能或者逻辑操作，它相当于两个输入元件串联。

2. 气动比例阀简介

气动比例阀能通过控制输入的信号（电压或电流），实现对输出信号（压力或流量）连续、按比例控制，可分为气动比例压力阀和气动比例流量阀。图 5-31 所示为电控喷嘴挡板式气动比例压力阀的结构、工作原理和图形符号。这种阀由比例电磁铁、喷嘴挡板放大器、气控比例压力阀三部分组成。比例电磁铁由永久磁铁 10、线圈 9 和片簧 8 组成。当电流输入时，线圈 9 带动挡板 7 产生微量位移，改变其与喷嘴 6 之间的距离，使喷嘴 6 的背压改变。膜片组 4 为比例压力阀的信号膜片及输出压力反馈膜片。背压的变化通过膜片组 4 控制阀芯 2 的位置，从而控制输出压力。喷嘴 6 的压缩空气由气源节流阀 5 供给。

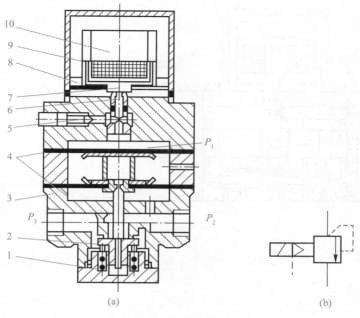

图 5-31　电控喷嘴挡板式气动比例压力阀的结构、工作原理和图形符号

（a）结构、工作原理；（b）图形符号

1—弹簧；2—阀芯；3—溢流口；4—膜片组；5—节流阀；6—喷嘴；7—挡板；

8—片簧；9—线圈；10—永久磁铁

3．气动伺服阀简介

气动伺服阀是一种将电信号转换成气压信号的电气转换装置，是电－气伺服系统中的核心部分。它的工作原理与气动比例阀的类似，它是过控制输入的信号（电压或电流），实现对输出信号（压力或流量）连续、按比例控制。气动伺服阀的控制信号均为电信号，故也称电－气动伺服阀。

图 5-32 所示为力反馈式电－气动伺服阀的结构、工作原理和图形符号。这种阀由节流口 1、过滤器 2、气空 3、补偿弹簧 4、反馈杆 5、喷嘴 6、挡板 7、线圈 8、支持弹簧 9、导磁体 10、磁铁 11 等部件组成。其中，第一级气压放大器为喷嘴挡板阀，由力矩马达控制，第二级气压放大器为滑阀。阀芯的位移通过反馈杆 5 转换成机械力矩反馈到力矩马达上，其工作原理如下：当有电流输入力矩马达控制线圈时，力矩马达产生电磁力矩，使挡板偏离中位（假设其向左偏转），反馈杆变形。这时两个喷嘴挡板的喷嘴前腔产生压力差（左腔高于右腔），在此压力差的作用下，滑阀移动（向右），反馈杆端点随之一起移动，反馈杆进一步变形，变形产生力矩与力矩马达的电磁力相平衡，使挡板停留在某个与控制电流相对应的偏转角上。反馈杆的进一步变形使挡板被部分拉回中位，反馈杆端点对阀芯的反作用力与阀芯两端的气压力相平衡，使阀芯停留在与控制电流相对应的位移上。这样，伺服阀就输出一个对应的流量，达到用电流控制流量的目的。

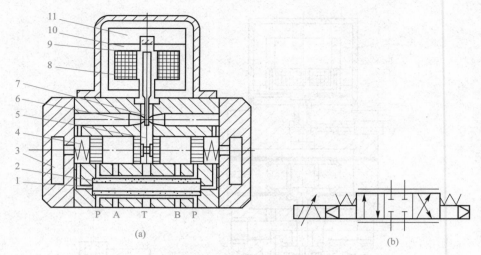

图 5-32　力反馈式电－气动伺服阀的结构、工作原理和图形符号

（a）结构、工作原理；（b）图形符号

1—节流口；2—过滤器；3—气空；4—补偿弹簧；5—反馈杆；

6—喷嘴；7—挡板；8—线圈；9—支持弹簧；10—导磁体；11—磁铁

4. 气动数字阀简介

脉宽调制气动伺服控制是数字式伺服控制，采用的控制阀大多数为开关式气动电磁阀，称为脉宽调制气动伺服阀，也称气动数字阀，脉宽调制气动伺服阀在气动伺服系统中实现信号的转换和放大作用。图 5-33 所示为滑阀式脉宽调制气动伺服阀的结构和工作原理。滑阀两端各有一个电磁铁，脉冲信号电磁轮流加在两个电磁铁上，控制阀芯按脉冲信号的频率做往复运动。

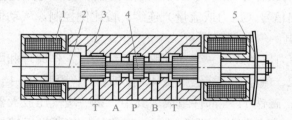

图 5-33　滑阀式脉宽调制气动伺服阀的结构和工作原理

1—电磁铁；2—衔铁；3—阀体；4—阀芯；5—反馈弹簧

5. 阀岛简介

"阀岛"一词来自德语，由德国 FESTO 公司发明并最先应用。阀岛是由多个电控气动阀构成，它集成了信号输入 / 输出及信号的控制，犹如一个控制岛屿。

阀岛是新一代气电一体化控制元器件，已从最初带多针接口的阀岛发展为带现场总线的阀岛，继而出现可编程阀岛和模块式阀岛。图 5-34 所示为带现场总线的阀岛系统结构，该阀岛由气路板、左端板、多功能阀片、右端板、AS-i 接口、现场总线接口等组成。阀岛技术与现场总线技术相结合，不仅确保了电控阀的布线容易，而且也极大地简化了复杂系统的调试、性能检测的故障诊断及维护工作。借助现场总线高水平一体化的信息系统，使两者的优势得到充分发挥，具有广泛的应用前景。

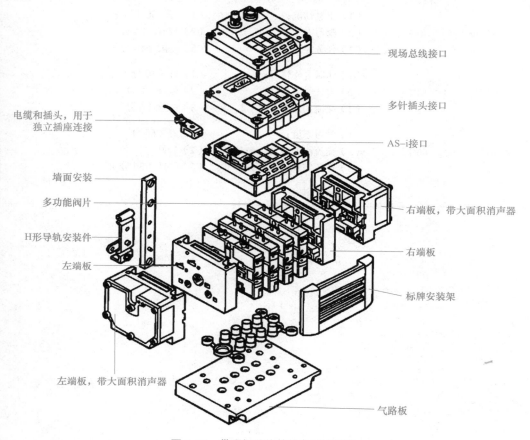

图 5-34 带现场总线的阀岛系统结构

观察或实践

现场观察或通过视频观察新型气动阀的结构。

练习题

1. 简述"与门"功能阀的结构和工作原理。
2. 简述电控喷嘴挡板式气动比例压力阀的结构和工作原理。
3. 简述力反馈式电－气动伺服阀的结构和工作原理。

评价形式	比例	评价内容	评价标准	得分
自我评价	30%	（1）出勤情况； （2）学习态度； （3）任务完成情况	（1）好（30分）； （2）较好（24分）； （3）一般（18分）	
小组评价	10%	（1）团队合作情况； （2）责任学习态度； （3）交流沟通能力	（1）好（10分）； （2）较好（8分）； （3）一般（6分）	
教师评价	60%	（1）学习态度； （2）交流沟通能力； （3）任务完成情况	（1）好（60分）； （2）较好（48分）； （3）一般（36分）	
汇总				

项目6 气动系统常见故障诊断及排除

任务 6.1 气动系统常见故障诊断及排除

气动系统常见故障有"没有气压""供压不足""系统出现异常高压""油泥太多""气缸不动作、动作卡滞、爬行""压缩空气中含水量高"等。

学习要求

1. 了解气动基本回路的组成和工作原理。

2. 学会对气动系统没有气压、供压不足、系统出现异常高压、油泥太多、气缸不动作、动作卡滞、爬行、压缩空气中含水量高等常见故障进行诊断和排除。

知识准备

1. 气动基本回路的组成和工作原理

气动系统的形式很多，但是与液压传动系统一样，也是由不同功能的基本回路所组成的。常用的基本回路有压力控制回路、方向控制回路和速度控制回路等。

（1）压力控制回路的组成和工作原理。压力控制回路的作用是使系统保持在某一规定的压力范围内。常用的有一次压力控制回路、二次压力控制回路和高低压转换回路。

①一次压力控制回路的组成和工作原理。一次压力控制回路的组成和工作原理如图 6-1 所示。该回路由空气压缩机 1、冷却器 2、储气罐 3、溢流阀 4、过滤器 5、干燥器 6、油雾分离器 7、压力继电器 8、自动排水器 9 等部件组成。由空气压缩机 1 产生的压缩空气经冷却器 2 冷却后，进入储气罐 3，压缩空气由于冷却而分离出冷凝水，冷凝水存积于储气罐底部，由自动排水器 9 排出，由储气罐出来的压缩空气经过滤器 5 再进入空气干燥器 6 进行除水，然后通过油雾分离器 7 将油雾分离，即可供一般气动设备使用，供给回路的压力控制，可采用压力继电器 8 来控制空气压缩机的启动和停止，使储气罐内空气压力保持在规定的范围内。

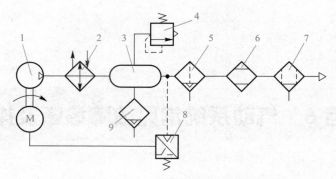

图 6-1　一次压力控制回路的组成和工作原理

1—空气压缩机；2—冷却器；3—储气罐；4—溢流阀；5—过滤器；

6—干燥器；7—油雾分离器；8—压力继电器；9—自动排水器

②二次压力控制回路的组成和工作原理。二次压力控制回路的组成和工作原理如图 6-2 所示。该回路由过滤器、减压阀和油雾器等组成。过滤器除去压缩空气的灰尘、水分等杂质；减压阀可使二次压力稳定；油雾器使油雾化后注入空气流，对需要润滑的部件进行润滑。这三个元件组合在一起通常被称为气动调节装置（气动三联件）。

③高低压转换回路的组成和工作原理。高低压转换回路的组成和工作原理如图 6-3 所示。该回路利用两个减压阀和一个二位三通的电磁换向阀，可获得低压或高压气源。如果去掉二位三通的电磁换向阀，就可同时输出高、低压两种压缩空气。

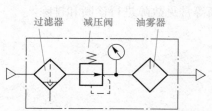

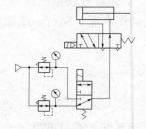

图 6-2　二次压力控制回路的组成和工作原理　　　图 6-3　高低压转换回路的组成和工作原理

（2）方向控制回路的组成和工作原理。方向控制回路的作用是通过各种气动换向阀改变压缩空气流动方向，从而改变气动元件的运动方向。

常见的换向控制回路有单作用气缸换向回路、双作用气缸换向回路。

①单作用气缸换向回路的组成和工作原理。二位三通电磁换向阀控制的单作用气缸换向回路的组成和工作原理如图 6-4 所示。当电磁换向阀断电（图示状态）时，二位三通电磁换向阀处于右位工作，气缸活塞杆在弹簧力的作用下，向左缩进；当电磁换向阀通电时，二位三通电磁换向阀处于左位工作，气缸活塞杆在压缩空气作用下，向右伸出。

②双作用气缸换向回路的组成和工作原理。二位三通电磁换向阀控制的双作用气缸换向回路的组成和工作原理如图 6-5 所示。当电磁换向阀断电（图示状态）时，二位三通电磁换向阀处于右位工作，气缸的右腔进压缩空气，其左腔与大气相通排气，

活塞杆向左缩进；当电磁换向阀通电时，二位三通电磁换向阀处于左位工作，气缸的左腔进压缩空气，其右腔与大气相通排气，活塞杆向右伸出。

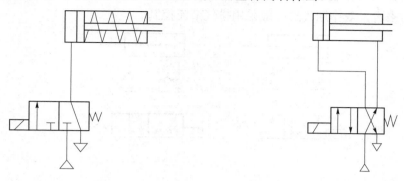

图 6-4　单作用气缸换向回路的组成和工作原理　　图 6-5　双作用气缸换向回路的组成和工作原理

（3）速度控制回路的组成和工作原理。速度控制回路的作用是通过控制进入执行元件的压缩空气的流量，来调节或改变执行元件的工作速度。

常见的速度控制回路有单作用气缸速度控制回路、双作用气缸速度控制回路、气液调速回路等。

①单作用气缸速度控制回路的组成和工作原理。图 6-6（a）所示的单作用气缸单向节流调速回路的气缸升降均通过节流阀调速，两个反向安装的单向阀节流阀，可分别控制活塞杆的伸出和缩回速度。

图 6-6（b）所示的单作用气缸节流调速回路的气缸上升时可调速，下降则通过快速排气阀排气，使气缸快速返回。

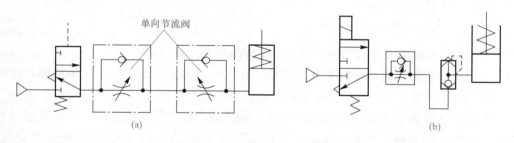

图 6-6　单作用气缸速度控制回路的组成和工作原理

（a）单向节流调速回路；（b）节流调速回路

②双作用气缸速度控制回路的组成和工作原理。图 6-7（a）所示的双作用气缸的进气节流调回路，在进气节流时，气缸排气腔压力很快降至大气压，而进气腔压力的升高比排气腔压力的降低慢。当进气腔压力产生的合力大于活塞静摩擦力时，活塞开始运动，由于动摩擦力小于静摩擦力，所以活塞运动速度较快，进气腔急剧增大，而由于进气节流限制了供气速度，使进气腔压力降低，从而容易造成气缸"爬行"现象，因此进气节流调速回路多用于垂直安装的气缸支撑腔的调速回路。

图 6-7（b）所示的双作用气缸排气节流调速回路，在排气节流时，排气腔内可以

建立与负载相适应的背压，在负载保持不变或微小变动时，运动比较平稳，调节节流阀的开度即可调节气缸往复运动的速度。从节流阀的开度和速度的比例性、初始加速度、缓冲能力来看，双作用气缸一般采用排气节流控制。

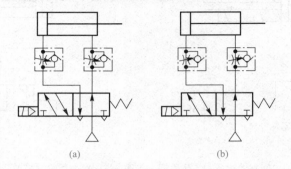

图6-7 双作用气缸速度控制回路的组成和工作原理

（a）双作用气缸的进气节流调速回路；（b）双作用气缸排气节流调速回路

③气液调速回路的组成和工作原理。气液调速回路的组成和工作原理如图6-8所示。这种回路利用气液转换器，将气压变成液压，靠液压油驱动液压缸，从而得到平稳且容易控制的活塞运动速度。通过调节两个节流阀的开度实现气缸两个运动方向的速度控制。采用气液调速回路时应注意气液转换器的容积应大于液压缸的容积，气、液间的密封要好，避免气体混入液压油中。

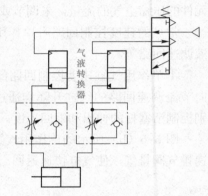

图6-8 气液调速回路的组成和工作原理

2. 气动系统故障类型

气动系统的故障可分为初期故障、突发故障和老化故障。

初期故障是指在调试阶段和开始运转二、三个月内发生的故障。这类故障产生的原因是：设计不当、元件加工装配不良、安装不符合要求等。

突发故障是指系统稳定运行阶段时发生的故障。如弹簧突然折断；三联件的油杯及水杯均为工程塑料，当它们接触了有机溶剂后强度会降低，使用时可能突然破裂；管道中杂质进入元件，造成元件卡死等。

老化故障是指系统中的元件达到使用寿命后发生的故障。根据元件的制造日期、运行日期及使用频率的高低可以对元件做出寿命故障的大致预测。这类故障一般会出现某些征兆，如漏气日渐严重、声音反常、气缸运动不平稳等。

3. 气动系统故障诊断步骤和方法

气动系统故障诊断步骤和方法与液压传动系统故障诊断步骤和方法很相似。故障诊断也必须经过熟悉性能和资料、现场调查、了解情况、归纳分析、排除故障、总结经验等几个步骤。比较常用的方法有经验法和推理分析法。

（1）经验法。经验法是一种依靠实际经验并利用简单仪器对气动系统故障进行判断，找出故障发生部位及产生原因的方法。经验法可按中医诊断病人的四个字："望、闻、问、切"进行。

①望。"望"就是用肉眼观察执行元件的运动速度有无异常变化；各测压点的压力表显示的压力是否符合要求，有无大的波动；润滑油的质量和滴油量是否符合要求；冷凝水能否正常排出；换向阀排气口排出空气是否干净；电磁换向阀的指示灯是否正常；紧固螺钉和管接头有无松动；管道有无扭曲和压扁；有无明显振动存在等。

②闻。"闻"包括耳闻和鼻闻。可以用耳朵听系统的噪声是否太大，有无漏气声；执行元件及控制阀的声音是否异常。可以用鼻子闻电磁换向阀线圈及密封圈有无发热而引起特殊气味。

③问。"问"就是查阅气动系统的技术档案，了解系统的工作程序、运行要求及主要技术参数；查阅产品样本，了解每个元件的作用、结构、功能和性能；查阅维护检查记录，了解日常维护保养工作情况；访问现场操作人员，了解设备运行情况，了解故障发生前的征兆及故障发生时的状况，了解曾经出现过的故障及排除方法。

④切。"切"就是用手摸以便感知运动件的温度是否太高，元件和管路有无振动等。

经验法简单易行，但由于每个人的感觉、实际经验和判断能力的差异，诊断故障会存在一定的局限性。

（2）推理分析法。推理分析法是一种通过系统故障的表面症状，用逻辑推理的方法从整体到局部、逐级细化、步步紧逼，从而推断出故障本质原因的分析方法。

推理分析法的原则如下：

①由易到难、由简到繁、由表及里、逐一分析，排除故障。

②优先查找故障率高的因素。

③优先检查发生故障前更换过的元件。

许多故障的现象是以执行元件动作不良的形式表现出来的。例如，由电磁换向阀控制的气动顺序控制系统气缸不动作的故障，本质原因是气缸内压力不足、没有压力或产生的推力不足以推动负载，而可能产生此故障的原因：

①电磁换向阀动作不良。

②控制回路有无问题，控制信号没有输出去，如行程开关有故障没有发出信号、计数器没有信号、继电器发生故障等或者气缸上所用的传感器没有装在适当的位置。

③气缸故障，如活塞杆与端盖导向套灰尘混入会伤及气缸筒、活塞与缸筒卡死，密封失效、气缸上节流阀未打开等。

④管路故障，如减压阀调压不足、气路漏气、管路压力损失太大等。

⑤气源供气不足。

4. 气动系统常见故障诊断及排除

（1）"系统没有气压"故障诊断及排除。

故障原因：

①气动系统中开关阀、启动阀、流量控制阀等未打开。

②换向阀未换向。

③管路扭曲、压扁。

④滤芯堵塞或冻结。

⑤工作介质或环境温度太低，造成管路冻结。

排除方法：

①打开未开启的阀。

②检修或更换换向阀。

③校正或更换扭曲、压扁的管道。

④更换滤芯。

⑤及时排除冷凝水，增设除水设备。

（2）"供压不足"故障诊断及排除。

故障原因：

①耗气量太大，空压机输出流量不足。

②空压机活塞环等过度磨损。

③漏气严重。

④减压阀输出压力低。

⑤流量阀的开度太小。

⑥管路细长或管接头选用不当，压力损失过大。

排除方法：

①选择输出流量合适的空压机或增设一定容积的气罐。

②更换活塞环等过度磨损的零件。并在适当部位装单向阀，维持执行元件内压力，以保证安全。

③更换损坏的密封件或软管，紧固管接头和螺钉。

④调节减压阀至规定压力，或更换减压阀。

⑤调节流量阀的开度至合适开度。

⑥重新设计管路，加粗管径，选用流通能力大的管接头和气阀。

（3）"系统出现异常高压"故障诊断及排除。

故障原因：

①减压阀损坏。

②因外部振动冲击产生了冲击压力。

排除方法：

①更换减压阀。

②在适当部位安装安全阀或压力继电器。

（4）"油泥太多"故障诊断及排除。

故障原因：

①空压机润滑油选择不当。

②空压机的给油量不当。

③空压机连续运转的时间过长。

④空压机运动件动作不良。

排除方法：

①更换高温下不易氧化的润滑油。

②给油过多，排出阀上滞留时间长；给油过少，造成活塞烧伤等，应注意给油量适当。

③温度高，润滑油易碳化。应选用大流量空压机，实现不连续运转，系统中装油雾分离器，清除油泥。

④当排出阀动作不良时，温度上升，润滑油易碳化，系统中装油雾分离器。

（5）"气缸不动作、动作卡滞、爬行"故障诊断及排除。

故障原因：

①压缩空气压力达不到设定值。

②气缸加工精度不够。

③气缸、电磁换向阀润滑不充分。

④空气中混入灰尘卡住阀。

⑤气缸负载过大、连接软管扭曲别劲。

排除方法：

①重新计算，验算系统压力。

②更换气缸。

③拆检气缸、电磁换向阀，疏通润滑油路。

④打开各接头，对管路重新吹扫，清洗阀。

⑤检查气缸负载及连接软管，使之满足设计要求。

（6）"压缩空气中含水量高"故障诊断及排除。

故障原因：

①储气罐、过滤器冷凝水存积。

②后冷却器选型不当。

③空压机进气管进气口设计不当。

④空压机润滑油选择不当。

⑤季节影响。

排除方法：

①定期打开排污阀排放冷凝水。

②更换后冷却器。

③重新安装防雨罩，避免雨水流入空压机。

④更换空压机润滑油。

⑤雨季要加快排放冷凝水频率。

现场观察或通过视频观看气动系统常见故障诊断及排除过程；有条件的，可现场实践。

练习题

　　1．简述气动系统故障诊断步骤和方法。

　　2．简述"系统没有气压"故障诊断与排除方法。

　　3．简述"供压不足"故障诊断和排除方法。

　　4．简述"系统出现异常高压"故障诊断和排除方法。

　　5．简述"油泥太多"故障诊断和排除方法。

学习评价

评价形式	比例	评价内容	评价标准	得分
自我评价	30%	（1）出勤情况； （2）学习态度； （3）任务完成情况	（1）好（30分）； （2）较好（24分）； （3）一般（18分）	
小组评价	10%	（1）团队合作情况； （2）责任学习态度； （3）交流沟通能力	（1）好（10分）； （2）较好（8分）； （3）一般（6分）	
教师评价	60%	（1）学习态度； （2）交流沟通能力； （3）任务完成情况	（1）好（60分）； （2）较好（48分）； （3）一般（36分）	
汇总				

任务 6.2　气动系统使用、安装、调试及维护

学习要求

　　1．弄懂气动系统使用、安装、调试及维护方法。

　　2．养成精益求精，注重细节的习惯。

1. 气动系统的使用

气动系统在使用过程中,应注意下列事项:

(1)启动前后应放掉系统中冷凝水。

(2)定期给油雾器加油。

(3)随时注意压缩空气的清洁度,定期清洗分水滤气器的滤芯。

(4)启动前检查各调节手柄是否在正确位置,行程阀、行程开关、挡块的位置是否正确、牢固。对导轨、活塞杆等外露部分的配合表面进行擦拭后方能启动。

(5)如果设备长期不用,则应将各调节旋钮全部放松,以防弹簧发生永久变形而影响元件的性能,甚至导致气动系统故障发生。

(6)操作者应掌握气动系统的操作特点,严防调节错误造成事故。熟悉各种操作要点、调节手柄的位置、旋向与压力、流量大小变化的关系。

2. 气动系统的安装

(1)管道的安装。安装前应彻底检查管道,管道中不应有粉尘及其他杂物,否则要重新清洗才能安装,导管外表面及两端接头应完好无损,加工后的几何形状应符合要求,经检查合格的管道需吹风后才能安装,安装时按管路系统安装图中标明的安装、固定方法安装,并要注意如下问题:

①导管扩口部分的几何轴线必须与管接头的几何轴线重合。否则,当外套螺母拧紧时,扩口部分的一边压紧过度,而另一边压得不紧,导致产生安装应力或密封不良。

②螺纹连接接头的拧紧力矩要适中,拧得太紧,扩口部分受挤压而损坏,拧得不够紧则影响密封。

③接管时要充分注意密封性,防止漏气,尤其注意接头处及焊接处。为了防止漏气,连接前平管嘴表面和螺纹处应涂密封胶。为了防止密封胶进入管道,螺纹前端 2 ～ 3 牙不涂密封胶或拧入 2 ～ 3 牙后再涂密封胶。

④管路尽量平行布置,减少交叉,力求最短,转弯最少,并考虑到能自由拆装。

⑤软管的抗弯曲刚度小,在软管接头的接触区内产生的摩擦力不足以消除接头的转动,因此在安装后有可能出现软管的扭曲变形。检查方法是在安装前软管表面涂一条纵向色带,安装后用色带判断软管是否被扭曲。为了防止软管的扭曲,可在最后拧紧外套螺母以前将软管向拧紧外套螺母相反的方向转动 1/8 ～ 1/6 圈。

软管不允许急剧弯曲,通常弯曲半径应大于其外径的 9 ～ 10 倍,为了防止软管挠性部分的过度弯曲和在自重作用下发生变形,往往采用防止软管过度弯曲的接头,且应远离热源或安装隔热板。

⑥为了保证管道焊缝质量,零件上应开焊缝坡口,焊缝部位要清洗干净,焊缝管道的装配间隙最好保持在 0.5 mm 左右,应尽量采用平焊位置,焊接时以边焊边转,一次焊接完成整条焊缝。

（2）气动元件的安装。

①应注意阀的推荐安装位置和标明的安装方向。

②逻辑元件应按控制回路的需要，将其成组地安装在底板上，并在底板上开出气路，用软管接出。

③移动缸的中心线与负载作用力的中心线要同心，否则引起侧向力，使密封件加速磨损，活塞杆弯曲。

④各种自动控制仪表、自动控制器、压力继电器等，在安装前应进行校验。

3．气动系统的调试

（1）调试前的准备。

①要熟悉说明书等有关技术资料，力求全面了解系统的原理、结构、性能和操作方法。

②了解气动元件在设备上的实际位置，需要调整的元件的操作方法及调节旋钮的旋向。

③准备好调试工具等。

（2）空载试运转。空载试运转时间一般不少于 2 h，注意观察压力、流量、温度的变化，如发现异常应立即停车检查，待排除故障后才能继续运转。

（3）负载试运转。负载试运转应分段加载，运转时间一般不少于 4 h，分别测出有关数据，记入试运转记录。

4．气动系统的维护

气动系统的维护工作可分为日常性的维护工作和定期的维护工作。前者是指每天必须进行的维护工作；后者可以是每周、每月或每季度进行的维护工作。维护工作应记录在案，便于今后的故障诊断和处理。

素养提升案例

培养工匠精神：气动系统的维护

解析：气动系统的维护是为防止气动系统性能劣化或降低设备失效的概率，按事先规定的计划或相应技术条件的规定进行的技术管理措施。

启示：在气动系统的维护中，要发扬工匠精神，按气动系统的维护要求，精益求精，注重细节，认真仔细，严谨耐心，一丝不苟，不投机取巧，确保每个部件状态完好，否则，气动系统就不能正常工作。

（1）日常性的维护工作。日常性的维护工作的主要任务是冷凝水排放的管理、系统润滑的管理和空压机系统的管理。

①冷凝水排放的管理。压缩空气中的冷凝水会使管道和元件锈蚀，防止冷凝水侵

入压缩空气的方法是及时排除系统各处积存的冷凝水。

冷凝水排放涉及从空压机、后冷却器、储气罐、管道系统到各处空气过滤器、干燥器和自动排水器等整个气动系统。在工作结束时，应当将各处冷凝水排放掉，以防夜间温度低于0 ℃时，导致冷凝水结冰。由于夜间管道内温度下降，会进一步析出冷凝水，在每天设备运转前，也应将冷凝水排出。经常检查自动排水器、干燥器是否正常工作，定期清洗分水滤气器、自动排水器。

②系统润滑的管理。气动系统中从控制元件到执行元件凡有相对运动的表面都需要润滑。如果润滑不足，会使摩擦阻力增大，导致气动元件动作不良，因密封面磨损会引起泄漏。

在气动装置运转时，应检查油雾器的滴油量是否符合要求，油色是否正常。如发现油杯中油量没有减少，应及时调整滴油量；调节无效，需检修或更换油雾器。

③空压机系统的日常管理。空压机有否异常声音和异常发热，润滑油位是否正常。空压机系统中的水冷式后冷却器供给的冷却水是否足够。

（2）定期的维护工作。定期的维护工作的主要内容是漏气检查和油雾器管理。

①检查系统各泄漏处。因泄漏引起的压缩空气损失会造成很大的经济损失。此项检查至少应每月一次，任何存在泄漏的地方都应立即进行修补。漏气检查应在白天车间休息的空闲时间或下班后进行。这时，气动装置已停止工作，车间内噪声小，但管道内还有一定的空气压力，根据漏气的声音便可知何处存在泄漏。检查漏气时，还应采用在各检查点涂肥皂液等办法，因其显示漏气的效果比听声音更灵敏。

②通过对方向阀排气口的检查，判断润滑油是否适度，空气中是否有冷凝水。如润滑不良，检查油雾器滴油是会正常，安装位置是否恰当；如有大量冷凝水排出，检查排除冷凝水的装置是否合适，过滤器的安装位置是否恰当。

③检查安全阀、紧急安全开关动作是否可靠。定期检修时必须确认它们的动作可靠性，以确保设备和人身安全。

④观察方向阀的动作是否可靠。检查阀芯或密封件是否磨损（如方向阀排气口关闭时仍有泄漏，往往是磨损的初期阶段），查明后更换。让电磁换向阀反复切换，从切换声音可判断阀的工作是否正常。

⑤反复开关换向阀观察气缸动作，判断活塞密封是否良好；检查活塞杆外露部分，观察活塞杆是否被划伤、腐蚀和存在偏磨；判断活塞杆与端盖内的导向套、密封圈的接触情况、压缩空气的处理质量，气缸是否存在横向荷载等；判断缸盖配合处是否有泄漏。

⑥对行程阀、行程开关及行程挡块都要定期检查安装的牢固程度，以免出现动作混乱。

⑦给油雾器补油时，应注意储油杯的减少情况，如发现耗油量太少，必须重新调整滴油量，调整后滴油量仍少或不滴油，应检查所选择油雾器的规格是否合适，油雾器进出口是否装反，油道是否堵塞，检查结果应填写于周检记录表中。

每月或每季度的维护检查工作应比每日及每周的检查更仔细，但仅限于外部能检查的范围。每季度的维护工作见表6-1。

表6-1　每季度的维护工作

序号	气动元件	维护内容
1	自动排水器	是否自动排水，手动操作装置是否正常工作
2	过滤器	过滤器两侧的压力差是否超过允许压力降
3	减压阀	旋转手柄，压力可否调节。当系统压力为零时，观察压力表指针否回零
4	压力表	观察各处压力表是否在规定的范围内
5	安全阀	使压力高于设定压力，观察安全阀能否溢流
6	压力开关	在设定的最高和最低压力下，观察压力开关能否正常接通或断开
7	换向阀	检查油雾喷出量，有无冷凝水排出，是否漏气
8	电磁换向阀	检查电磁换向阀的温升，阀的切换动作是否正常
9	速度控制阀	调节节流阀开度，能否对气缸进行速度控制或对其他元件进行流量控制
10	气缸	检查气缸运动是否平稳，速度及循环周期有无明显变化，气缸安装支架有否松动和异常变形，活塞杆连接部位有无松动和漏气，活塞杆表面有无锈蚀、划伤和偏磨
11	空气压缩机	检查入口过滤器网眼是否堵塞

观察或实践

　　现场观察或通过视频观察气动系统使用、安装、调试及维护过程；有条件时，可现场实践。

练习题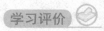

　　1．在气动系统在使用过程中，应注意哪些？
　　2．在气动系统的安装中，应注意哪些？
　　3．简述气动系统的调试方法。

学习评价

评价形式	比例	评价内容	评价标准	得分
自我评价	30%	（1）出勤情况； （2）学习态度； （3）任务完成情况	（1）好（30分）； （2）较好（24分）； （3）一般（18分）	

评价形式	比例	评价内容	评价标准	得分
小组评价	10%	（1）团队合作情况； （2）责任学习态度； （3）交流沟通能力	（1）好（10分）； （2）较好（8分）； （3）一般（6分）	
教师评价	60%	（1）学习态度； （2）交流沟通能力； （3）任务完成情况	（1）好（60分）； （2）较好（48分）； （3）一般（36分）	
汇总				

任务 6.3　EQ1092 型汽车气压制动系统故障诊断及排除

汽车由动力装置（发动机）、底盘、车身和电气设备组成。底盘由传动系统、行驶系统、转向系统和制动系统四部分组成。制动系统可分为行车制动系统、驻车制动系统、应急制动系统及辅助制动系统等。EQ1092 型汽车由东风汽车集团有限公司设计制造。EQ1092 型汽车行车制动系统采用气压制动系统，常见故障有"制动失效""制动失灵""单边制动""制动器分离不彻底""制动器过热""制动时有异响"等。

学习要求

1. 弄清 EQ1092 型汽车气压制动系统的组成和工作原理。
2. 弄懂 EQ1092 型汽车气压制动系统常见故障诊断及排除方法。

知识准备

1. EQ1092 型汽车气压制动系统的组成和工作原理

EQ1092 型汽车气压制动系统的组成和工作原理如图 6-9 所示。这种制动系统由空压机 1、单向阀 2、储气罐 3、安全阀 4、前桥储气罐 5、后桥储气罐 6、制动控制阀 7、压力表 8、快换排气阀 9、前轮制动缸 10、后轮制动缸 11 等组成。

空压机 1 由发动机通过三角皮带驱动，将压缩空气经单向阀 2 压入储气罐 3，然后分别经两个相互独立的前桥储气罐 5 和后桥储气罐 6 将压缩空气送到制动控制阀 7。当踩下制动踏板时，压缩空气经控制阀同时进入前轮制动缸 10 和后轮制动缸 11（实际上

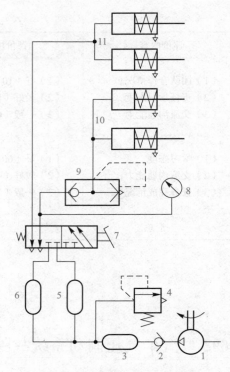

图 6-9　EQ1092 型汽车气压制动系统的组成和工作原理图

1—空压机；2—单向阀；3—储气罐；4—安全阀；5—前桥储气罐；6—后桥储气罐；

7—制动控制阀；8—压力表；9—快换排气阀；10—前轮制动缸；11—后轮制动缸

为制动气室）使前后轮同时制动。松开制动踏板，前后制动气室的压缩空气则经制动控制阀排入大气，解除制动。

　　该车使用的是风冷单缸空压机，缸盖上设有卸荷装置，空压机与储气罐之间还装有调压阀和单向阀。当储气罐气压达到规定值后，调压阀就将进气阀打开，使空压机卸荷，一旦调压阀失效，则由安全阀起过载保护作用。单向阀可防止压缩空气倒流。该车采用双腔膜片式并联踏板式制动控制阀。踩下踏板，使前后轮制动（后轮略早）。当前、后桥回路中有一回路失效时，另一回路仍能正常，实现制动。在后桥制动回路中安装了膜片式快速放气阀，可使后桥制动迅速解除。压力表 8 指示后桥制动回路中的气压。该车采用膜片式制动气室，利用压缩空气的膨胀力推动制动臂及制动凸轮，使车轮制动。

　　2. EQ1092 型汽车气压制动系统常见故障诊断及排除

　　（1）"制动失效"故障诊断及排除。

　　故障原因：

　　①传动杆件脱落。

　　②储气罐放污开关不严。

　　③空压机损坏。

　　④管路破裂。

⑤空压机皮带损坏、松脱。

⑥控制阀排气阀打不开。

⑦控制阀排气阀漏气。

⑧制动气室膜片漏气。

排除方法：

①分段检查。

②关严或检修放污开关。

③检修或更换空压机。

④更换、检修、装牢管路。

⑤更换或调整空压机皮带。

⑥检修控制阀进气阀。

⑦研磨控制阀进气阀。

⑧更换制动气室膜片。

（2）"制动失灵"故障诊断及排除。

故障原因：

①制动踏板自由行程过大。

②制动衬片严重磨损。

③摩擦表面不平。

④制动器间隙过大。

⑤蹄片上粘有油污。

⑥管接头松动漏气。

⑦传动杆件变形、损坏。

⑧制动控制阀工作不良。

⑨储气罐气压不足。

排除方法：

①调整自由行程。

②更换新衬片。

③修磨摩擦表面。

④调整制动器间隙。

⑤清洗蹄片。

⑥拧紧、修复。

⑦校正或更换传动杆件。

⑧检修制动控制阀。

⑨排除引起储气罐气压不足的故障。

（3）"单边制动"故障诊断及排除。

故障原因：

①各制动器间隙不一致。

②一侧制动器摩擦表面沾有油污、铆钉外露。

③某侧制动气室推杆连接叉弯曲变形，膜片破裂，接头漏气。

④某侧制动凸轮卡滞。

⑤各车轮制动蹄回位弹簧相差过大。

排除方法：

①调整各制动器间隙，使其一致。

②清洗摩擦表面沾有油污的制动器，更换铆钉。

③校正制动气室推杆连接叉、更换膜片和密封件。

④加强制动凸轮处润滑。

⑤更换回位弹簧，使各车轮制动蹄回位弹簧相差在允许的范围。

（4）"制动器分离不彻底"故障诊断及排除。

故障原因：

①踏板自由行程过小。

②回位弹簧弹力不足或折断。

③制动鼓变形失圆。

④摩擦表面异物卡滞。

⑤摩擦盘卡滞或钢球失圆及球槽磨损。

排除方法：

①调整踏板自由行程至规格范围。

②更换弹簧。

③修复制动鼓。

④清理摩擦表面。

⑤检修摩擦盘、更换钢球和球槽。

（5）"制动器过热"故障诊断及排除。

故障原因：

①制动器间隙过小。

②回位弹簧弹力不足或折断。

③制动衬片接触不良或偏磨。

④制动时间过长和制动频繁。

排除方法：

①调整制动器间隙至规定范围。

②更换弹力合适的回位弹簧。

③修磨制动衬片接触表面。

④改进操作方法。

（6）"制动时有异响"故障诊断及排除。

故障原因：

①制动衬片松动。

②回位弹簧弹力不足或折断。

排除方法：

①调整制动衬片。

②更换弹力合适的回位弹簧。

观察或实践

1. 现场观察或通过视频观察 EQ1092 型汽车气压制动系统的组成和工作原理。

2. 现场观察或通过视频观察 EQ1092 型汽车气压制动系统常见故障诊断及排除过程；有条件时，可现场实践。

练习题

1. 简述 EQ1092 型汽车气压制动系统的组成和工作原理。

2. 简述 EQ1092 型汽车气压制动系统"制动失效"故障诊断与排除方法。

3. 简述 EQ1092 型汽车气压制动系统"制动失灵"故障诊断与排除方法。

学习评价

评价形式	比例	评价内容	评价标准	得分
自我评价	30%	（1）出勤情况； （2）学习态度； （3）任务完成情况	（1）好（30分）； （2）较好（24分）； （3）一般（18分）	
小组评价	10%	（1）团队合作情况； （2）责任学习态度； （3）交流沟通能力	（1）好（10分）； （2）较好（8分）； （3）一般（6分）	
教师评价	60%	（1）学习态度； （2）交流沟通能力； （3）任务完成情况	（1）好（60分）； （2）较好（48分）； （3）一般（36分）	
汇总				

任务 6.4 其他设备气动系统简介

气动系统是设备较常见的系统，本任务主要介绍铁道车辆空气制动控制系统、地铁车辆车门的气动控制系统、数控加工中心气动换刀系统、工件夹紧气动系统、汽车车门的安全操纵气动系统、气液动力滑台气动系统等的气动系统的组成和工作原理。

学习要求

1. 弄清铁道车辆空气制动控制系统的组成和工作原理。
2. 弄懂地铁车辆车门的气动控制系统的组成和工作原理。
3. 了解汽车车门的安全操纵气动系统的组成和工作原理。
4. 了解数控加工中心气动换刀系统的组成和工作原理。
5. 了解气液动力滑台的组成和工作原理。

知识准备

1. 铁道车辆空气制动控制系统的组成和工作原理

铁道车辆制动控制系统是制动装置在司机或其他控制装置（如 ATC 等）的控制下，产生、传递制动信号，并对各种制动方式进行制动力分配、协调的部分。

目前，制动控制系统主要有空气制动控制系统和电控制动控制系统两大类。当以压力空气作为制动信号传递和制动力控制的介质时，该制动装置称为空气制动控制系统，又称为空气制动机。空气制动机根据作用原理可分为直通式空气制动机、自动式空气制动机、直通自动式空气制动机。以电气信号来传递制动信号的制动控制系统，称为电气指令式制动控制系统。其制动力的提供可以是压力空气、电磁力、液压等方式。

铁道车辆直通式空气制动控制系统组成和工作原理如图 6-10 所示。这种制动系统由空气压缩机 1、总风缸 2、总风缸管 3、制动阀 4、制动管 5、制动缸 6、基础制动装置 7、缓解弹簧 8、制动缸活塞 9、闸瓦 10、制动阀 EX 口 11、车轮 12 等组成。空气压缩机 1 将压缩空气贮入总风缸 2，经总风缸管 3 至制动阀 4。制动阀有 3 个不同位置：缓解位、保压位和制动位。在缓解位时，制动管 5 内的压缩空气经制动阀 EX（Exhaust）口 11（排气口）排向大气；在保压位时，制动阀保持总风缸管、制动管和 EX 口各不相通；在制动位时，总风缸管压缩空气经制动阀流向制动管。

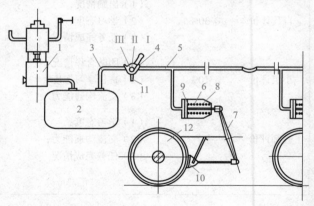

图 6-10 铁道车辆直通式空气制动控制系统组成和工作原理

Ⅰ—缓解位；Ⅱ—保压位；Ⅲ—制动位。

1—空气压缩机；2—总风缸；3—总风缸管；4—制动阀；

5—制动管；6—制动缸；7—基础制动装置；8—缓解弹簧；

9—制动缸活塞；10—闸瓦；11—制动阀 EX 口；12—车轮

（1）制动位。司机要实行制动时，首先把操纵手柄放在制动位，总风缸的压缩空气经制动阀进入制动管。制动管是一根贯通整个列车、两端封闭死的管路，压缩空气由制动管进入各个车辆的制动缸 6，压缩空气推动制动缸活塞 9 移动，并通过活塞杆带动基础制动装置 7，使闸瓦 10 压紧车轮 12，产生制动作用。制动力的大小，取决于制动缸内压缩空气的压力，由司机操纵手柄在制动位放置时间的长短而定。

（2）缓解位。要缓解时，司机将操纵手柄置于缓解位，各车辆制动缸内的压缩空气经制动管从制动阀 EX 口排入大气。操纵手柄在缓解位放置时间足够长，则制动缸内的压缩空气可排尽，压力降低至零。此时制动缸活塞借助制动缸缓解弹簧的复原力，使活塞回到缓解位，闸瓦离开车轮，实现车辆缓解。

（3）保压位。制动阀操纵手柄放在保压位时，可保持制动缸内压力不变。当司机将操纵手柄在制动位与保压位之间来回操纵，或在缓解位与保压位之间来回操纵时，制动缸压力能分阶段的上升或下降，即实现阶段制动或阶段缓解。

2. 地铁车辆车门的气动控制系统的组成和工作原理

广州地铁一号线车辆客室车门的气动控制系统的组成和工作原理如图 6-11 所示。车门通过中央控制阀来控制、以压缩空气为动力驱动双向作用的气缸活塞前进和后退，再通过钢丝绳等组成的机械传动机构完成门的开关动作，机械锁闭机构可以使车门可靠地固定在关闭位置。

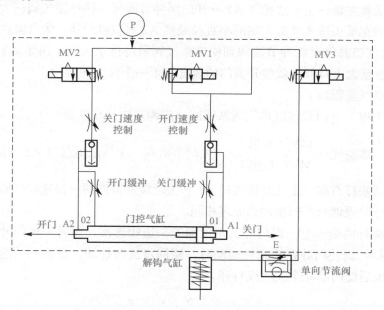

图 6-11　地铁车辆客室车门的气动控制系统的组成和工作原理

每扇门的气动控制系统由 3 个二位三通电磁换向阀、4 个节流阀、2 个快速排气阀、门控气缸、解钩气缸、气源装置、管路等组成。

MV1、MV2、MV3 三个均为二位三通电磁换向阀，分别为开门、关门、解锁电磁换向阀。

节流阀共有 4 个，其功能分别为调节开门速度、关门速度、开门缓冲、关门缓冲。

快速排气阀共有 2 个。主气缸两端排气管是通过快速排气阀排向大气的，它相当于一个双向选择阀，它的排气口是常开的，当主气缸通过它充气时，其阀芯将排气口关闭。

门控气缸是开关门动作的执行元件，其中的活塞是一个对称的带有台阶的非等直径的活塞，即两侧直径为 20 mm，中部为 40 mm；其气缸的内径也是非等直径的，两端头的公称内径为 20 mm，中间为 40 mm。这样的结构可使活塞变速运动。

解钩气缸是执行门钩解钩动作的（门钩，呈反 S 形，锁住门叶上的圆销使门不能开启）。

另外，车门的打开和关闭还设置了 4 个行程开关 S1、S2、S3、S4，4 个行程开关分别对门钩位置、开门行程、门控切除及紧急手柄位置进行限制和位置显示。

其中，MV1、MV2、MV 这个电磁换向阀及开门速度、关门速度、开门缓冲、关门缓冲节流阀和快速排气阀是集成安装成一体，即中央控制阀。

压缩空气从 P 口进入集成体。而电磁换向阀均为失电状态。下面将分别叙述开、关门时，压缩空气的流程及气缸活塞的动作。

开门的空气流程图如下：

进气：压缩空气 → MV1（得电）→ MV3（得电）→ 节流阀→解锁气缸活塞伸出→顶开门钩。　　　　　　　　　开门节流阀→主气缸进气口 A1 →活塞杆外伸。

排气：活塞左移→主气缸排气 A2 →开门缓冲节流阀→快速排气阀→大气。

当活塞的左端头进入气缸左端的小直径处侧 A2 出口被封堵，大气缸内的气体只能从 02 一个出气口并经过缓冲节流阀到快速排气阀最终排至大气。由于 A2 出口的被堵整个排气速度就大大降低，就使开关门的速度有了一个极大的缓冲。

关门的空气流程如下：

MV3（失电）→门锁气缸排气活塞缩回→门钩复位（在扭簧作用下）。

进气：压缩空气 →　$\left.\begin{array}{l}\text{MV1（失电）}\\\text{MV2（得电）}\end{array}\right]$关门节流阀→主气缸进气口 A2 →活塞杆缩回。

排气：活塞杆右移→主气缸排气口 A1 →关门缓冲节流阀→快速排气阀→大气。

关门缓冲的原理与开门缓冲的原理相同。

由于活塞杆的端头与一扇门叶及钢丝绳的一边相连接，而另一扇门叶与钢丝绳的另一边相连接，则使门叶在活塞杆运动时，能同步反向移动。而运动的速度由快速至突然缓慢，最后使门叶完全关闭或打开。

3. 数控加工中心气动换刀系统的组成和工作原理

数控中心气动换刀系统组成和工作原理如图 6-12 所示。该系统由气动三联件 1、换向阀 2、4、6、9、单向节流阀 3、5、10、11、梭阀 7、8 等组成。该系统在换刀过程中能实现主轴定位、主轴松刀、拔刀、向主轴锥孔吹孔吹气和插刀动作。

（1）主轴定位。当数控系统发出换刀指令时，主轴停止转动，同时 4YA 通电，压缩空气经气动三联件 1、换向阀 4、单向节流阀 5 进入主轴定位缸 A 的右腔，缸 A 活塞杆左移伸出，使主轴自动定位。

（2）主轴松刀。定位后压下无触点开关，使 6YA 得电，压缩空气经换向阀 6、快速排气阀 8 进入气液增压缸 B 的上腔，增压腔的高压油使活塞杆伸出，实现主轴松刀。

（3）拔刀。主轴松刀的同时，8YA 得电，压缩空气经换向阀 9、单向节流阀 11 进入缸 C 的上腔，缸 C 下腔排气，活塞下移实现拔刀。

（4）吹气。由回转刀库交换刀具，同时 1YA 得电，压缩空气经换向阀 2、单向节流阀 3 向主轴锥孔吹气。

（5）插刀。1YA 失电、2YA 得电，吹气停止，8YA 失电，7YA 得电，压缩空气经换向阀 9、单向节流阀 10 进入缸 C 下腔，活塞上移实现插刀动作，同时活塞碰到行程限位阀，使 6YA 失电、5YA 得电，则压缩空气经阀 6 进入气液增压缸 B 的下腔，使活塞退回，主轴的机械机构使刀具夹紧。气液增压缸 B 的活塞碰到行程限位阀后，使 4YA 失电、3YA 得电，缸 A 的活塞在弹簧力作用下复位，恢复到初始状态，完成换刀动作。

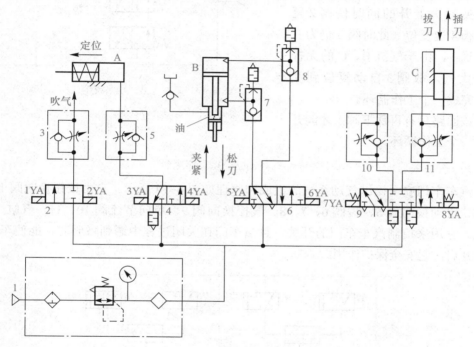

图 6-12　数控中心气动换刀系统组成和工作原理

1—气动三联件；2、4、6、9—换向阀；3、5、10、11—单向节流阀；7、8—梭阀

4. 工件夹紧气动系统的组成和工作原理

机械加工自动线、组合机床中常用的工件夹紧气动系统的组成和原理如图 6-13 所示。它由脚踏换向阀 1、行程阀 2、换向阀 3、4、单向节流阀 5、6 等组成。

当用脚踩下脚踏换向阀 1 后，压缩空气进入缸 A 的上腔，使夹紧头下降而夹紧工件。当压下行程阀 2 时，压缩空气经单向节流阀 6 进入二位三通气控换向阀 4 的右侧，使阀 4 换向（调节节流阀开口可以控制阀 4 的延时接通时间）。

压缩空气通过换向阀 3 进入两侧气缸 B 和 C 的无杆腔，使活塞杆伸出而夹紧工件。

然后开始机械加工，同时换向阀3的一部分压缩空气经过单向节流阀5进入阀3右端，经过一段时间（由节流阀控制）后，机械加工完成，阀3右位接通，两侧气缸后退到原来位置。

同时，一部分压缩空气作为信号进入阀1的右端，使阀1右位接通，压缩空气进入缸A的下腔，使夹紧头退回原位。

夹紧头上升的同时使阀2复位，阀4也复位（此时阀3仍为右位接通），由于气缸B、C的无杆腔通大气，故阀3自动复位到左位，完成一个工作循环。

该回路只有再踩下阀1才能开始下一个工作循环。

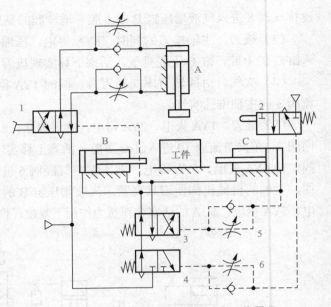

图6-13　工件夹紧气动系统组成和工作原理

1—脚踏换向阀；2—行程阀；3、4—换向阀；5、6—单向节流阀

5. 汽车车门的安全操纵气动系统的组成和工作原理

汽车车门安全操纵气动系统的组成和原理如图6-14所示。它由按钮换向阀1、2、3、4、机动换向阀5、梭阀6、7、8、气控换向阀9、单向节流阀10、11、气缸12等组成。它用来控制汽车车门的开关，且当车门在关闭过程中遇到障碍时，能使车门再自动开启，起安全保护作用。

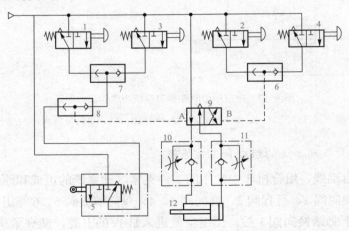

图6-14　汽车车门安全操纵系统的组成和原理

1、2、3、4—按钮换向阀；5—机动换向阀；6、7、8—梭阀；9—气控换向阀；

10、11—单向节流阀；12—气缸

车门的开关靠气缸 12 来实现，气缸由气控换向阀 9 来控制。而气控换向阀又由按钮换向阀 1、2、3、4 操纵，气缸运动速度的快慢由单向节流阀 10 或 11 来调节。

通过按钮换向阀阀 1 或 3 使车门开启，通过按钮换向阀阀 2 或 4 使车门关闭。安全保护作用的机动换向阀 5 安装在车门上。

当操纵按钮换向阀阀 1 或 3 时，压缩空气便经按钮换向阀阀 1 或 3 到梭阀 7 和 8，把控制信号送到气控换向阀 9 的 A 侧，使气控换向阀 9 向车门开启方向切换。压缩空气便经气控换向阀 9 左位和单向节流阀阀 10 中的单向阀到气缸的有杆腔，推动活塞使车门开启。

当操纵按钮换向阀 2 或 4 时，压缩空气经梭阀 6 到气控换向阀 9 的 B 侧，使气控换向阀 9 向车门关闭方向切换，压缩空气则经气控换向阀 9 右位和单向节流阀 11 中的单向阀到气缸的无杆腔，使车门关闭。车门在关闭过程中若碰到障碍物，便推动机动换向阀 5，使压缩空气经机动换向阀阀 5 把控制信号由梭阀 8 送到气控换向阀 9 的 A 端，使车门重新开启。

但是如果按钮换向阀 2 或 4 仍然保持按下状态，则机动换向阀 5 起不到自动开启车门的安全作用。

6. 气液动力滑台的组成和工作原理

气液动力滑台的组成和工作原理如图 6-15 所示。气液动力滑台由手动换向阀 1、3、4、行程阀 2、6、8、节流阀 5、单向阀 7、9、补油箱 10 等组成。气液动力滑台能完成"快进—慢进—快退—停止"和"快进—慢进—慢退—快退—停止"两种工作循环。

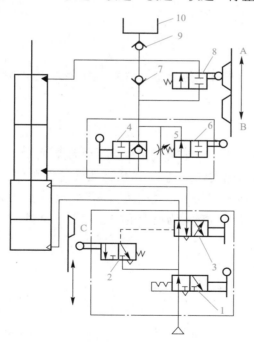

图 6-15　气液动力滑台的组成和工作原理

1、3、4—手动换向阀；2、6、8—行程阀；5—节流阀；7、9—单向阀；10—补油箱

（1）快进—慢进—快退—停止。当手动换向阀3切换到右位时，给予进刀信号，在气压作用下，气缸中的活塞开始向下运动，液压缸中活塞下腔的油液经行程阀6的左位和单向阀7进入液压缸活塞的上腔，实现快进。

当快进到活塞杆上的挡铁B切换行程阀6后（使它处于右位），油液只能经节流阀5进入活塞上腔，调节节流阀的开度，即可调节气—液缸运动速度，所以活塞开始慢进（工作进给）。

工进到挡铁C使行程阀2复位时，手动换向阀3切换到左位，气缸活塞向上运动。液压缸活塞上腔的油液经阀8的左位和手动换向阀中的单向阀进入液压缸下腔，实现快退。

当快退到挡铁A将行程阀8切换到图示位置而使油液通道被切断时，活塞停止运动。

（2）快进—慢进—慢退—快退—停止。当手动换向阀4处于左位时，可实现该动作的双向进给程序。动作循环中的快进—慢进的动作原理与上述相同。

当慢进至挡铁C切换行程阀2至左位时，手动换向阀3切换至左位，气缸活塞开始向上运动，这时液压缸上腔的油液经行程阀8的左位和节流阀5进入活塞下腔，实现慢退（反向进给）。

当慢退到挡铁B离开行程阀6的顶杆而使其复位（处于左位）后，液压缸活塞上腔的油液就经行程阀6左位而进入活塞下腔，开始快退。

快退到挡铁A切换行程阀8而切断油路时，停止运动。

观察或实践

现场观察或通过视频观察其他设备气动系统的组成和工作原理。

练习题

1．简述如图6-10所示铁道车辆直通式空气制动控制系统组成和工作原理图。

2．简述如图6-11所示地铁车辆车门的气动控制系统的组成和工作原理。

3．简述如图6-12所示数控中心气动换刀系统气动系统组成和工作原理。

4．简述如图6-15所示气液动力滑台的组成和工作原理。

学习评价

评价形式	比例	评价内容	评价标准	得分
自我评价	30%	（1）出勤情况； （2）学习态度； （3）任务完成情况	（1）好（30分）； （2）较好（24分）； （3）一般（18分）	

评价形式	比例	评价内容	评价标准	得分
小组评价	10%	（1）团队合作情况； （2）责任学习态度； （3）交流沟通能力	（1）好（10分）； （2）较好（8分）； （3）一般（6分）	
教师评价	60%	（1）学习态度； （2）交流沟通能力； （3）任务完成情况	（1）好（60分）； （2）较好（48分）； （3）一般（36分）	
汇总				

附录 常用液压图形符号

附表 常用液压图形符号

<table>
<tr><td colspan="6">（1）液压泵、液压马达和液压缸</td></tr>
<tr><td colspan="2">名称</td><td>符号</td><td>说明</td><td>名称</td><td>符号</td><td>说明</td></tr>
<tr><td rowspan="6">液压泵</td><td>液压泵</td><td></td><td>一般符号</td><td rowspan="2">不可调单向缓冲缸</td><td></td><td>详细符号</td></tr>
<tr><td>单向定量液压泵</td><td></td><td>单向旋转、单向流动、定排量</td><td></td><td>简化符号</td></tr>
<tr><td>双向定量液压泵</td><td></td><td>双向旋转，双向流动，定排量</td><td rowspan="2">可调单向缓冲缸</td><td></td><td>详细符号</td></tr>
<tr><td>单向变量液压泵</td><td></td><td>单向旋转，单向流动，变排量</td><td></td><td>简化符号</td></tr>
<tr><td rowspan="2">双向变量液压泵</td><td rowspan="2"></td><td rowspan="2">双向旋转，双向流动，变排量</td><td rowspan="2">不可调双向缓冲缸</td><td></td><td>详细符号</td></tr>
<tr><td></td><td>简化符号</td></tr>
<tr><td rowspan="5">液压马达</td><td>液压马达</td><td></td><td>一般符号</td><td rowspan="2">可调双向缓冲缸</td><td></td><td>详细符号</td></tr>
<tr><td>单向定量液压马达</td><td></td><td>单向流动，单向旋转</td><td></td><td>简化符号</td></tr>
<tr><td>双向定量液压马达</td><td></td><td>双向流动，双向旋转，定排量</td><td rowspan="2">伸缩缸</td><td rowspan="2"></td><td rowspan="2"></td></tr>
<tr><td rowspan="2">单向变量液压马达</td><td rowspan="2"></td><td rowspan="2">单向流动，单向旋转，变排量</td></tr>
<tr><td></td><td></td><td></td></tr>
</table>

（1）液压泵、液压马达和液压缸					
名称		符号	说明	名称	符号	说明

名称		符号	说明	名称	符号	说明
液压马达	双向变量液压马达		双向流动，双向旋转，变排量	气 – 液转换器		单程作用
	摆动马达		双向摆动，定角度			连续作用
泵 – 马达	定量液压泵 – 马达		单向流动，单向旋转，定排量	增压器		单程作用
	变量液压泵 – 马达		双向流动，双向旋转，变排量，外部泄油			连续作用
	液压整体式传动装置		单向旋转，变排量泵，定排量电动机	蓄能器		一般符号
单作用缸	单活塞杆缸		详细符号	气体隔离式		
			简化符号	重锤式		
	单活塞杆缸（带弹簧复位）		详细符号	弹簧式		
			简化符号	辅助气瓶		
	柱塞缸			气罐		

注：表中"压力转换器"和"蓄能器"为中间跨列名称。

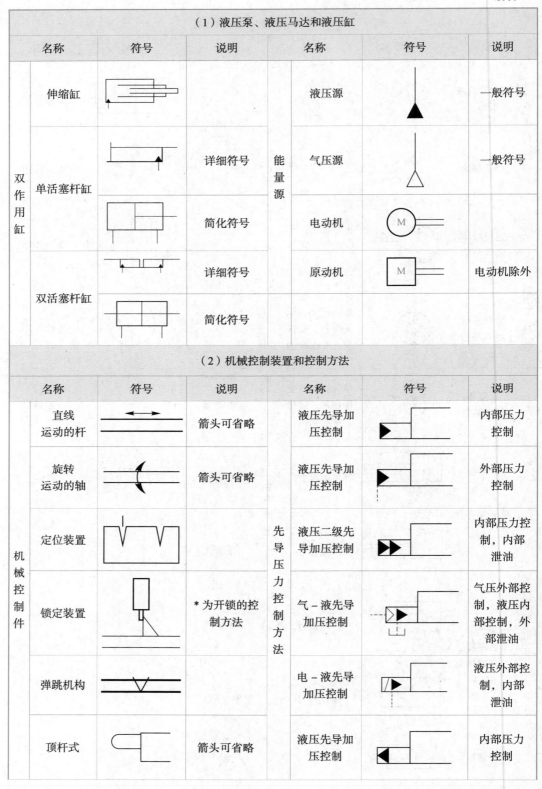

（2）机械控制装置和控制方法					
名称	符号	说明	名称	符号	说明
机械控制方法			先导压力控制方法		内部压力控制，内部泄油
可变行程控制式					外部压力控制（带遥控泄放口）
弹簧控制式			电－液先导控制		电磁铁控制、外部压力控制，外部泄油
滚轮式		两个方向操作	先导型压力控制		带压力调节弹簧，外部泄油，带遥控泄放口
单向滚轮式		仅在一个方向上操作，箭头可省略	先导型比例电磁式压力控制		先导级由比例电磁铁控制，内部泄油
人力控制方法	人力控制		一般符号	电气控制方法	单作用电磁铁		电气引线可省略，斜线也可向右下方
	按钮式				双作用电磁铁		
	拉钮式				单作用可调电磁操作（比例电磁铁，力矩马达等）		
	按－拉式				双作用可调电磁操作（力矩马达等）		

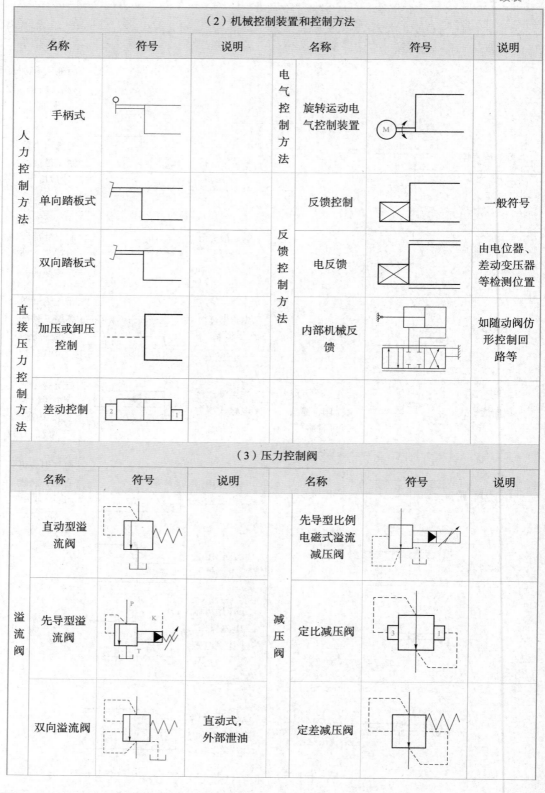

（2）机械控制装置和控制方法

名称		符号	说明	名称		符号	说明
人力控制方法	手柄式			电气控制方法	旋转运动电气控制装置		
	单向踏板式			反馈控制方法	反馈控制		一般符号
	双向踏板式				电反馈		由电位器、差动变压器等检测位置
直接压力控制方法	加压或卸压控制				内部机械反馈		如随动阀仿形控制回路等
	差动控制						

（3）压力控制阀

名称		符号	说明	名称		符号	说明
溢流阀	直动型溢流阀			减压阀	先导型比例电磁式溢流减压阀		
	先导型溢流阀				定比减压阀		
	双向溢流阀		直动式，外部泄油		定差减压阀		

学习笔记

（3）压力控制阀

名称		符号	说明	名称		符号	说明
溢流阀	直动式比例溢流阀			顺序阀	顺序阀		一般符号或睦动型顺序阀
	先导比例溢流阀				先导型顺序阀		
	卸荷溢流阀		$p_2 > p_1$ 时卸荷		单向顺序阀（平衡阀）		
减压阀				卸荷阀	卸荷阀		一般符号或直动型卸荷阀
	减压阀		一般符号或直动型减压阀		先导型电磁卸荷阀		
	先导型减压阀			制动阀	双溢流制动阀		
	溢流减压阀				溢流油桥制动阀		

（4）方向控制阀

名称		符号	说明	名称		符号	说明
单向阀	单向阀		详细符号	换向阀	二位五通液动阀		
			简化符号（弹簧可省略）		二位四通机动阀		

（4）方向控制阀						
名称		符号	说明	名称	符号	说明
液压单向阀	液控单向阀		详细符号（控制压力关闭阀）	三位四通电磁阀		
			简化符号	三位四通电液阀		简化符号
			详细符号（控制压力打开阀）	三位六通手动阀		
			简化符号（弹簧可省略）	三位五通电磁阀		
	双液控单向阀			换向阀	三位四通电液阀	外控内泄（带手动应急控制装置）
梭阀	或门型		详细符号		三位四通比例阀	节流型，中位正遮盖
			简化符号		三位四通比例阀	中位负遮盖
换向阀	二位二通电磁阀		常断		二位四通比例阀	
			常通		四通伺服	
	二位三通电磁阀				四通电液伺服阀	二级
	二位三通电磁球阀					带电反馈三级
	二位四通电磁阀					

学习笔记

			（5）流量控制阀			
名称		符号	说明	名称	符号	说明
节流阀	可调节流阀		详细符号	调速阀		简化符号
			简化符号		旁通型调速阀		简化符号
	不可调节流阀		一般符号		温度补偿型调速阀		简化符号
	单向节流阀				单向调速阀		简化符号
	双单向节流阀			同步阀	分流阀		
	截止阀				单向分流阀		
	滚轮控制节流阀（减速阀）				集流阀		
调速阀	调速阀		详细符号		分流集流阀		

（6）油箱

名称		符号	说明	名称	符号	说明
通大气式	管端在液面上			油箱	管端在油箱底部	
	管端在液面下		带空气过滤器		局部泄油或回油	
				加压油箱或密闭油箱		三条油路

（7）流体调节器

名称		符号	说明	名称		符号	说明
过滤器	过滤器		一般符号		空气过滤器		
	带污染指示器的过滤器				温度调节器		
	磁性过滤器			冷却器	冷却器		一般符号
	带旁通阀的过滤器				带冷却剂管路的冷却器		
	双筒过滤器		p_1：进油 p_2：回油		加热器		一般符号

p_2 p_1

学习笔记

（8）检测器、指示器

名称		符号	说明	名称		符号	说明
压力检测器	压力指示器			流量检测器	检流计（液流指示器）		
	压力表（计）				流量计		
	电接点压力表（压力显控器）				累计流量计		
	压差控制表				温度计		
	液位计				转速仪		
					转矩仪		

（9）其他辅助元器件

名称		符号	说明	名称		符号	说明
压力继电器（压力开关）			详细符号	压差开关			
			一般符号	传感器	传感器		一般符号
行程开关			详细符号		压力传感器		
			一般符号		温度传感器		

（9）其他辅助元器件					
名称		符号	说明	名称	符号	说明

名称		符号	说明	名称	符号	说明
联轴器	联轴器	＋＋	一般符号	放大器		
	弹性联轴器					

（10）管路、管路接口和接头						
名称		符号	说明	名称	符号	说明
管路	管路	——	压力管路回油管路	管路	交叉管路	两管路交叉不连接
	连接管路		两管路相交连接		柔性管路	
	控制管路	- - - - - -	可表示泄油管路		单向放气装置（测压接头）	
快换接头	不带单向阀的快换接头			旋转接头	单通路旋转接头	
	带单向阀的快换接头				三通路旋转接头	

参考文献

[1] 王德洪，周慎，何成材．液压与气动系统拆装及排除 [M]．2 版．北京：人民邮电出版社，2014．

[2] 张安全，王德洪．液压气动技术与实训 [M]．北京：人民邮电出版社，2007．

[3] 邹建华，吴定智，许小明．液压与气动技术基础 [M]．武汉：华中科技大学出版社，2006．

[4] 刘银水，许福玲．液压与气压传动 [M]．北京：机械工业出版社，2017．

[5] 何存兴，张铁华．液压传动与气压传动 [M]．2 版．武汉：华中科技大学出版社，2000．

[6] 中国机械工业教育协会．液压与气压传动 [M]．北京：机械工业出版社，2001．

[7] 毛好喜，刘青云．液压与气压技术 [M]．2 版．北京：人民邮电出版社，2012．

[8] 陆望龙．看图学液压排除技能 [M]．2 版．北京：化学工业出版社，2014．

[9] 白柳，于军．液压与气压传动 [M]．北京：机械工业出版社，2011．

[10] 张红俊．液压与气动技术 [M]．武汉：华中科技大学出版社，2008．

[11] 杨务滋．液压排除入门 [M]．北京：化学工业出版社，2010．

[12] 黄志坚．气动设备使用与排除技术 [M]．北京：中国电力出版社，2009．

[13] 黄安贻，董起顺．液压传动 [M]．成都：西南交通大学出版社，2005．

[14] 马廉洁．液压与气动 [M]．北京：机械工业出版社，2009．

[15] 左健民．液压与气压传动 [M]．2 版．北京：机械工业出版社，2016．

[16] 陆望龙．液压系统使用与排除手册 [M]．北京：化学工业出版社，2008．

[17] 潘楚滨．液压与气压传动 [M]．北京：机械工业版社，2010．

[18] 符林芳，李稳贤．液压与气压传动技术 [M]．北京：北京理工大学出版社，2010．

[19] 张宏友．液压与气动技术 [M]．4 版．大连：大连理工大学出版社，2014．

[20] 陈平．液压与气压传动技术 [M]．北京：机械工业出版社，2010．

[21] 张福臣．液压与气压传动 [M]．北京：机械工业出版社，2010．

[22] 侯会喜．液压传动与气动技术 [M]．北京：冶金工业出版社，2008．

[23] 张群生．液压与气压传动 [M]．2 版．北京：机械工业出版社，2015．

[24] 陆望龙．陆工谈液压排除 [M]．北京：化学工业出版社，2013．

[25] 刘文倩．液压与气动技术项目教程 [M]．北京：人民邮电出版社，2018．

[26] 张林．液压与气压传动技术 [M]．2 版．北京：人民邮电出版社，2019．

[27] 樊薇，周光宇．液压与气动技术 [M]．2 版．北京：人民邮电出版社，2017．

[28] 陆全龙．液压系统故障与排除 [M]．武汉：华中科技大学出版社，2016．